"十三五"国家重点出版物出版规划项目

光电子科学与技术前沿丛书

金属有机光电磁功能材料与器件

黄维扬 等/著

科学出版社
北京

内 容 简 介

金属有机功能材料融合了有机化合物和金属的特性,在光电磁领域展现出独特的功能。本书共 11 章,介绍了有关金属有机光电磁功能材料与器件的知识,内容包括:金属有机功能材料在发光和光伏材料与器件、非线性光学材料与性能、光致/电致变色材料与性能、传感材料与性能、储能材料与器件应用、二维金属有机纳米片材料与性能,以及金属有机纳米合金磁性材料与应用等方面的研究。

本书可供高等院校化学、材料、物理和信息等专业本科生、研究生及科研院所相关人员等阅读和参考。

图书在版编目(CIP)数据

金属有机光电磁功能材料与器件/黄维扬等著. —北京:科学出版社,
2020.5
(光电子科学与技术前沿丛书)
"十三五"国家重点出版物出版规划项目　国家出版基金项目
ISBN 978-7-03-064848-8

Ⅰ. 金⋯　Ⅱ. 黄⋯　Ⅲ. ①金属材料-有机材料-光电器件-功能材料-研究　②金属材料-有机材料-磁性器件-功能材料-研究　Ⅳ. ①TN15
②TP211

中国版本图书馆 CIP 数据核字(2020)第 062319 号

责任编辑:张淑晓　李丽娇/责任校对:杜子昂
责任印制:肖　兴/封面设计:黄华斌

科学出版社 出版
北京东黄城根北街 16 号
邮政编码:100717
http://www.sciencep.com

河北鹏润印刷有限公司 印刷
科学出版社发行　各地新华书店经销
*
2020 年 5 月第 一 版　开本:720×1000　1/16
2020 年 5 月第一次印刷　印张:15 3/4　插页:2
字数:318 000

定价:118.00 元
(如有印装质量问题,我社负责调换)

"光电子科学与技术前沿丛书"编委会

主　编　姚建年　褚君浩

副主编　李永舫　李树深　邱　勇　唐本忠　黄　维

编　委（按姓氏笔画排序）

王　树　王　悦　王利祥　王献红　占肖卫
帅志刚　朱自强　李　振　李文连　李玉良
李儒新　杨德仁　张　荣　张德清　陈永胜
陈红征　罗　毅　房　喻　郝　跃　胡　斌
胡志高　骆清铭　黄　飞　黄志明　黄春辉
黄维扬　龚旗煌　彭俊彪　韩礼元　韩艳春
裴　坚

丛书序

光电子科学与技术涉及化学、物理、材料科学、信息科学、生命科学和工程技术等多学科的交叉与融合，涉及半导体材料在光电子领域的应用，是能源、通信、健康、环境等领域现代技术的基础。光电子科学与技术对传统产业的技术改造、新兴产业的发展、产业结构的调整优化，以及对我国加快创新型国家建设和建成科技强国将起到巨大的促进作用。

中国经过几十年的发展，光电子科学与技术水平有了很大程度的提高，半导体光电子材料、光电子器件和各种相关应用已发展到一定高度，逐步在若干方面赶上了世界水平，并在一些领域实现了超越。系统而全面地整理光电子科学与技术各前沿方向的科学理论、最新研究进展、存在问题和前景，将为科研人员以及刚进入该领域的学生提供多学科、实用、前沿、系统化的知识，将启迪青年学者与学子的思维，推动和引领这一科学技术领域的发展。为此，我们适时成立了"光电子科学与技术前沿丛书"专家委员会，在丛书专家委员会和科学出版社的组织下，邀请国内光电子科学与技术领域杰出的科学家，将各自相关领域的基础理论和最新科研成果进行总结梳理并出版。

"光电子科学与技术前沿丛书"以高质量、科学性、系统性、前瞻性和实用性为目标，内容既包括光电转换导论、有机自旋光电子学、有机光电材料理论等基础科学理论，也涵盖了太阳电池材料、有机光电材料、硅基光电材料、微纳光子材料、非线性光学材料和导电聚合物等先进的光电功能材料，以及有机/聚合物光电子器件和集成光电子器件等光电子器件，还包括光电子激光技术、飞秒光谱技术、太赫兹技术、半导体激光技术、印刷显示技术和荧光传感技术等先进的光电子技术及其应用，将涵盖光电子科学与技术的重要领域。希望业内同行和读者不吝赐教，帮助我们共同打造这套丛书。

在丛书编委会和科学出版社的共同努力下，"光电子科学与技术前沿丛书"获得 2018 年度国家出版基金支持，并入选了"十三五"国家重点出版物出版规划项目。

我们期待能为广大读者提供一套高质量、高水平的光电子科学与技术前沿著作，希望丛书的出版为助力光电子科学与技术研究的深入，促进学科理论体系的建设，激发创新思想，推动我国光电子科学与技术产业的发展，做出一定的贡献。

最后，感谢为丛书付出辛勤劳动的各位作者和出版社的同仁们！

"光电子科学与技术前沿丛书"编委会

2018 年 8 月

前　言

金属有机材料将金属的功能与有机分子的力学性能和溶液加工性能结合在一起，从而产生一系列新性质、新功能而应用于日常生活中。近些年，材料科学家们开拓性地把过渡金属与有机材料相结合，解决了许多具有挑战性的全球性问题，如能源危机、气候变化和日益增加的医疗负担等。

其中，功能金属有机配合物和聚合物已经在光电/光子以及能量研究领域引起广泛关注。这主要得益于金属有机材料在器件制备方面具有成本低、质量轻、加工工艺简单以及可柔性化等优势。金属有机化合物作为多功能材料，目前在能量转化方面展现出广阔的应用前景。不过，我们还需要不断努力去开发新的合成方法，制备具有特殊功能和作用的金属有机材料并使之实现产业化应用。从光到电（即光伏电池中电能的产生）和从电到光（即有机发光二极管中光的产生）是两个相互关联、相互补充的研究领域，近年来在全球范围内引起了广泛且持续的研究兴趣。这些光电转换研究为解决世界能源危机指出了一条很有潜力的发展途径。另外，金属有机化合物在其他光电和纳米技术方面的研究与应用也快速崛起，引起学术界和产业界的共同关注。因此，本书除了着重介绍金属有机化合物在光电转换方面的研究和发展外，还讲述了金属有机化合物在光限幅、电致变色与光致变色、传感、能量和信息存储、二维金属有机材料等领域的应用和研究进展。本书内容的整理和出版非常及时且必要，期待在众多科学研究领域引起广泛的关注。

本书第 1 章对金属有机功能材料研究背景做了简要介绍。第 2 章讲述了过渡金属配合物的基本概念和性质，以及设计与合成金属有机功能分子的方法。第 3 章和第 4 章分别阐述了金属有机配合物和聚合物作为光电材料在光/电转化方面的应用。在能量科学领域，这两类化合物在节能及能源材料和器件制备应用方面均具有不可小觑的作用。第 5 章介绍了金属配合物和聚合物在光限幅器件方面的应用，并重点阐述了金属中心和有机配体电学性质的协同效应在光限幅器件中的作用。第 6 章和第 7 章分别介绍了金属有机光致/电致变色材料和分子传感材料。第 8 章讲述了金属有机储能材料的基本知识和发展现状。第 9 章主要介绍新兴的具有光学性能的二维金属有机纳米片材料。第 10 章讲述了金属聚合物作为前驱体在制备磁性金属纳米材料方面的应用和发展。通过将金属聚合物的溶液可加工性和金属的磁性内禀性结合起来，为磁性纳米图案的制作和信息磁存储提供可行性途径。第 11 章是总结与展望。

显而易见，功能分子材料化学学科已经分化成很多有趣的学科交叉领域，并将继续引起更多的关注和研究兴趣。未来，在基础探索和实际应用导向的研究中，挑战和机遇都将并存，我们对这些金属基功能材料的可持续发展持有非常乐观的态度。

感谢国家自然科学基金 (项目编号：51873176)、香港研究资助局 (PolyU 153051/17P) 和欧雪明能源讲座教授席 (847S) 的支持及国家出版基金对本书出版的资助。

最后，本书是在多位作者共同努力之下完成的。本课题组毕业的研究生和博士后周桂江、杨晓龙、崔超华、戴枫荣、马云、孟振功、刘倩、董清晨分别参与了本书相关章节的撰写，许林利对本书章节的编排提供了许多非常有价值的建议和帮助，在此对他们深表谢意！

黄维扬

2019 年 8 月

目 录

丛书序 ·· i
前言 ··· iii

第 1 章 绪论 ··· 001
参考文献 ·· 004

第 2 章 金属有机功能材料简介 ··· 006
2.1 引言 ··· 006
2.2 过渡金属配合物独特性质 ··· 007
　　2.2.1 过渡金属化学性质 ·· 007
　　2.2.2 过渡金属配合物氧化还原性质 ·· 008
　　2.2.3 过渡金属配合物光物理和光化学性质 ··· 009
　　2.2.4 过渡金属配合物磁特性 ··· 010
2.3 小结 ··· 012
参考文献 ·· 013

第 3 章 金属有机发光材料与器件 ··· 016
3.1 引言 ··· 016
3.2 蓝色磷光 Ir(III)配合物与蓝色磷光 Pt(II)配合物 ······································· 018
3.3 绿色磷光 Ir(III)配合物与绿色磷光 Pt(II)配合物 ······································· 024

3.4 橙色磷光 Ir(III)配合物与橙色磷光 Pt(II)配合物 ………………………… 032
3.5 红色磷光 Ir(III)配合物与红色磷光 Pt(II)配合物 ………………………… 037
3.6 小结 ……………………………………………………………………………… 047
参考文献 ……………………………………………………………………………… 048

第 4 章　金属有机光伏材料与器件 ………………………………………………… 058
4.1 引言 ……………………………………………………………………………… 058
4.2 Pt(II)炔金属类给体材料 ……………………………………………………… 060
　　4.2.1 聚合物给体材料 ………………………………………………………… 060
　　4.2.2 小分子给体材料 ………………………………………………………… 064
4.3 Zn 卟啉炔金属类给体材料 …………………………………………………… 067
　　4.3.1 聚合物给体材料 ………………………………………………………… 067
　　4.3.2 小分子给体材料 ………………………………………………………… 069
4.4 场效应晶体管 …………………………………………………………………… 072
4.5 小结 ……………………………………………………………………………… 072
参考文献 ……………………………………………………………………………… 073

第 5 章　金属有机非线性光学材料与性能 ……………………………………… 077
5.1 引言 ……………………………………………………………………………… 077
5.2 光限幅材料的工作机理 ………………………………………………………… 078
5.3 金属有机芳炔配合物光限幅材料的分类 …………………………………… 081
　　5.3.1 小分子 …………………………………………………………………… 081
　　5.3.2 大分子 …………………………………………………………………… 094
5.4 光限幅器件研究尝试 …………………………………………………………… 103
5.5 小结 ……………………………………………………………………………… 107
参考文献 ……………………………………………………………………………… 110

第 6 章　金属有机光致/电致变色材料与性能 …………………………………… 115
6.1 引言 ……………………………………………………………………………… 115
6.2 金属有机光致变色材料 ………………………………………………………… 115
　　6.2.1 含顺反异构结构单元的光致变色金属有机化合物 ………………… 116
　　6.2.2 含二噻吩基乙烯的光致变色金属有机化合物 ……………………… 120
　　6.2.3 含螺形结构基元的光致变色金属有机化合物 ……………………… 126

6.2.4　具有光致变色效应的金属有机配位聚合物·················128
　6.3　金属有机电致变色材料·················131
　　　6.3.1　单核金属配合物电致变色材料·················132
　　　6.3.2　多核金属配合物电致变色材料·················134
　　　6.3.3　金属有机聚合物电致变色材料·················137
　6.4　小结·················141
　参考文献·················142

第 7 章　金属有机传感材料与性能·················152

　7.1　引言·················152
　7.2　金属有机传感材料的优势·················152
　7.3　金属有机传感材料的设计·················153
　　　7.3.1　光诱导电子转移·················154
　　　7.3.2　光诱导分子内电荷转移·················155
　　　7.3.3　荧光共振能量转移·················155
　　　7.3.4　其他设计策略·················156
　7.4　阳离子检测·················156
　　　7.4.1　汞离子检测·················156
　　　7.4.2　铜离子检测·················157
　　　7.4.3　锌离子检测·················158
　　　7.4.4　其他阳离子检测·················159
　7.5　阴离子检测·················160
　　　7.5.1　氟离子检测·················160
　　　7.5.2　氰根离子检测·················162
　　　7.5.3　其他阴离子检测·················163
　7.6　生物分子检测·················164
　　　7.6.1　半胱氨酸/高半胱氨酸检测·················164
　　　7.6.2　组氨酸检测·················165
　　　7.6.3　核酸检测·················165
　　　7.6.4　蛋白质检测·················165
　　　7.6.5　葡萄糖检测·················166
　7.7　气体检测·················167
　　　7.7.1　氧气检测·················167
　　　7.7.2　二氧化碳检测·················169

7.8 小结·················170
参考文献················170

第 8 章　金属有机储能材料与器件应用·················175
8.1 引言·················175
8.2 金属有机储能材料在电池中的应用·················176
　　8.2.1 金属有机材料作为正极材料·················176
　　8.2.2 金属有机材料作为负极材料·················179
8.3 金属有机储能材料在超级电容器中的应用·················182
8.4 小结·················187
参考文献················188

第 9 章　二维金属有机纳米片材料与性能·················191
9.1 引言·················191
9.2 二维金属有机纳米片材料的研究历程及现状·················192
9.3 二维金属有机纳米片材料的制备方法·················194
　　9.3.1 干法过程制备二维金属有机纳米片·················195
　　9.3.2 湿法过程制备二维金属有机纳米片·················197
9.4 二维金属有机纳米片材料的性能及应用·················200
　　9.4.1 拓扑绝缘体纳米片材料及其应用·················201
　　9.4.2 电致变色纳米片材料及其应用·················202
　　9.4.3 光功能纳米片材料及其应用·················203
　　9.4.4 导电纳米片材料及其应用·················204
9.5 小结·················206
参考文献················206

第 10 章　金属有机纳米合金磁性材料与应用·················211
10.1 引言·················211
10.2 异核双金属聚合物前驱体·················212
　　10.2.1 含 FePt 异核双金属聚合物·················212
　　10.2.2 含 FeCo 异核双金属聚合物·················212
　　10.2.3 其他类型异核双金属聚合物·················214
10.3 单核金属聚合物前驱体·················214

  10.3.1 含 Pt 金属芳炔类聚合物和含 Fe 金属芳炔类聚合物 ············ 214

  10.3.2 聚二茂铁硅烷及同类聚合物 ······························· 214

  10.3.3 含 Co 金属聚合物 ··· 215

 10.4 以金属聚合物为前驱体制备磁性金属或合金纳米粒子 ············ 216

  10.4.1 铁磁相铁铂($L1_0$-FePt)合金纳米粒子 ······················ 216

  10.4.2 铁钴(FeCo)合金纳米粒子 ································· 218

  10.4.3 铁或钴纳米粒子 ··· 218

  10.4.4 其他金属纳米粒子 ··· 219

 10.5 磁性纳米图案化阵列制作 ··· 219

  10.5.1 电子束光刻法和紫外光刻法 ······························· 219

  10.5.2 纳米压印光刻法 ··· 220

  10.5.3 自组装法 ··· 223

 10.6 由金属聚合物前驱体所制备的磁性纳米合金材料的应用 ············ 225

  10.6.1 信息磁存储 ··· 225

  10.6.2 功能陶瓷薄膜 ··· 226

 10.7 小结 ··· 227

 参考文献 ··· 228

第 11 章 总结与展望 ·· 233

 参考文献 ··· 235

索引 ··· 236

彩图

第1章

绪 论

广义的金属配合物包括金属有机化合物和传统的金属配位化合物(金属与配体形成配位键),是化学中的一大类化合物,它们在学术研究和工业生产中占据举足轻重的地位。过渡金属占元素周期表中元素的一半以上(图 1-1),它们的重要性不言而喻。大量的实验结果和理论计算显示,过渡金属配合物具有独特的氧化还原性、光学活性、磁性等性质。毫无疑问,这些性质是探索过渡金属配合物作为功能和结构单元来设计和构建功能性小分子及聚合物的坚实依据。

由于金属配合物具有易调控的化学与物理性质,人们对这类材料具有强烈的研究兴趣。有机分子的易加工性与这类化合物独特的金属化学性质相结合,为其应用于各种领域提供了广阔的前景。通过在分子框架内合理地加入具有所需性质的金属中心可使分子获得新的功能特性。事实上,金属具有的丰富化学性质与已建立的有机分子合成方法相结合,使科学家能够在分子水平上设计这些金属有机配合物,并将其制备成具有特定性质的功能材料。因此,金属有机配合物可满足能源、环境、催化、电子和生物医学等领域中各种各样的特殊需求,进而使相关领域的研究具有无限的机遇[1]。

近年来,金属配合物在各类应用方面得到了迅速的发展。完全理解化学结构和电子结构之间的关系是开发具有先进功能的金属配合物的重要途径。特别是金属聚合物具有成本低、质量轻、易于溶液加工等独特的优点,它们作为有机电子领域的通用功能材料具有广阔的应用前景。以这种方式可以获得具有典型绝缘体、半导体甚至导体特性的材料。有机和无机成分之间的强相互作用产生的独特的光物理、电化学和光化学性质,将使这些共轭材料在低功耗电致发光[2]、太阳能转换[3]、非线性光学(如光限幅)[4]、传感器[5]和光致变色/电致变色[6]等方面具有潜在的应用前景。了解它们的激发态性质对于理解和优化这些分子器件具有重要意义。尽管人们对共轭有机分子和聚合物中的单线态性质以及它们的性质如何受到聚集的影响已经深入了解，但由于缺乏有效的途径来获取三线态激子，因此人们对三线态性质的了解相对较少。这显然是一个重要问题，因为三线态激子在电致发光、光限幅和发光传感器等应用中起着重要作用[7]。然而，自旋禁阻导致单线态到三线态的系间窜越较为困难，因此对于有机共轭材料很少观察到磷光现象。它们只能通过光诱导吸收[8]、光探测磁共振[9]或能量转移[10]等间接测量方法来进行研究。因此，自20世纪50年代以来，科学家们一直致力于研究金属有机共轭材料的光物理性质[11]。这种研究兴趣来源于重金属与有机框架的结合能对材料的电子和光学性质产生巨大影响。其中之一是量子自旋统计预测，单线态和三线态的电荷重组比例为1∶3。将重金属掺入共轭骨架中，允许单线态和三线态混合，从而增加三线激发态的数量。

多年来，化学合成的发展使得材料学家能够设计聚合物的宏观和微观结构，并在特定位置精确地加入金属中心，以影响和调节金属配合物以及金属聚合物的性质与功能。本书将介绍金属配合物分子设计的策略，帮助科学家和工程师为这些聚合物赋予特定的功能。例如，通过合理设计有机框架和选择金属中心，调控材料的氧化还原和光物理性质，使电子(或光子)转移过程能够有效地利用化学键、阳光或生化系统的能量。实际上，金属配合物中的电子(或光子)转移过程能够用于设计储能材料、光敏剂、光伏电池、燃料电池和发光材料[1]。此外，将配位和氧化还原化学性质以及金属的光物理性质引入到有机分子中可用于构建多功能平台，以检测并捕获包括环境污染物在内的分子[12]。进一步，近年来金属有机框架的纳米级多孔配位聚合物正在被设计和改进，用于隔离二氧化碳等污染物[13]。

将有机聚合物的可加工性与金属的固有磁性相结合，制备的磁性纳米材料可以响应外部磁场和存储磁数据[14]。金属聚合物的氧化还原活性有利于电子数据的存储，使记忆电阻器的设计成为可能[15]。此外，一些金属聚合物的非线性光学特性也得到了很好的证实，并且在非线性变频、放大和信号处理方面得到了越来越多的研究。金属聚合物由于金属中心的电子性质与聚合物中的有机配体的协同作用，成为设计光功率限制器的前沿先驱[16]。多种氧化还原活性金属的存在赋予聚合物纳米电池和纳米线功能，它们是纳米电子学的组成部分[17]。金属中心对外部刺激的智能响应性质能够用来设计刺激响应材料，如电致变色材料[18]。通过动态相互作用，金属聚合物可以组装和解离，这种特性可用于设计自修复材料[19]。

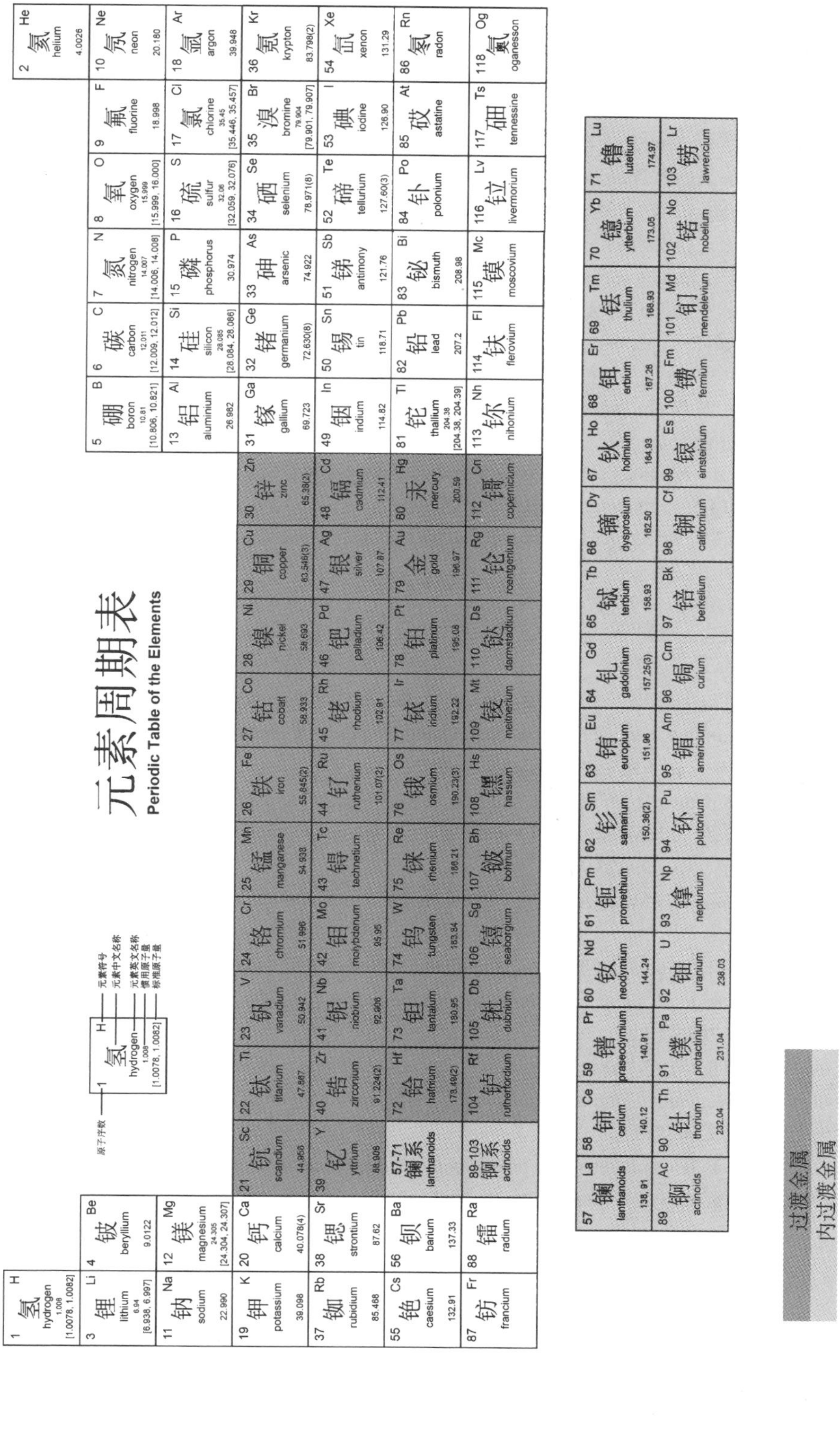

图 1-1 元素周期表：过渡金属和内过渡金属（镧系和锕系元素）占元素周期表中已知元素的一半以上

参 考 文 献

[1] Abd-El-Aziz A S, Agatemor C, Wong W Y. Macromolecules Incorporating Transition Metals. London: Royal Society of Chemistry, 2018.

[2] Friend R H, Gymer R W, Holmes A B, et al. Electroluminescence in conjugated polymers. Nature, 1999, 397: 121-128.

[3] Wong W Y, Ho C L. Organometallic photovoltaics: A new and versatile approach for harvesting solar energy using conjugated polymetallaynes. Acc Chem Res, 2010, 43: 1246-1256.

[4] McQuade D T, Pullen A E, Swager T M. Conjugated polymer-based chemical sensors. Chem Rev, 2000, 100: 2537-2574.

[5] Zhou G J, Wong W Y. Organometallic acetylides of Pt^{II}, Au^{I} and Hg^{II} as new generation optical power limiting materials. Chem Soc Rev, 2011, 40: 2541-2566.

[6] Higuchi M. Stimuli-responsive metallo-supramolecular polymer films: Design, synthesis and device fabrication. J Mater Chem C, 2014, 2: 9331-9341.

[7] Köhler A, Wilson J S, Friend R H. Fluorescence and phosphorescence in organic materials. Adv Mater, 2002, 14: 701-707.

[8] Colaneri N F, Bradley D D C, Friend R H, et al. Photoexcited states in poly(*p*-phenylene vinylene): Comparison with *trans, trans*-distyrylbenzene, a model oligomer. Phys Rev B, 1990, 42: 11670-11681.

[9] Swanson L S, Lane P A, Shinar J, et al. Polarons and triplet polaronic excitons in poly(paraphenylenevinylene) (PPV) and substituted PPV: An optically detected magnetic resonance study. Phys Rev B, 1991, 44: 10617-10621.

[10] Monkman A P, Burrows H D, Miguel M D G, et al. Measurement of the S_0-T_1 energy gap in poly[2-methoxy,5-(2′-ethyl-hexoxy)-*p*-phenylenevinylene] by triplet-triplet energy transfer. Chem Phys Lett, 1999, 307: 303-309.

[11] Whittell G R, Manners I. Metallopolymers: New multifunctional materials. Adv Mater, 2007, 19: 3439-3468.

[12] Ghalei B, Sakurai K, Kinoshita Y, et al. Enhanced selectivity in mixed matrix membranes for CO_2 capture through efficient dispersion of amine-functionalized MOF nanoparticles. Nat Energy, 2017, 2: 17086-17086.

[13] Robinson W F, Thomas M O P, Alejandro M F, et al. The chemistry of CO_2 capture in an amine-functionalized metal-organic framework under dry and humid conditions. J Am Chem Soc, 2017, 139: 12125-12128.

[14] Dong Q C, Li G J, Ho C L, et al. A polyferroplatinyne precursor for the rapid fabrication of $L1_0$-FePt-type bit patterned media by nanoimprint lithography. Adv Mater, 2012, 24: 1034-1040.

[15] Yoon S M, Warren S C, Grzybowski B A. Storage of electrical information in metal-organic-framework memristors. Angew Chem Int Ed, 2014, 53: 4437-4441.

[16] Zhou G J, Wong W Y, Ye C, et al. Optical power limiters based on colorless di-, oligo-, and polymetallaynes: Highly transparent materials for eye protection devices. Adv Funct Mater,

2007, 17: 963-975.
[17] Tuccitto N, Ferri V, Cavazzini M, et al. Highly conductive ~40-nm-long molecular wires assembled by stepwise incorporation of metal centres. Nat Mater, 2009, 8: 41-46.
[18] Liang Y, Strohecker D, Lynch V, et al. A thiophene-containing conductive metallopolymer using an Fe(II) bis(terpyridine) core for electrochromic materials. ACS Appl Mater Interf, 2016, 8: 34568-34580.
[19] Nakahata M, Takashima Y, Yamaguchi H, et al. Redox-responsive self-healing materials formed from host-guest polymers. Nat Commun, 2011, 2: 511.

（许林利　马　云　黄维扬）

第 2 章

金属有机功能材料简介

2.1 引言

目前，可量身定制、具有低成本溶液处理特性且易合成的新型功能材料在材料科学领域，特别是在涉及能量转换和分子尺度电子学与光子学等的大规模应用领域，具有至关重要的作用。具有电致发光、太阳能转换、非线性光学和光敏特性的光功能材料和器件是近十年来最重要的研究课题之一。尽管对合成化学家来说具有挑战性，但是开发关键分子平台可以为寻找新型功能材料提供解决方案[1]。同时，在分子、聚合物或超分子水平上操纵电子和光子可能为这些潜在的应用奠定基础。分子间或分子内的电荷和能量传递过程，对分子和聚合物的光物理性质有着显著影响。因此，通过分子结构的改造可以调节电荷和能量的传递过程，从而调控在各种应用中发挥关键作用的材料的物理性质。特别是结合了易于合成和可调光物理性质的含金属的配合物和聚合物，在过去的几十年里一直被广泛关注[2,3]。通过改变配体以及金属配合物的结构，可以实现对所得到的金属有机材料的电子性质进行调控，包括对金属-有机体系所独有的一些特征(如过渡金属和 π 电子离域体系之间强电子相互作用)的调控。因此，将金属结合到有机结构中具有许多优势，接下来将集中讨论这些可转化为金属-有机功能材料的过渡金属配合物具有的优良特性。其实，这些性质已被广泛报道[1-3]，但是在本章中，我们将着重总结化学家们探索这些金属配合物作为金属有机材料构筑砌块的实验结果和相关基本概念。多个过渡金属配合物可以非常容易地嫁接到一个骨架上，这样大分子骨架提供了一个功能放大的平台。与小分子相比，这种骨架结构可有效保持化学稳定性，从而确保更长的活性寿命和更好的环境兼容性[4]。通过各种大分子结构的设计以及在不同位置桥接过渡金属配合物，可以实现复杂化合物的功能调控(图 2-1)。因此，将这些金属结合到大分子中具有诸多优势和丰富的化学与物理性质。

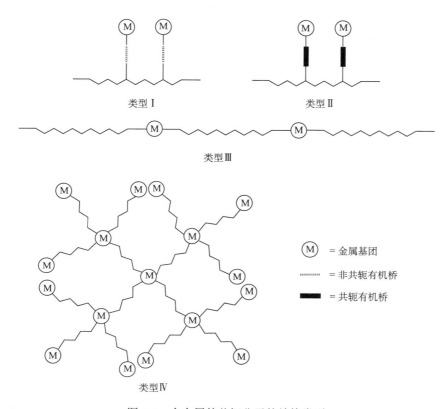

图 2-1　含金属的共轭分子的结构类型

2.2　过渡金属配合物独特性质

2.2.1　过渡金属化学性质

以过渡金属的化学性质作为主要推动力,科研人员不断探索将过渡金属应用于设计金属有机材料。一些无机化学教科书对这些化学性质的基本原理已经进行了全面的介绍[5-8],因此这不是本章的重点。我们将侧重总结它们在设计功能分子中应用的一些基本概念和实验结果。理论上,过渡金属通常是指"具有部分填充 d 电子壳层的元素"[9]。其中,科学家通常将 f 区元素(包括镧系元素和锕系元素)视为内过渡金属元素。这些元素的化学性质取决于 d 电子或 f 电子的数量和电子构型,这也影响着它们的电化学活性、光学活性和磁性[10,11]。最重要的是,这些金属通过选择性的相互作用与配体形成阳离子、阴离子或中性化合物,在保留配体和金属中心固有性质的同时,还可以表现出新的性质。

金属和配体的化学性质决定了过渡金属离子对配体的选择性以及所形成的金

属配位化合物的稳定性。金属有机化学中的软硬酸碱(hard and soft acid and base，HSAB)规则可以用于预测金属-配体相互作用的选择性[12,13]。例如，Fe^{3+}作为一种硬路易斯酸，选择性地与硬路易斯碱(如羧酸和胺)进行配位；交界酸 Fe^{2+} 更倾向于与交界碱(如吡啶和叠氮化物)结合；而软酸 Ag^+ 优先与软碱(如硫醚和氰化物)相互作用[4-7]。事实上，pH 等其他因素会干扰这些金属与配体的真实结合力，降低了 HSAB 理论预测的相互作用的特异性和金属配合物的整体稳定性[11]。尽管如此，这一理论在化学和生物学中仍被广泛应用，包括应用于组装配位化合物和解释过渡金属的特定行为。

含金属的共轭材料是有机光电子学中另一类用途广泛的分子和聚合物半导体。将过渡金属结合到共轭有机框架上可以带来许多优势，并且过渡金属元素的存在可以赋予半导体材料以下特性[14-16]：①氧化还原中心可以调节电荷转移并增强电子性能；②重金属原子中心可以促进从最低单线态(S_1)到三线态(T_1)激发态的系间窜越，从而利用这些光伏材料中的三线激发态来提高电荷产生的效率，并且这些三线态激子也具有更长的寿命，从而导致激子扩散距离的延长；③金属离子可以作为结构模板，通过各种金属-金属、金属-配体间的相互作用来控制有机单元的自组装；④通过金属 d 轨道与配体轨道的相互作用实现电荷转移的调控，从而实现金属离子对最高占据分子轨道(highest occupied molecular orbital，HOMO)和最低未占分子轨道(lowest unoccupied molecular orbital，LUMO)之间的能量带隙的调节；⑤金属轨道可以接受或向配体轨道贡献电荷，形成具有独特光电性质的电荷转移复合物；⑥不同金属原子具有不同的配位数、几何构型和价电子层，形成了多样的分子骨架。这些特性使得金属有机电子给体或光敏分子成为一类前景广阔的化合物，应用于有机太阳电池和染料敏化太阳电池。

2.2.2 过渡金属配合物氧化还原性质

过渡金属主要的特征是其最外层原子轨道可以获得或失去数量可变的电子。这种性质使得过渡金属能够参与许多与化学和生物化学过程有关的氧化还原反应。具体来说，过渡金属配合物的氧化还原性质符合局域化分子轨道(molecular orbital，MO)理论，其认为氧化还原过程发生在以金属(metal-centered，MC)或配体(ligand-centered，LC)为中心的位置[17]。假设存在一个八面体过渡金属配合物，基于对轨道贡献的多少，可以将每个 MO 简化描述为 MC 或 LC[17]。如图 2-2 所示，在基态，成键 MO，π_L、σ_L、$\pi_M(t_{2g})$ 完全或部分占据，而反键 MO，$\sigma_M^*(e_g)$、π_L^*、σ_M^* 无电子。低能量的成键 MO、π_L、σ_L 为 LC，因为配体轨道对成键轨道的贡献大于金属轨道对成键轨道的贡献，而基于同样的原因，高能级的 MO，即 HOMO，主要为 MC 轨道。对最低未占分子轨道的贡献取决于金属和配体相对能量的高低[17]。受激发、被还原或氧化时，基态电子构型会发生改变，例如，在氧化时电子从成键 MO 轨道中被移走,在还原时电子将填入到反键 MO 上。需要指出的是,18 电子规则特别适用于金属有机配合物,因为经典过渡金属配合物的能隙很小,在能量上有利于电子跃迁到反键分子轨道而不破坏分子完整性[18]。大多数情况下,氧化还原过程会导致过渡金属配合物具有违反 18 电子规则的电子构型,进而致使分子结构不稳定,并最终分解[19]。

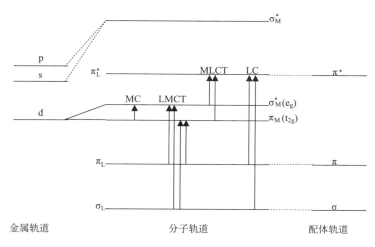

图 2-2 局域分子轨道近似一种八面体过渡金属配合物

分子整体的不稳定会损害该分子的氧化还原活性,将其与配体进行复合可以维持该分子的稳定性并保存它的氧化还原活性,同时通过获取或丢失电子调节它的亲和力。过渡金属配合物的另一个优点是可以通过合理选择配体来微调金属中心的氧化还原性质。实际上,配体影响的是还原电位,还原电位是可以用来描述配合物获得电子以及氧化还原动力学过程的热力学量。具有氧化还原活性的过渡金属的一个重要特性是其易于形成多种氧化态,这在生物和催化应用中具有重要意义。借助于配体或共价结合的配体,这些氧化态在循环伏安法的测试时间范围内是稳定的、可观察的。

2.2.3 过渡金属配合物光物理和光化学性质

光学活性分子在制备发光材料、传感器、光催化剂和生物成像探针方面的成功案例不断提升人们对过渡金属配合物光学活性研究的兴趣。从本质上来看,配合物的光物理和光化学性质由过渡金属中心、配体和微环境决定,这与有机分子完全不同[17]。光物理性质研究侧重于材料吸收和发射光所引发的物理过程,光化学性质研究则侧重于化学变化过程。这两个过程的基本原理都涉及物质吸收光子之后电子从基态跃迁到激发态，以及激发态物质返回基态，在此过程中伴随着发光、能量转移，或者电子参与氧化还原反应。

由于金属中心与配体之间的光物理学以及由金属-配体相互作用产生的光物理学很复杂，因此过渡金属配合物的电子跃迁和所得的激发态也很复杂。尽管如此，三个主要的跃迁与状态可被归纳出来[17]：

(1) d-d 或金属中心(MC)跃迁，是指电子主要定域于金属轨道的 MO 之间的跃迁，可引起 MC 激发态。这种激发态产生的发射峰较宽且无精细结构。

(2) 配体间或配体中心(LC)跃迁，是指电子主要定域于配体轨道的 MO 之间的跃迁，可引起 LC 激发态。这种激发态发射的能量和发射峰形状与未配位配体的发射能量和发射峰形状接近。

(3) 电荷转移(charge transfer，CT)跃迁，包括配体-金属电荷转移(ligand to metal charge transfer，LMCT)或金属-配体电荷转移(metal-to-ligand charge-transfer，MLCT)跃迁，是由电子局域位置不同的 MO 之间的电子跃迁产生的。这些跃迁会引起 CT 激发态，其会产生强度高和结构化的发射峰。LMCT 和 MLCT 跃迁可以分别还原和氧化金属中心。

过渡金属配合物，特别是 4d 和 5d 金属配合物，具有强自旋-轨道耦合作用（C、Co、Ru、Ir 和 Pt 各自的自旋-轨道耦合常数分别为 30 cm^{-1}、517 cm^{-1}、878 cm^{-1}、3600 cm^{-1} 和 4052 cm^{-1}），其在 CT 激发态中起主导作用[20,21]。自旋-轨道耦合作用能够有效促进激发态单线态到三线态的系间窜越以及从三线态到基态单线态的辐射跃迁，产生强烈且长寿命的磷光。此外，配体的性质可以调节过渡金属配合物的光物理性质，在探索设计传感和成像领域中具有实用性。

2.2.4　过渡金属配合物磁特性

磁性是自然界物质的一个基本特性，磁性研究也是材料学科的研究热点之一，它在医学、电子学和数据处理等方面已经得到广泛应用。未成对电子的存在使得材料除了具有内禀抗磁性之外，也产生了其他磁性行为。具有未成对 d 和 f 电子的过渡金属表现出顺磁或协同磁性行为，这主要取决于不同自旋的相对排列方式[22,23]。其他量子力学效应间的相互交换使得自旋发生耦合，从而产生了如铁磁性、反铁磁性或亚铁磁性等协同磁性行为[22,23]。磁性纳米颗粒、单分子磁体、单离子磁体以及单链磁体等大多数磁性材料中的自旋载体为过渡金属离子[24]。在超小亚铁磁和铁磁性单分子磁体和磁性纳米颗粒中存在的超顺磁效应，激起了这些磁性材料及其性质的研究和发展[24]。当移除外加磁场后，如果热扰动能克服各向异性能垒，将磁化强度减小到零，便会出现超顺磁性[25]。超顺磁性本质上与顺磁性相似，只是其磁感应性更强。研究人员通过测试不同时间和温度下磁化率随交变磁场的变化，以检测超顺磁态在纳米磁体如单分子磁体中的存在。如果材料的磁化率随交变磁场的频率发生变化，表明该材料中存在超顺磁性[26]。例如，Boča及其合作者发现一种钴基单分子超顺磁体[Co(PPh$_3$)$_2$Br$_2$]的摩尔磁化率在外加磁场强度为 0.1 T 时，其异相成分峰值对频率变化很灵敏[26]。

磁性调控是基于过渡金属配合物磁性体系的一个重要特性，它可以通过化合物结构修饰实现。例如，一系列四面体构型的二价钴配合物(CoX$_2$L$_2$，其中 X = Cl、Br、NCS；L=含 N 或 P 配体)，由于结构逐渐发生扭曲，从而可以对零场分裂参数 D 进行调控[27]。具体来讲，随着 X—Co—X 和 L—Co—L 的角度从−13.6°增加到+6.2°，参数 D 从−13 cm^{-1} 增加到+5 cm^{-1} [27]。在过渡金属单分子磁体中，即使一个很微小的结构变化，也会导致各种自旋哈密顿参数如各向异性值(g 值)以及零场分裂参数 D 和 E 发生显著变化。对一系列具有扭曲三角双锥几何构型的五配位二价钴配合物的磁性研究结果表明，几何结构相近的配合物的自旋哈密顿参数明显不同[28]。在该系列配合物中，用一个柔性配体[(1-benzyl-1H-1,2,3-triazol-4-yl)methyl]amine(tbta)取代刚性配体[(1-phenyl-1H-1,2,3-triazol-4-yl)methyl]amine(tpta)之后，D 和 E 零场分裂参数增大一倍，同时辅助配体从 Cl 变为 NCS 时，|E/D|值以及 g 值也都会增加。相反地，在四面体蝎形配合物 Tp$^{R,R'}$Co(X) (X = Cl 或 NCS) 中，当辅助配体为 NCS 时，|E/D|值为 0.056~0.15，D 值为 +2.39~+3.34 cm^{-1}；而当辅助配体为 Cl 时，|E/D|值大致是减小的(0.012~0.061)，D 值增加(+10.88~+12.72 cm^{-1})[29]。

理解自旋弛豫过程对调控能垒俘获有利的高自旋势阱磁态至关重要。单核过渡金属单分子磁体的弛豫过程具有温度依赖性，低温下主要通过直接或者隧穿机制，而高温下主要通过 Raman 或者 Orbach 机制实现[30,31]。纳米磁体的化学性质可以有效调节这些弛豫机制。例如，改变钴配合物[Co(tpm)$_2$][ClO$_4$]$_2$ 和 [Co(tpm)$_2$][BPh$_4$]$_2$·2MeCN [tpm = tris(pyrazol-1-yl)methane]的反离子(ClO$_4^-$ 或 BPh$_4^-$)，可以调控高温下的 Raman 弛豫机制[31]。这两个钴配合物的单轴各向异性值分别为 92 cm^{-1} 和 93 cm^{-1}，为目前所报道的过渡金属配合物最高值。此外，它们低温下的弛豫过程主要为隧穿机制[31]。

在[Co(C$_3$S$_5$)$_2$]·2X (X = Bu$_4$N$^+$、Ph$_4$P$^+$、PPN$^+$ 或 [K(18-c-6)]$^+$) 中也存在自旋弛豫的温度依赖性关系[32]。当温度低于 3 K 时，弛豫时间随温度变化而保持不变，表明这时弛豫过程主要通过隧穿机制发生。而当温度增加到 22 K 时，Raman 弛豫机制成为主导。随着温度继续增加，lg$T$ 和弛豫时间呈现线性相关特性，这表明弛豫过程变为 Orbach 机制。同时，这些钴配合物二面角与理想的 D_{2d} 对称几何构型二面角(90°)之间的偏差可以影响隧穿频率。其中，结构最为扭曲的 [Co(C$_3$S$_5$)$_2$]·2[Bu$_4$N]$^+$ (二面角为 76.5°)具有最高隧穿频率(61 Hz)，而扭曲程度最小的[Co(C$_3$S$_5$)$_2$]$_2$·[K(18-c-6)]$^+$ (二面角为 83.1°)其隧穿频率最低(0.26 Hz)。二面角的变化也可以影响其他磁性质，从而将这些纳米磁体的应用前沿从传统的信息处理拓展到量子计算领域。例如，结构扭曲程度最小的配合物 E 零场分裂参数小，且具有传统的数据磁存储介质的磁滞特点。而扭曲程度最大的配合物 E 零场分裂参数大，且没有磁滞现象，从而有望用于量子信息处理[32]。在过渡金属配合物中，一种弛豫机制占主导地位时也表明存在其他多个机制，而主导性弛豫机制还可以通过改变外加磁场进行调控。例如，$[Co(PPh_3)_2Br_2]$ 单分子磁体在外加磁场强度为 0.1 T 时，弛豫过程主要为隧穿机制，而外加磁场强度为 0.2 T 时，弛豫过程则主要通过一种伴随隧穿的未知机制进行[26]。

金属有机或配位化合物在惰性气体中进行热分解可以合成多种尺寸、形状和磁性可控的磁性纳米材料[25,33-38]。磁性纳米颗粒是一种很有吸引力的材料，每一个粒子可当作一个磁畴，它的自旋在相邻粒子和外加磁场作用下沿着外加磁场方向进行排列[25]。Park 及其合作者通过将 $Mn(acac)_2$ (acac = 乙酰丙酮)在油胺中热分解合成了 Mn_3O_4 纳米粒子[33]。单分散的 Mn_3O_4 纳米粒子平均粒径可通过反应温度进行调控。他们最后在 150℃、180℃ 和 250℃ 下合成了平均粒径分别为 6 nm、10 nm 和 15 nm 的 Mn_3O_4 纳米粒子[33]。这些 Mn_3O_4 纳米粒子在低温下为铁磁性，而室温下为顺磁性。纳米粒子的尺寸(或者粒径)是一个重要的参数，它与阻挡温度(T_B)密切相关。上述平均粒径为 6 nm、10 nm 和 15 nm 的 Mn_3O_4 纳米粒子的 T_B 分别为 36 K、40 K 和 41 K。如果在上述反应混合物中加入水，$Mn(acac)_2$ 的氧化过程可能受到了限制，然后通过分解反应生成了 MnO 纳米粒子。与块体 MnO 的反铁磁性不同，MnO 纳米粒子在低温下为弱铁磁性。而且 MnO 纳米粒子的尺寸与 T_B 之间呈现反比例关系，这与 Mn_3O_4 纳米粒子的情况正好相反。

表面各向异性是磁性材料的一个基本特性，而将纳米材料表面与形状进行关联发现，控制磁性纳米材料的形状可以有效调控磁性质。Zhang 及其合作者发现 $CoFe_2O_4$ 纳米材料的磁性质具有形状依赖性[37]。控制这些纳米材料的生长速率可以使它的形状在球形和立方体之间转变，而纳米立方体的矫顽力(H_c)低于纳米球，因此改变 $CoFe_2O_4$ 纳米材料的形状可有效调控其磁性质。球形纳米材料具有低缺陷曲面拓扑性质，从而比立方体平面拓扑具有更好的表面各向异性[37]。由于表面各向异性对 H_c 的影响大于内芯各向异性，因此球形纳米粒子的 H_c 比相同体积的纳米立方体更高一些。其他一些磁性质如 T_B、饱和磁化率(M_s)和剩磁强度(M_r)都与材料形状无关，但与尺寸有关。例如，上述 $CoFe_2O_4$ 纳米材料的 M_s 和 M_r 都会随着尺寸增加而增加[37]。

2.3 小结

综上所述，过渡金属具有优异的氧化还原活性、光活性及磁性能，激励着材料科学家长期致力于开发不同结构的功能化嵌段，进而构筑各式各样的金属有机材料。例如，配位化学中根据不同金属与不同配体的选择性络合对异核金属配合物体系进行合理化设计。离散的多样化电子结构影响着这些过渡金属配合物的磁性、光活性和氧化还原活性，这些性质在金属有机体系中可以通过优化精细设计的合成方法进行调变。金属配合物最为有趣的是可以通过智能控制配体的性质和过渡金属的氧化态实现其灵活可调性。随后章节将重点讲述如何利用金属配合物设计功能化分子以满足特定的应用需求。

在本书中，我们综述了近年来金属有机配合物和金属聚合物在光电子学、非线性光学、光致变色、电致变色、能量和数据存储以及二维纳米材料等领域的应用，描述了配合物结构与性质之间的关系，进而针对特定的应用合理设计金属配合物，赋予其相应的光物理性质。这些基于金属配合物的基础研究能够有效地指导我们使不同领域的活性功能材料精准地满足其在特定领域的应用需求。我们期望本书能够让读者深入了解过渡金属有机材料的基础和应用，激发更多的相关研究兴趣，并拓宽其应用领域。

参 考 文 献

[1] Wong W Y, Abd-El-Aziz A S. Molecular Design and Applications of Photofunctional Polymers and Materials. Cambridge: Royal Society of Chemistry, 2012.

[2] Wong W Y. Organometallics and Related Molecules for Energy Conversion. Berlin: Springer-Verlag, 2015.

[3] Abd-El-Aziz A S, Agatemor C, Wong W Y. Macromolecules Incorporating Transition Metals. London: Royal Society of Chemistry, 2018.

[4] Abd-El-Aziz A S, Agatemor C, Etkin N. Antimicrobial resistance challenged with metal-based antimicrobial macromolecules. Biomaterials, 2017, 118: 27-50.

[5] Cotton F A, Wilkinson G, Murillo C A, et al. Advanced Inorganic Chemistry. New York: John Wiley & Sons Inc., 1999.

[6] Housecroft C, Sharpe A G. Inorganic Chemistry. 4th ed. Harlow: Pearson Education Limited, 2012.

[7] Miessler G L, Fischer P J, Tarr D A. Inorganic Chemistry. Harlow: Pearson Education Limited, 2013.

[8] Huheey J E, Keiter E A, Keiter R L. Inorganic Chemistry: Principle of Structure and Reactivity. Upper Saddle River: Prentice Hall, 1997.

[9] International Union of Pure and Applied Chemistry. Compendium of Chemical Terminology. 2nd ed. http://goldbook.iupac.org/pdf/goldbook.pdf.

[10] Lemire J A, Harrison J J, Turner R J. Antimicrobial activity of metals: Mechanisms, molecular targets and applications. Nat Rev Microbiol, 2013, 11: 371-384.

[11] Haas K L, Franz K J. Application of metal coordination chemistry to explore and manipulate cell

biology. Chem Rev, 2009, 109: 4921-4960.
[12] Pearson R G. Hard and soft acids and bases, HSAB, part Ⅰ: Fundamental principles. J Chem Educ, 1968, 45: 581-587.
[13] Pearson R G. Hard and soft acids and bases, HSAB, part Ⅱ: Underlying theories. J Chem Educ, 1968, 45: 643-648.
[14] Ho C L, Wong W Y. Metal-containing polymers: Facile tuning of photophysical traits and emerging applications in organic electronics and photonics. Coord Chem Rev, 2011, 255: 2469-2502.
[15] Ho C L, Yu Z Q, Wong W Y. Multifunctional polymetallaynes: Properties, functions and applications. Chem Soc Rev, 2016, 45: 5264-5295.
[16] Xu L L, Ho C L, Liu L, et al. Molecular/polymeric metallaynes and related molecules: Solar cell materials and devices. Coord Chem Rev, 2018, 373: 233-257.
[17] Balzani V, Juris A, Venturi M, et al. Luminescent and redox-active polynuclear transition metal complexes. Chem Rev, 1996, 96: 759-834.
[18] Tyler D R. 19-Electron organometallic adducts. Acc Chem Res, 1991, 24: 325-331.
[19] Astruc D. Electron and proton reservoir complexes: Thermodynamic basis for C—H activation and applications in redox and dendrimer chemistry. Acc Chem Res, 2000, 33: 287-298.
[20] Crosby G A, Hipps K W, Elfring Jr W H. Appropriateness of assigning spin labels to excited states of inorganic complexes. J Am Chem Soc, 1974, 96: 629-630.
[21] Crosby G A. Spectroscopic investigations of excited states of transition-metal complexes. Acc Chem Res, 1975, 8: 231-238.
[22] West A R. Basic Solid State Chemistry. Chichester: John Wiley & Sons Ltd, 1984.
[23] Valenzuela R. Magnetic Ceramics. Cambridge: Cambridge University Press, 1994.
[24] Wang X, Avendaño C, Dunbar K R. Molecular magnetic materials based on 4d and 5d transition metals. Chem Soc Rev, 2011, 40: 3213-3238.
[25] Frey N A, Peng S, Cheng K, et al. Magnetic nanoparticles: Synthesis, functionalization, and applications in bioimaging and magnetic energy storage. Chem Soc Rev, 2009, 38: 2532-2542.
[26] Boča R, Miklovič J, Titiš J. Simple mononuclear cobalt(Ⅱ) complex: A single-molecule magnet showing two slow relaxation processes. Inorg Chem, 2014, 53: 2367-2369.
[27] Titiš J, Miklovič J, Boča R. Magnetostructural study of tetracoordinate cobalt(Ⅱ) complexes. Inorg Chem Commun, 2013, 35: 72-75.
[28] Schweinfurth D, Krzystek J, Atanasov M, et al. Tuning magnetic anisotropy through ligand substitution in five-coordinate Co(Ⅱ) complexes. Inorg Chem, 2017, 56: 5253-5265.
[29] Krzystek J, Swenson D C, Zvyagin S, et al. Cobalt(Ⅱ) "scorpionate" complexes as models for cobalt-substituted zinc enzymes: Electronic structure investigation by high-frequency and -field electron paramagnetic resonance spectroscopy. J Am Chem Soc, 2010, 132: 5241-5253.
[30] Zhang W, Ishikawa R, Breedlove B, et al. Single-chain magnets: Beyond the Glauber model. RSC Adv, 2013, 3: 3772-3798.
[31] Zhang Y, Gómez-Coca S, Brown A J, et al. Trigonal antiprismatic Co(Ⅱ) single molecule magnets with large uniaxial anisotropies: Importance of Raman and tunneling mechanisms.

Chem Sci, 2016, 7: 6519-6527.

[32] Fataftah M S, Coste S C, Vlaisavljevich B, et al. Transformation of the coordination complex [Co(C$_3$S$_5$)$_2$]$_2$: From a molecular magnet to a potential qubit. Chem Sci, 2016, 7: 6160-6166.

[33] Seo W S, Jo H H, Lee K, et al. Size-dependent magnetic properties of colloidal Mn$_3$O$_4$ and MnO nanoparticles. Angew Chem Int Ed, 2004, 43: 1115-1117.

[34] Woo K, Hong J, Choi S, et al. Easy synthesis and magnetic properties of iron oxide nanoparticles. Chem Mater, 2004, 16: 2814-2818.

[35] Sun S, Zeng H, Robinson D B, et al. Monodisperse MFe$_2$O$_4$ (M = Fe, Co, Mn) nanoparticles. J Am Chem Soc, 2004, 126: 273-279.

[36] Sun S, Zeng H. Size-controlled synthesis of magnetite nanoparticles. J Am Chem Soc, 2002, 124: 8204-8205.

[37] Song Q, Zhang Z J. Shape control and associated magnetic properties of spinel cobalt ferrite nanocrystals. J Am Chem Soc, 2004, 126: 6164-6168.

[38] Unni M, Uhl A M, Savliwala S, et al. Thermal decomposition synthesis of iron oxide nanoparticles with diminished magnetic dead layer by controlled addition of oxygen. ACS Nano, 2017, 11: 2284-2303.

(戴枫荣　董清晨　杨晓龙　孟振功　黄维扬)

第3章

金属有机发光材料与器件

3.1 引言

在生活工作中，人们总是希望所使用的显示器以及照明灯具能够具有更高的亮度、更快的反应速度、更轻巧的形状，以及更优美的外观等优点。经过数十年的发展，在显示与照明领域，目前能够满足这些期待的技术似乎只有有机发光二极管(organic light-emitting diode, OLED)技术[1,2]。除了以上优点，OLED 还具有发光色彩丰富鲜艳、发光效率高且制作成本低、对环境友好等优势[3-7]。OLED 的这些优势与其所用的有机发光材料的性质密切相关。第一例 OLED 是由邓青云博士及其合作者发明的[8]。他们以荧光材料8-羟基喹啉铝(8-hydroxyquinoline aluminum, Alq_3)为发光材料制备出的 OLED 展示出较高的发光性能，其外量子效率(external quantum efficiency, EQE)为 1.0%，功率效率(power efficiency, PE)为 1.5 lm·W^{-1}，在不到 10 V 的工作电压下可以发出亮度超过 1000 cd·m^{-2} 的绿光。自此，大量发光材料被用于制备 OLED[9,10]。但是，无论是用小分子有机发光材料还是用共轭高分子发光材料，制备出的 OLED 所能达到的最大 EQE 基本上不会超过 5%，这种情况是由 OLED 的发光机理所决定的。图 3-1 是简单 OLED 的结构示意图。

给 OLED 正负极加上电压后，空穴与电子分别从正极与负极随机注入器件中，再分别经过空穴与电子传输层迁移到发光层，最后复合形成激子(exciton)，激子通过辐射或非辐射的跃迁途径回到基态。电激发形成的激子中，大约有 25%处于单线态，75%处于三线态[11]。通常情况下，有机分子从三线态辐射跃迁至基态是不允许的，因此，在 OLED 形成的激子中只有单线态激子才可以发出荧光，这就导致基于有机分子发光材料的 OLED 内量子效率被限定在 25%以下，再结合器件结构决定的大约 20%的光耦合输出效率(light out-coupling efficiency)，这类 OLED 的最大 EQE 常常不超过 5%[12]。很明显，任由电激发所产生的三线态激子以非辐

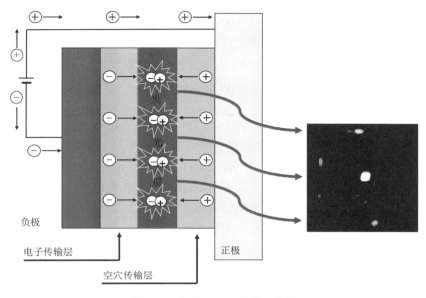

图 3-1 简单 OLED 结构示意图

射形式跃迁至基态是对能源的极大浪费，这是当时制备高效 OLED 所面临的最大问题。幸运的是，我国吉林大学的马於光等、美国普林斯顿大学的 Forrest 等分别在 1998 年找到了解决这一问题的突破口。他们分别以金属有机锇 Os(Ⅱ)配合物与铂 Pt(Ⅱ)配合物(图 3-2)为发光材料制备了 OLED，观察到源自于 Os(Ⅱ)配合物与 Pt(Ⅱ)配合物三线态金属到配体电荷转移(triplet metal-to-ligand charge-transfer, ^{3}MLCT)跃迁的磷光发射[13,14]。与有机配体配位后，重金属原子可以增强体系的自旋-轨道耦合(spin-orbit coupling, SOC)作用，从而极大促进单线态与三线态之间的系间窜越(intersystem crossing, ISC)行为，松动三线态向基态辐射跃

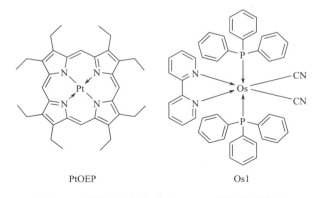

PtOEP 　　　　Os1

图 3-2 最早用于制备磷光 OLED 的发光配合物

迁的禁阻状态，实现有机重金属配合物在室温条件下的磷光发射[15]。因此，有机重金属配合物，即磷光配合物，可以同时利用单线态激子与三线态激子发光，使得基于有机重金属配合物发光材料的磷光 OLED 的内量子效率可以达到 100%[16]。这些结果对 OLED 技术的发展起到了极大的促进作用，将发光材料的研究焦点聚集到了磷光配合物身上。

目前，已报道的可用于制备 OLED 的磷光配合物包括 Ir(Ⅲ)配合物、Pt(Ⅱ)配合物、Os(Ⅱ)配合物、金 Au(Ⅲ)配合物以及铜 Cu(Ⅰ)配合物等。但是，在已报道的多种多样的磷光配合物中，Ir(Ⅲ)配合物与 Pt(Ⅱ)配合物的研究最多且相关 OLED 发光效率普遍较高[17-21]。这是因为 Ir(Ⅲ)配合物与 Pt(Ⅱ)配合物具有几个明显的优势。首先是 Ir(Ⅲ)配合物与 Pt(Ⅱ)配合物的发光颜色丰富，从深蓝光到深红光可覆盖整个可见光光谱范围，对于制备全色显示器以及各类照明器件具有重要意义。其次是 Ir(Ⅲ)配合物与 Pt(Ⅱ)配合物量子效率高且磷光寿命短，这对于提高 OLED 的发光性能具有重要意义。另外，Ir(Ⅲ)配合物与 Pt(Ⅱ)配合物易合成且其各种性质(如光物理性质、电化学性质及聚集态性质等)可以通过设计相关有机配体进行调控，进而有利于对相关 OLED 的发光行为进行调控。这些优点使得 Ir(Ⅲ)配合物与 Pt(Ⅱ)配合物位于制备高效 OLED 的最理想发光材料之列。本章将以 Ir(Ⅲ)配合物与 Pt(Ⅱ)配合物发光颜色为基本分类标准，对近年来报道的各类磷光金属有机 Ir(Ⅲ)、Pt(Ⅱ)配合物及其在高效 OLED 中的应用做一简要介绍。

3.2 蓝色磷光 Ir(Ⅲ)配合物与蓝色磷光 Pt(Ⅱ)配合物

作为三原色光之一，蓝光在全色显示中不可或缺。另外，无论是利用蓝-绿-红三原色光形成白光，还是利用蓝-橙互补光形成白光，蓝光在白光照明方面都是无法取代的。因此，要使 OLED 技术真正实用化，研究开发高效率蓝光发光材料是重中之重。由于蓝光波长短、能量高，要求发光材料具有很高的能隙。具体到蓝色磷光 Ir(Ⅲ)与 Pt(Ⅱ)配合物，要求配合物最高占据分子轨道(HOMO)与最低未占分子轨道(LUMO)之间的 HOMO-LUMO 能级差较大，即配合物的三线态能级(triplet energy level, E_T)要高。尤其是应用于全色显示时，要求蓝光具有很高的色纯度。美国国家电视标准委员会(National Television System Committee, NTSC)推荐的纯蓝光色坐标 $CIE_{x,y}$①为(0.14, 0.08)[22]。为了达到这个标准，磷光 Ir(Ⅲ)与 Pt(Ⅱ)配合物的三线态能级至少要达到 2.8 eV[23]，这对配合物的结构设计提出了

---

① CIE 是国际照明委员会(Commission Internationale de l'éclairage)的简称。

很高的要求。

文献中最早报道的蓝色磷光配合物是 **FIrpic**(图 3-3)，其三线态能级大约为 2.62 eV，最大发射波长为 470 nm 与 494 nm。以其为发光材料制备的 OLED 的最大 EQE 仅为 5.7%[24]。另外，该 OLED 的 CIE$_{x,y}$ 坐标为(0.16, 0.29)，这表明器件所发出的光其实是天蓝色的，而不是真正的纯蓝光。尽管后来科研工作者以 **FIrpic** 为发光材料，采用各种各样的方法，如湿法旋涂、真空蒸镀、搭配各种主体及电荷传输材料等，制备蓝光 OLED，获得的最大 EQE 可达 31.4%[25]，但最终所得器件发出的蓝光色坐标 CIE$_{x,y}$(0.13~0.17, 0.29~0.39)都处于天蓝色范围[26-30]。后来通过将辅助配体吡啶甲酸改为含硼唑类辅助配体，获得三线态能级更高的 **FIr6**(E_T = 2.72 eV)，最大发射波长蓝移至 457 nm 与 485 nm[31,32]。经过各种条件优化，相关 OLED 的最大 EQE 也达到 25.0%[33]。虽然以 **FIr6** 为发光材料制备的 OLED 所发蓝光色纯度有所提高，但其色坐标 CIE$_y$ 依然大于 0.2[34-37]。为了进一步获得色纯度更高的蓝色磷光 Ir(Ⅲ)配合物，人们将更多的目光转向设计新的环金属配体(cyclometalating ligand)，最终合成出一系列蓝色磷光 Ir(Ⅲ)配合物(图 3-3)[38-47]。

以 **FIrpic** 为参照配合物，向环金属配体苯环上引入吸电子基团取代基或者向环金属配体吡啶环上引入给电子取代基，都可以增大配合物的三线态能级，使配合物的最大发射波长蓝移。因此，当向苯环上引入吸电子的氰基(—CN)后，配合物 **B1** 的三线态能级提高到 2.74 eV[39]。基于 **B1** 的 OLED 可以获得大于 20%的外量子效率，更重要的是其 CIE$_y$ 小于 0.2，显示出比 **FIrpic** 更纯的蓝光。若是将氰基替换为磷酰基或者磺酰基，可合成得到配合物 **B2** 和 **B3**。然而，基于配合物 **B2** 和 **B3** 的 OLED 所发蓝光的 CIE$_y$ 接近 0.3[44]，表明磷酰基与磺酰基将配合物发光颜色向深蓝区域调节的能力不如氰基。将吸电子能力更强的氟代羰基基团 —COCF$_3$ 与 —COCF$_2$CF$_2$CF$_3$ 引入到苯环上，配合物 **B4** 与 **B5** 表现出良好的电致发光性能。以配合物 **B4** 为发光材料，制备的 OLED 电致发光最大发射波长(λ_{EL}) 为 460 nm，最大 EQE、电流效率(current efficiency, CE)以及 PE 分别为 17.1%、21.7 cd·A^{-1} 以及 19.0 lm·W^{-1}，更可喜的是其 CIE$_{x,y}$ 坐标蓝移至(0.141, 0.158)[47]。借鉴 **FIrpic** 与 **FIr6** 的经验，将吡啶甲酸辅助配体替换为唑类辅助配体，可以得到电致发光的最大发射波长 λ_{EL} 更短的配合物 **B6** 与 **B7**(λ_{EL} = 448 nm)，相应 OLED 的 CIE$_{x,y}$ 坐标进一步蓝移至(0.147, 0.116)[47]。不过，相应 OLED 的发光效率大幅降低，其 EQE、CE 及 PE 分别为 8.4%、8.60 cd·A^{-1} 及 8.10 lm·W^{-1}。除了向苯环上引入吸电子取代基这种方式外，通过将苯环 5 位的碳原子替换为氮原子，即把苯环替换为吡啶环，也可以使配合物发射波长蓝移。基于配合物 **B8~B11**(图 3-3)的 OLED 发光光谱 CIE$_y$ 都接近甚至小于 0.2[45,46]。

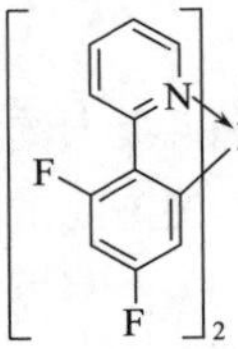

图 3-3 代表性蓝色磷光 Ir(III) 配合物

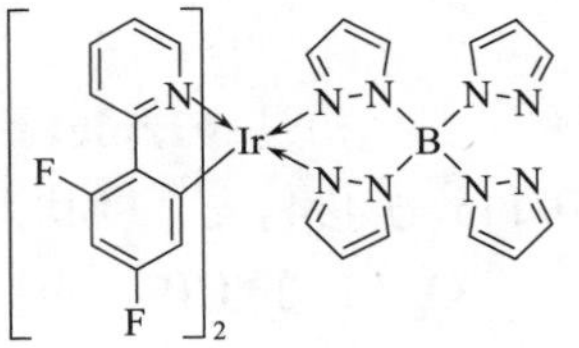

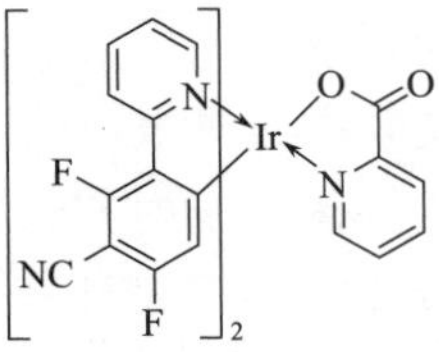

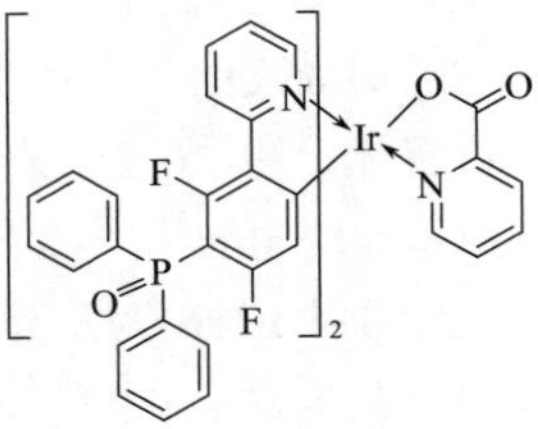

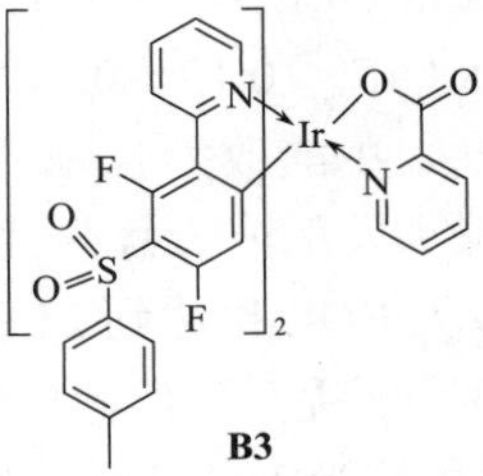

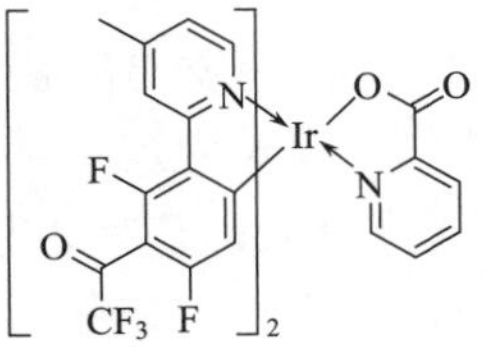

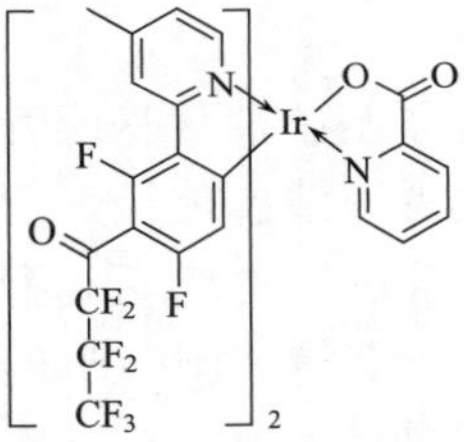

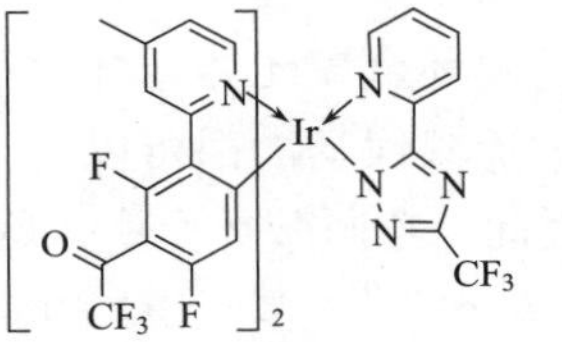

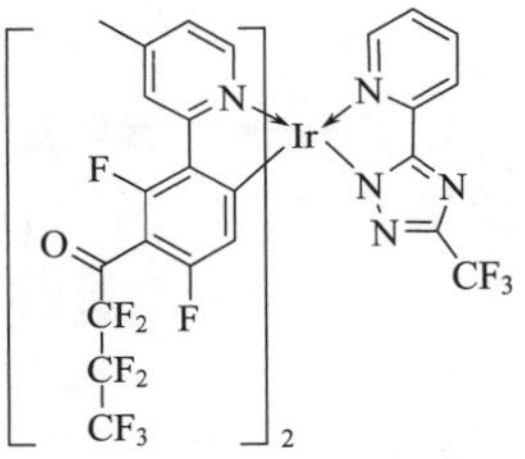

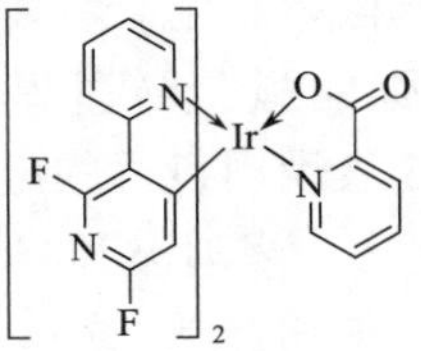

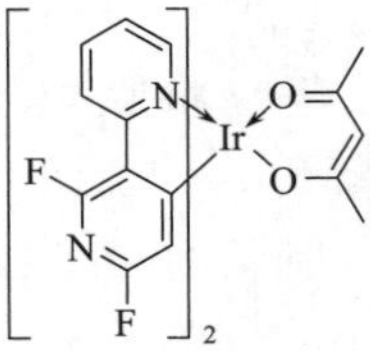

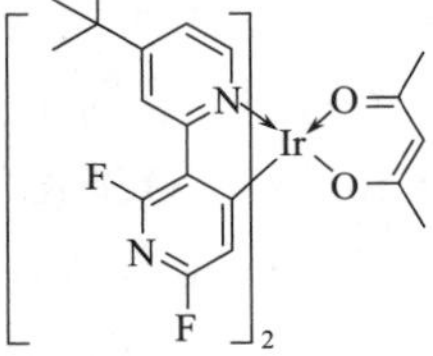

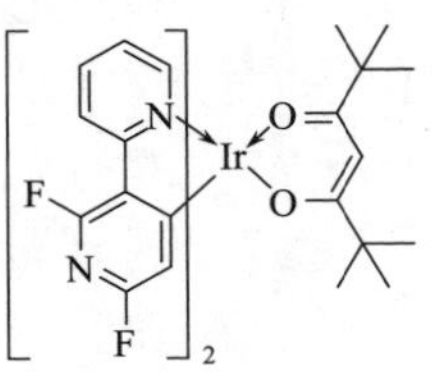

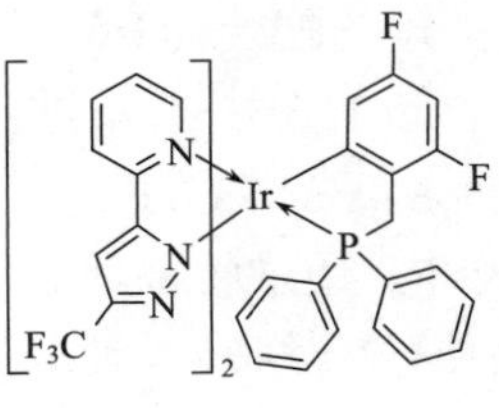

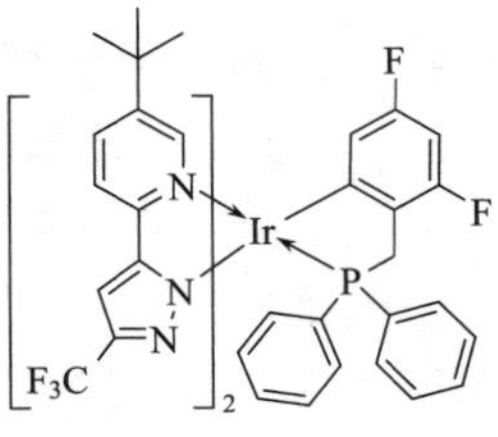

以上这些磷光 Ir(III) 配合物的最大发射波长都在 450 nm 左右,但在长波长区域伴随有振动电子发光带肩峰,导致所发蓝光均未达到纯蓝光的标准。因此,必须采取新的设计策略来提高配合物的三线态能级,优化发光色纯度。Chi 等搭配吡啶唑类配体与含膦配体设计合成出配合物 **B12** 与 **B13**[48]。基于配合物 **B12** 与 **B13** 的 OLED 所发蓝光进一步接近标准纯蓝光。以配合物 **B12** 与 **B13** 为发光材料,相应的 OLED 发光光谱 $CIE_{x,y}$ 坐标分别为 (0.152, 0.110) 与 (0.155, 0.106),发光效率分别为 11.9%、11.4 cd·A^{-1}、7.9 lm·W^{-1} 与 11.7%、11.3 cd·A^{-1}、8.6 lm·W^{-1}。可见,由于吡啶环上叔丁基的弱供电子作用,配合物 **B13** 能够发出更纯的蓝光,但对最终的电致发光效率影响不大。因此可以推测,若是将配合物 **B13** 中的叔丁基替换为给电子能力更强的其他基团,则所得配合物可能会发出色纯度更高的蓝光。

Forrest 等采取了另一种方法提高蓝色磷光 Ir(III) 配合物的色纯度。他们利用氮杂环卡宾配体配位场强度比传统吡啶配体更强的特点,成功地合成得到三线态能级高达 3.1 eV 的配合物 **B14**(图 3-4)[49,50]。相关 OLED 所发蓝光 $CIE_{x,y}$ 坐标为 (0.16, 0.06),但其最大 EQE 仅为 1.5%。通过调整配体结构,配合物 **B15** 具有相近的电致发光 $CIE_{x,y}$ 坐标,为 (0.17, 0.06),但其 EQE 提高到 2.6%。以配合物 **B15** 的同分异构体 **B16** 为发光材料,制备出的 OLED 在保持 $CIE_{x,y}$ 坐标不变的情况下,展示出更高的 EQE(5.8%)及 PE(1.7 lm·W^{-1})。尽管这几个深蓝色磷光 Ir(III) 配合物可以发出色纯度很高的纯蓝光,但是相关器件的发光性能不佳,这既与它们较低的磷光量子产率(photoluminescence quantum yield, PLQY)有关,如配合物 **B16** 的 PLQY 仅为 0.04,又与制作 OLED 时所使用的主体材料有关。这几种色纯度达到标准的深蓝色磷光 Ir(III) 配合物具有的三线态能级均超过 3.1 eV,制备 OLED 所用主体材料的三线态能级要高于 3.2 eV 才能抑制能量从配合物到主体逆向传递。Forrest 等所用主体材料为 *p*-bis(triphenylsilyl)benzene(**UGH2**)(图 3-4),该主体的三线态能级虽然高达 3.5 eV,但是 **UGH2** 易聚集结晶,而且其前线分子轨道能级与电荷传输材料的不匹配,最终对 OLED 的发光性能产生负面影响。由此可以看出,要获得高性能的纯蓝光 OLED,既要设计合成得到具有高 PLQY 的纯蓝光配合物,也要选择好具有高三线态能级的主体材料,这两点均是目前蓝光 OLED 性能不够理想的主要原因。配合物 **B17** 既含有唑类配体,又含有卡宾配体,用作电致发光材料时表现出较高的蓝光色纯度,其 $CIE_{x,y}$ 坐标为 (0.14, 0.10)[51]。通过优化主体材料搭配,以 **UGH2** 与 **CzSi** 作为共同主体,以配合物 **B17** 为发光材料,制备得到的蓝光 OLED 展示出较高的发光效率,其 EQE、PE 及 CE 分别为 7.6%、6.5 cd·A^{-1} 及 4.1 lm·W^{-1},再次说明主体材料的选择与搭配对提高纯蓝光 OLED 性能具有重要作用。

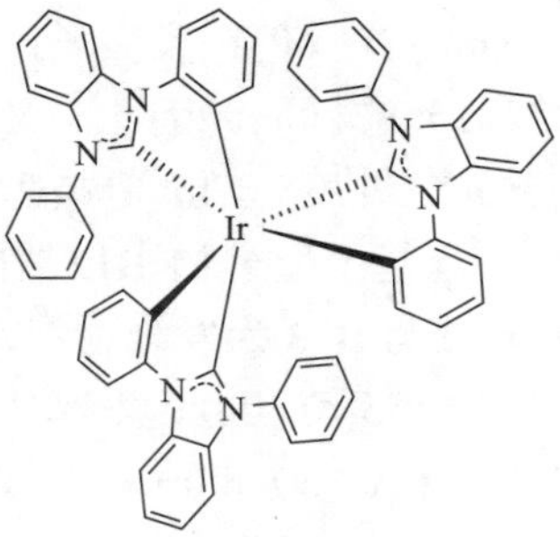

B14

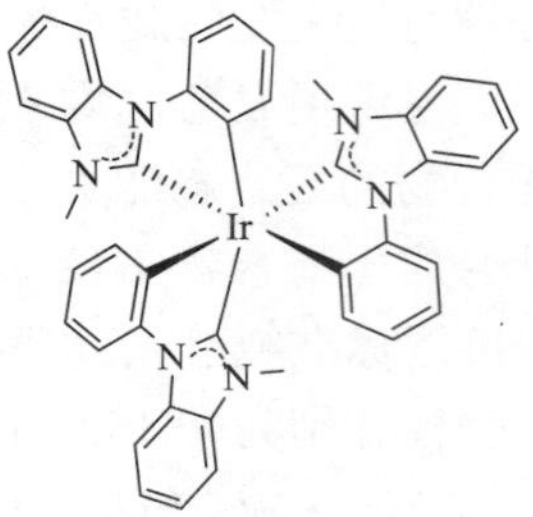

B15

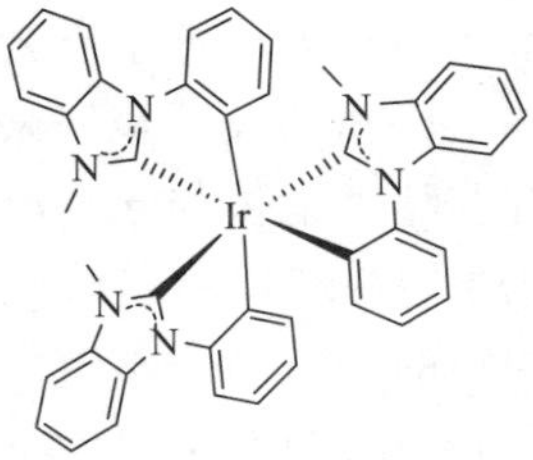

B16

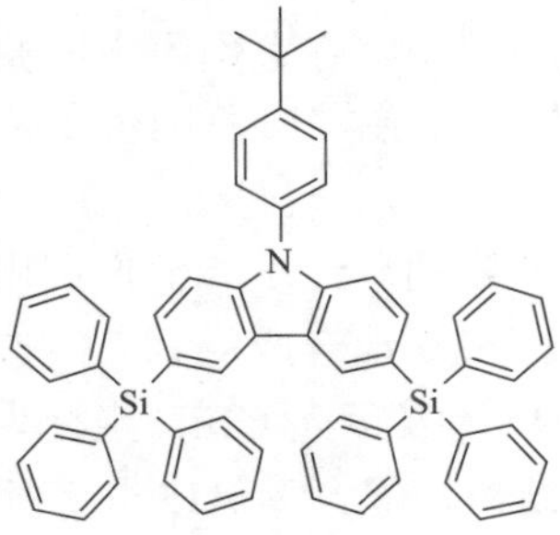

CzSi

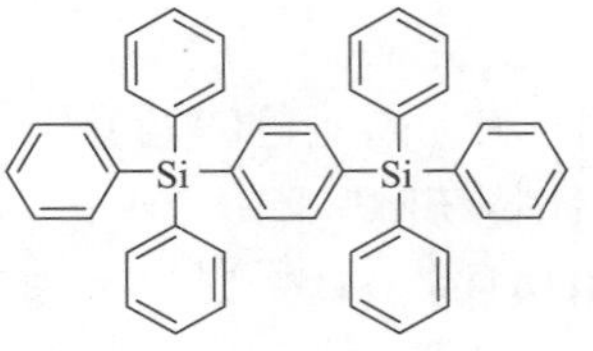

UGH2

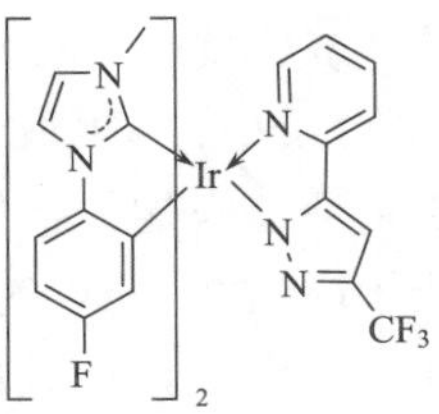

B17

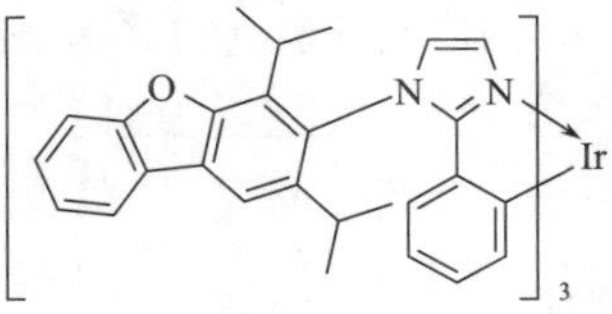

B18

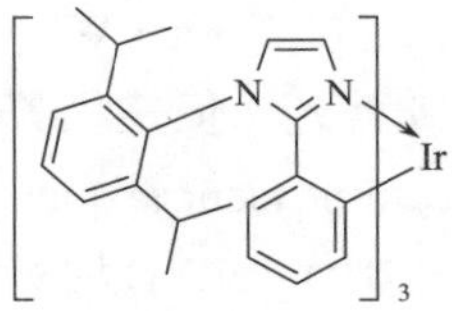

B19

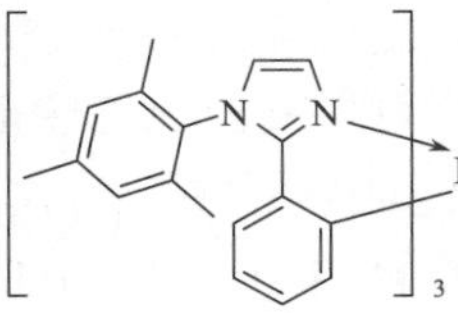

B20

图 3-4 代表性蓝色磷光 Ir(III) 配合物及主体材料

最近，苯基咪唑类配体也被用于设计合成蓝色磷光 Ir(III)配合物，如图 3-4 所示。尽管苯基咪唑配体具有不同的取代基，配合物 **B18**～**B20** 具有较为接近的 PLQY(均在 0.6 附近)以及发射光谱(均为天蓝色)，表明咪唑上的取代基对配合物的发光性质影响有限[52-54]。以配合物 **B18** 与 **B19** 为发光材料，相关 OLED 的最大 EQE 分别为 23.1%与 23.0%；而以配合物 **B20** 为发光材料，相关 OLED 的最大 EQE 高达 33.2%，其 CE 与 PE 也分别提高至 73.6 cd・A^{-1} 与 71.9 lm・W^{-1}[54]。基于配合物 **B20** 的 OLED 所展示出的电致发光效率是目前蓝光 OLED 中最高的，表明苯基咪唑类磷光 Ir(III)配合物很适用于制备高效 OLED。只是目前报道的这几例苯基咪唑类磷光 Ir(III)配合物发光为天蓝色，需要进一步对配体苯环进行修饰，以期能够将其发射波长蓝移至深蓝区域，获得标准纯蓝光。

磷光 Pt(Ⅱ)配合物也很适用于制备高效 OLED，目前已有不少基于磷光 Pt(Ⅱ)配合物的 OLED 最大 EQE 超过 25%[55-60]，甚至有 EQE 高达 38.8%的报道[60]。不过，与蓝色磷光 Ir(Ⅲ)配合物的数量相比，蓝色磷光 Pt(Ⅱ)配合物的数量还是比较少的，尤其是能制备出高效蓝光 OLED 的磷光 Pt(Ⅱ)配合物数量更少。目前报道的同时具有较高电致发光效率以及蓝光色纯度的磷光 Pt(Ⅱ)配合物基本都含有三齿或四齿配体，如图 3-5 所示。这些配合物也是利用氮杂环咔唑或者吡唑基团来提高三线态能级，使发光颜色向深蓝区域移动。配合物 **B21** 可以发出最大发射波长位于 448 nm 的深蓝光[61]。当掺杂浓度为 2wt%[①]时，相应 OLED 的最大 EQE 为 15.7%，发出色纯度较高的蓝光，$CIE_{x,y}$ 坐标为(0.16, 0.13)。当掺杂浓度提高到 10wt%，相应 OLED 可以发出 $CIE_{x,y}$ 坐标为(0.33, 0.33)的纯白光[62]。这是因为四配位的 Pt(Ⅱ)配合物为平面结构，很容易在较高掺杂浓度时形成激基缔合物(excimer)使发射波长红移至低能量区域。在此例中，激基缔合物发出的橙光与单分子发出的蓝光互补形成白光。平面 Pt(Ⅱ)配合物易形成激基缔合物发光的这种特点使得蓝色磷光 Pt(Ⅱ)配合物在制备简单高效的白光 OLED 方面具有很大的优势。例如，当配合物 **B22** 的掺杂浓度为 2wt%时，相关 OLED 的最大 EQE 与 PE 分别为 26.3%与 32.4 lm·W^{-1}，$CIE_{x,y}$ 坐标为(0.12, 0.24)[55]。当掺杂浓度逐渐提高时，激基缔合物发光越来越强。当配合物 **B22** 的掺杂浓度为 14wt%时，器件发光由天蓝色变成白光，$CIE_{x,y}$ 坐标为(0.37, 0.42)，最大 EQE 与 PE 分别为 24.5%与 55.7 lm·W^{-1}。以吡啶咔唑基团替代配合物 **B22** 中的苯基咪唑，可以合成得到非对称四配位配合物 **B23**，其最大发射波长位于 452 nm[59]。与配合物 **B22** 相比，虽然以 **B23** 为发光材料制备的 OLED 的发光效率略有下降，其最大 EQE 与 PE 分别为 23.7%与 26.9 lm·W^{-1}，但其所发蓝光的色纯度却大幅提升，$CIE_{x,y}$ 坐标蓝移至(0.14, 0.15)。由于引入的两个叔丁基可以有效改善分子聚集态结构，由配合物 **B24**(掺杂浓度为 6wt%)制备的 OLED 可以发出色纯度非常高的蓝光，其 $CIE_{x,y}$ 坐标为(0.148, 0.079)[63]。除了具有很高的色纯度外，该器件的电致发光效率也非常高，其最大 EQE 达到 24.8%，是目前能发出纯蓝光的 OLED 中最高的。与前面的例子类似，含有额外大位阻基团的配合物 **B26** 在 OLED 中表现出比配合物 **B25** 更好的发光色纯度[59,63]。基于配合物 **B25** 的 OLED 发射光谱 $CIE_{x,y}$ 坐标为(0.15, 0.13)，基于配合物 **B26** 的 OLED 发射光谱 $CIE_{x,y}$ 坐标蓝移至(0.147, 0.093)，再次表明引入大位阻的叔丁基是提高发光色纯度的有效手段。不过，随着色纯度的提高，OLED 的发光效率下降明显。配合物 **B25** 的电致发光最大 EQE 为 25.2%，配合物 **B26** 的电致发光最大 EQE 仅为 10.9%。总体来说，虽然目前高效蓝色磷光 Pt(Ⅱ)配合物数量依然比较少，但由于其在制备简单高效白光 OLED 方面具有很大的优

---

① wt%表示质量分数，余同。

势，积极设计合成更多高效蓝色磷光 Pt(Ⅱ)配合物仍是一个重要的研究方向。

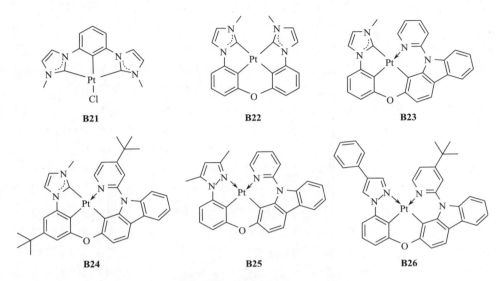

图 3-5 代表性蓝色磷光 Pt(Ⅱ)配合物

3.3 绿色磷光 Ir(Ⅲ)配合物与绿色磷光 Pt(Ⅱ)配合物

绿色磷光 Ir(Ⅲ)与 Pt(Ⅱ)配合物是目前种类最多、电致发光效率最高的发光材料。最早用于制备绿光 OLED 的磷光配合物是 **Ir(ppy)₃**，其电致发光的最大发射波长为 510 nm，$CIE_{x,y}$ 坐标为 (0.27, 0.63)，非常接近 NTSC 规定的绿光标准色坐标 (0.21, 0.71)[64]。而且首例基于 **Ir(ppy)₃** 的 OLED 展示出的最大 EQE、CE 及 PE 分别为 8.0%、28 cd·A^{-1} 及 31 lm·W^{-1}，远高于当时基于荧光材料的 OLED 效率。如图 3-6 所示，**Ir(ppy)₃** 是一种配位全同的配合物 (homoleptic coordination complex)，通过替换其中的一个配体，可以合成得到配位不全同配合物 (heteroleptic coordination complex) **(ppy)₂Ir(acac)**[65]。与 **Ir(ppy)₃** 相比，**(ppy)₂Ir(acac)** 的电致发光最大发射波长红移至 525 nm，$CIE_{x,y}$ 坐标为 (0.31, 0.64)，效率提高至 12.3% 及 38 lm·W^{-1}[5]。随后通过优化器件结构，基于 **(ppy)₂Ir(acac)** 的绿光 OLED 的电致发光效率被进一步提高至 19.0% 及 60 lm·W^{-1}[16]。随着 OLED 制备水平的提高以及主体材料、传输材料的合理搭配，目前以 **Ir(ppy)₃** 及 **(ppy)₂Ir(acac)** 为发光材料可以制备出 EQE 超过 30% 的高效绿光 OLED。例如，Lee 等将 **Ir(ppy)₃** 掺杂于双极性主体材料中，制备得到的绿光 OLED 展示出的最大 EQE、CE 及 PE 分别为 30.4%、93.2 cd·A^{-1} 及 46.2 lm·W^{-1}[66]。采用混合主

体材料，Kim 等以 (ppy)₂Ir(acac) 为发光材料制备出的绿光 OLED 获得 30.2%的最大 EQE 以及 127.3 lm·W⁻¹ 的最大 PE 值[67]。

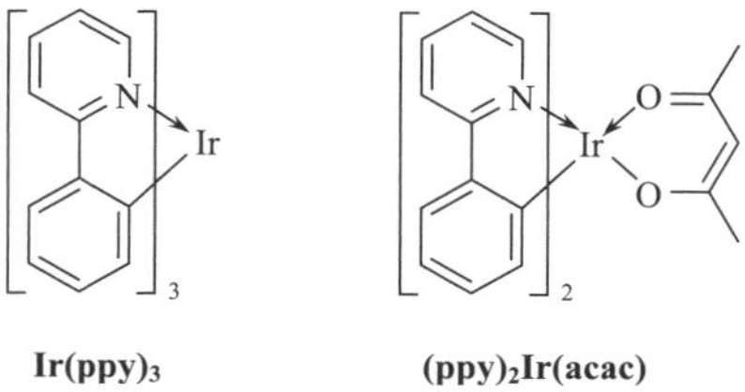

图 3-6 绿色磷光 Ir(Ⅲ)配合物 **Ir(ppy)₃** 及 **(ppy)₂Ir(acac)**

如图 3-7 所示，更多的绿色磷光 Ir(Ⅲ)配合物是以 **Ir(ppy)₃** 或 **(ppy)₂Ir(acac)** 为母版，通过修饰 2-苯基吡啶(ppy)配体得到的。Wong 等通过向 2-苯基吡啶配体苯环上引入各类主族官能团，合成了 **Ir(Rppy)₃** 与 **(Rppy)₂Ir(acac)** 两个系列的功能化磷光 Ir(Ⅲ)配合物[68,69]。室温下，这些配合物在溶液中的最大发射波长处于 500～535 nm 之间，磷光量子产率在 0.1～0.6 之间。以其为发光材料，制备出的绿光 OLED 均显示出较好的发光性能。其中，当取代基 R 为二苯胺(diphenylamine, DPA)时，配位全同的配合物 **Ir(DPA-ppy)₃** 展示出最高的电致发光效率，其最大 EQE、CE 及 PE 分别为 13.93%、60.76 cd·A⁻¹ 及 49.05 lm·W⁻¹。以 **Ir(ppy)₃**

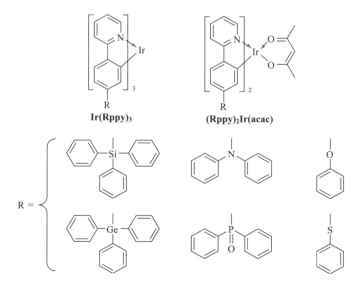

图 3-7 ppy 修饰的绿色磷光 Ir(Ⅲ)配合物

为发光材料，采用类似器件结构的 OLED 获得的最大 EQE、CE 及 PE 分别为 8.0%、28.0 cd·A^{-1} 及 31.0 lm·W^{-1}[64]，表明通过引入这些主族官能团提高配合物的电荷注入/传输能力可以有效提高配合物的电致发光性能。

如图 3-8 所示，以 **(ppy)₂Ir(acac)** 为母版，修饰辅助配体乙酰丙酮(acac)，也是获得绿色磷光 Ir(Ⅲ)配合物的重要途径。例如，丁基化 acac 后，所得配合物 **G1** 在混合主体材料中的最大发射波长为 524 nm，磷光量子产率高达 0.96[70]。更难得的是，以配合物 **G1** 为发光材料，所制备的绿光 OLED 展示出高达 32.3%的外量子效率。相同器件结构时，基于 **Ir(ppy)₃** 与 **(ppy)₂Ir(acac)** 的绿光 OLED 展示出的最大外量子效率分别为 26.3%与 30%。配合物 **G1** 能够展示出更高的电致发光效率有两个主要原因：一个是配合物 **G1** 掺杂于主体后具有最高的接近 1.0 的磷光量子产率(图 3-8)；另一个是配合物 **G1** 掺杂于主体后水平偶极(取向)率(horizontal-dipole ratio)达 78%，高于 **Ir(ppy)₃** 与 **(ppy)₂Ir(acac)** 的水平偶极取向率(分别为 67%与 76%)，进而可以提高 OLED 的性能。通过修饰辅助配体 acac，配合物 **G1** 的水平偶极取向获得改善，因此具有比 **Ir(ppy)₃** 与 **(ppy)₂Ir(acac)** 更高的电致发光效率。Kim 等设计合成的绿色磷光 Ir(Ⅲ)配合物 **G2** 具有更高的水平偶极取向率，达 83.5%[71]。此外，配合物 **G2** 在掺杂主体中的 PLQY 高达 0.98。基于配合物 **G2** 的绿光 OLED 展现出可预见的高效率，其最大 EQE 达到 36.0%，是目前没有使用额外光萃取技术的绿光 OLED 所获得的最高外量子效率。包括这两个例子在内，目前已经有较多报道证明提高配合物在发光层中的水平偶极取向率可以非常有效地提高相关 OLED 的外量子效率[67,72-74]。因此，通过合理地设计发光材料结构，尤其是合理地设计磷光配合物结构，提高其在发光层的水平偶极取向率是 OLED 研究领域一个新的挑战点，也是提高 OLED 性能的一个新的突破点。

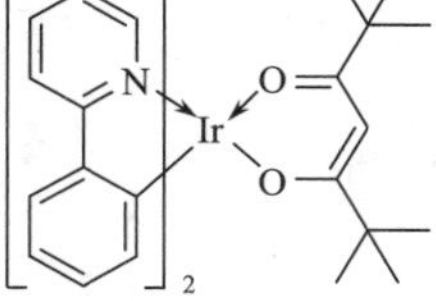

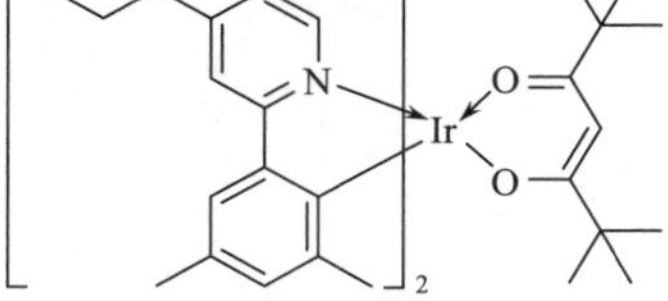

图 3-8 具有水平偶极取向率优势的绿色磷光 Ir(Ⅲ)配合物

第三个获得绿色磷光 Ir(Ⅲ)配合物的途径是 **(ppy)₂Ir(acac)** 为母版，替换辅助配体 acac 为其他双齿配体。图 3-9 列出了几种有代表性的 **(ppy)₂Ir(AL)**，AL(auxiliary ligand)为辅助配体。Hou 等以二吡啶胺为辅助配体，合成得到的配合物 G3 在三氯甲烷中的 PLQY 远高于 (ppy)$_2$Ir(acac) 的 0.34，达到了 0.87[75]。另外，(ppy)$_2$Ir(acac) 的磷光寿命为 1.6 μs，配合物 G3 的磷光寿命缩短至 0.17 μs。提高 PLQY 而缩短磷光寿命，均有助于提高电致发光性能，因此，基于配合物 G3 的绿光 OLED 展示出非常高的电流效率，其 CE 达到 123.5 cd·A^{-1}。双齿配体苯基噁唑啉也是一种很好的辅助配体。配合物 G4 在二氯甲烷中的最大发射波长位于 527 nm，PLQY 为 0.55，相应的绿光 OLED 展示出很高的 EQE、CE 及 PE，分别为 17.1%、66.2 cd·A^{-1} 及 54 lm·W^{-1}[76]。配合物 G5 的辅助配体依然同时是以氧原子、氮原子和金属中心配位，不过其在二氯甲烷中的最大发射波长位于 506 nm，PLQY 降低至 0.05[77]。配合物 G5 在溶液中较低的 PLQY 可能是由辅助配体中可自由旋转的苯环较多增强了非辐射跃迁途径导致的。当配合物 G5 掺杂于聚甲基丙烯酸甲酯中，抑制了辅助配体中苯环的自由旋转后，掺杂薄膜的 PLQY 提高至 0.52。最终，基于配合物 G5 的绿光 OLED 发光效率分别为 19.8%、64.7 cd·A^{-1} 及 42.5 lm·W^{-1}。配合物 G6 辅助配体中也有较多自由旋转苯环，因此其在溶液中的 PLQY 也不高，值为 0.12[78]。然而，在固态情况下，配合物 G6 可以发出很强的黄绿光，最大发射波长为 564 nm，这种固态发光效率增强的现象称为聚集态诱导磷光发射 (aggregation-induced phosphorescent emission, AIPE)。因此，通过精心优化器件结构，基于配合物 G6 的绿光 OLED 也取得了很高的发光效率，其 EQE、CE 及 PE 分别达到 20.8%、72.9 cd·A^{-1} 及 66.3 lm·W^{-1}，表明以四苯基酰亚胺二次磷酸配体 (tetraphenylimidodiphosphinate ligand) 为辅助配体合成 AIPE 型发光材料来制备高效 OLED 具有很大的潜力[79]。Hou 等以胍基为辅助配体，合成了一系列高效磷光 Ir(III) 配合物，其中配合物 G7~G10 在二氯甲烷中的最大发射波长分别为 535 nm、528 nm、530 nm 及 538 nm，PLQY 分别为 0.36、0.27、0.22 及 0.18[80]。可以看出，在胍基中间碳原子上引入各类具有不同电子特性的官能团能够对相应配合物的发光性质进行调控，表明这类辅助配体对配合物的发光性质可以产生实质性的影响。另外，引入官能团增大胍基辅助配体的体积后，可以有效控制分子间的相互作用、抑制三线态-三线态湮灭 (triplet-triplet annihilation, TTA) 等不良效应，因此，以这些胍基 Ir(III) 配合物为发光材料，制备的 OLED 表现出很高的电流效率。例如，基于配合物 G7 的 OLED 电致发光最大发射波长位于 540 nm，其电流效率高达 125.0 cd·A^{-1}；基于配合物 G9 的 OLED 电致发光最大发射波长位于 535 nm，其电流效率高达 118.0 cd·A^{-1}。这些结果证明大体积胍基辅助配体在合成高效磷光配合物方面有很大优势。

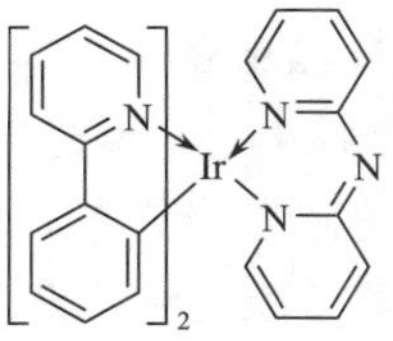

G3

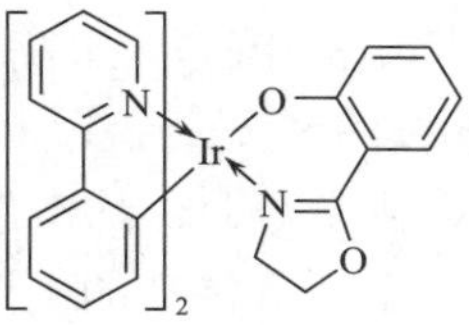

G4

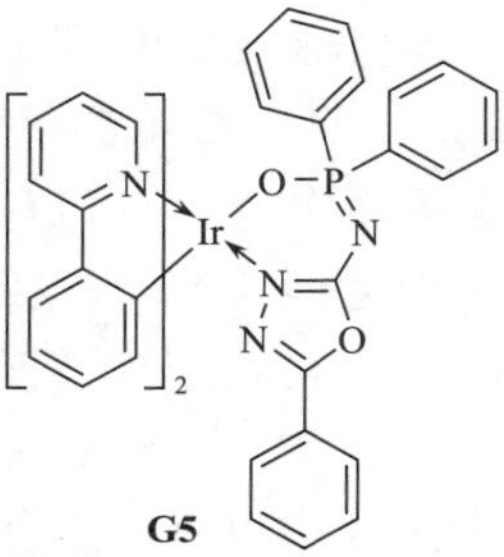

G5

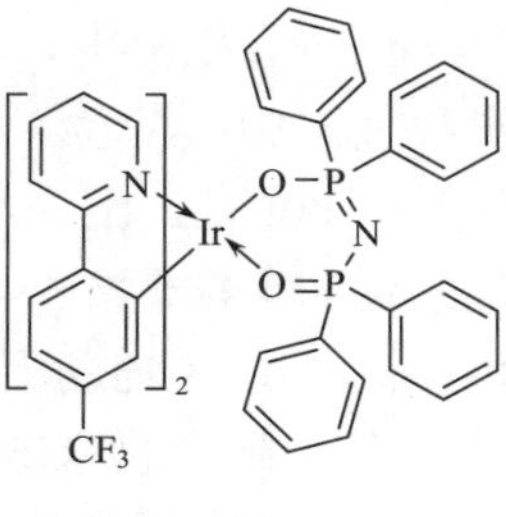

G6

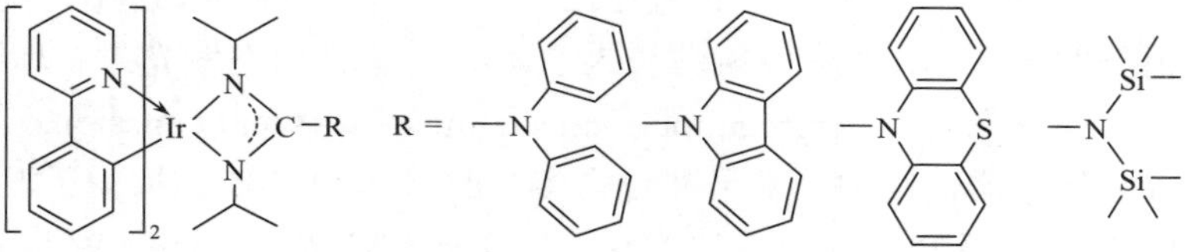

G7 G8 G9 G10

图 3-9　基于新型辅助配体的绿色磷光 Ir(III) 配合物

以上几种方法都可以概括为以 **Ir(ppy)$_3$** 与 **(ppy)$_2$Ir(acac)** 为原始起点，从 ppy 环金属配体或辅助配体进行衍生拓展的设计方法。还有一条途径就是设计新型的环金属配体，一些具有代表性的高效绿色磷光 Ir(III) 配合物列于图 3-10 中。设计新型环金属配体也可以从 ppy 配体开始，或者将 ppy 配体中的苯环改为其他芳香环，或者将 ppy 配体中的吡啶改为其他氮杂环，然后再引入各种化学基团修饰新配体。Zheng 等将 ppy 配体中的苯环用吡啶代替并采用新的辅助配体合成得到配合物 **G11**，其在二氯甲烷中的最大发射波长为 503 nm，PLQY 高达 0.93[81]。作为发光材料，**G11** 的电致发光最大 EQE 达到了 27.0%，CE 及 PE 也分别达到 74.8 cd・A^{-1} 及 33.4 lm・W^{-1}。Pu 等则是将 ppy 配体中的吡啶环换为苯并咪唑环合成得到配合物 **G12**[82]。配合物 **G12** 掺杂于主体材料时的 PLQY 为 0.62，相应 OLED 电致发光最大发射波长为 499 nm，CIE$_{x,y}$ 坐标为(0.22, 0.58)，最大 EQE、CE 及 PE 分别为 19.8%、62.1 cd・A^{-1} 及 42.2 lm・W^{-1}。还有一种设计新环金属配体的方法就是稠环化 ppy 配体并通过吸电子取代基将配合物的发光颜色调控至绿色，如配合物 **G13**[83]。配合物 **G13** 在二氯甲烷中的最大发射波长为 517 nm，磷光寿命为 1.25 μs，与 (ppy)$_2$Ir(acac) 的最大发射波长及磷光寿命非常接近 (516 nm, 1.6 μs)[65]，但是配合物 **G13** 的 PLQY 提高至 0.69。更重要的是，在 1000 cd·m^{-2} 的亮度下，基于配合物 **G13** 的绿光 OLED 能够展现出的 EQE、CE 及 PE 依然分别高达 25.7%、94.5 cd·A^{-1} 及 69.3 lm·W^{-1}，表明配合物 **G13** 是一种很有潜力的绿光发光材料。含有两个氮原子的嘧啶环是一种很好的吡啶环代替物，基于嘧啶环的绿光配合物 **G14** 在二氯甲烷溶液中的最大发射波长为 526 nm，当其作为发光材料用于制备绿光 OLED 时，获得的最大电致发光效率分别为 16.1%、61.9 cd·A^{-1} 及 37.5 lm·W^{-1}[84]。无论是 ppy 型的 Ir(Ⅲ) 配合物还是具有新型环金属配体的 **G11**～**G14**，它们的共同特点在于其配体均为双齿配体，需要三个独立配体才能满足 Ir(Ⅲ) 中心六配位构型。Chi 等另辟蹊径，采用两个独立三齿配体合成了一系列双(三齿配位)Ir(Ⅲ) 配合物[bis-tridentate Ir(Ⅲ) complex][85-87]。其中，配合物 **G15** 在二氯甲烷中的最大发射波长为 501 nm 和 535 nm，PLQY 达到 1.0，即使将其掺杂于主体材料中，其 PLQY 依然高达 0.99。此外，配合物 **G15** 在薄膜中的水平偶极取向率为 71%。得益于配合物 **G15** 的高量子效率以及水平偶极取向率，基于配合物 **G15** 的绿光 OLED 获得非常高的 EQE、CE 及 PE，分别为 31.4%、110.8 cd·A^{-1} 及 108.7 lm·W^{-1}。这个结果表明三齿配体可以用于设计合成高效 Ir(Ⅲ) 配合物，为磷光配合物发光材料的设计合成提供了一条新的思路。

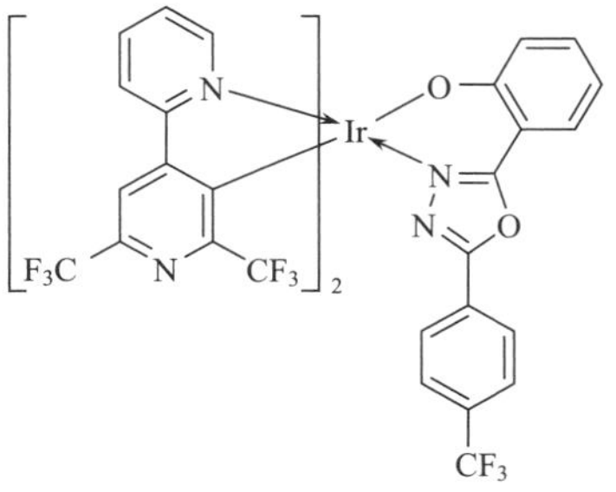

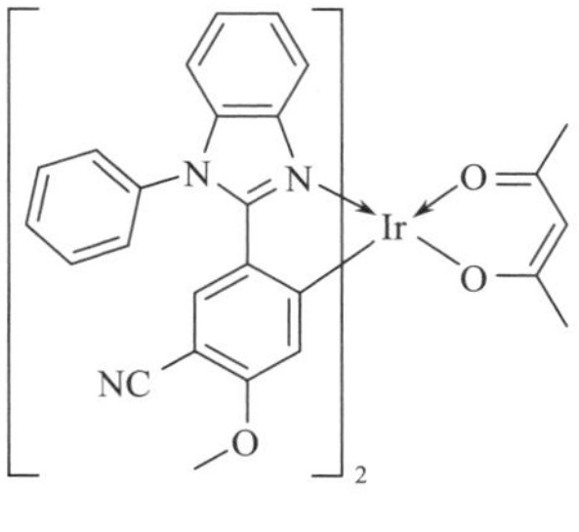

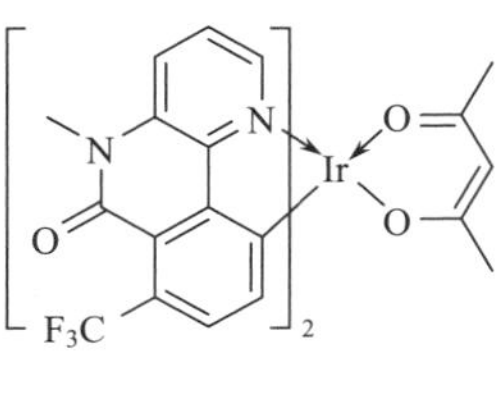

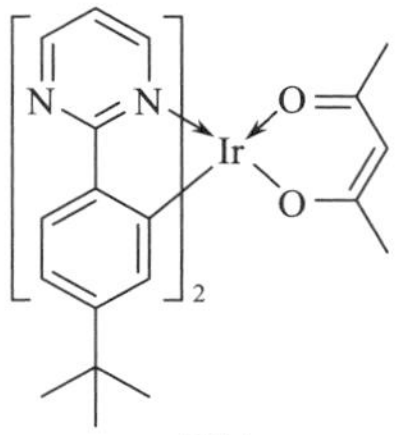

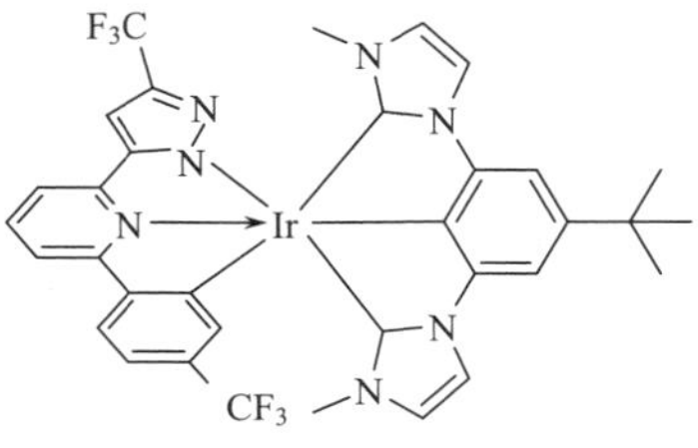

图 3-10 基于新环金属配体的绿色磷光 Ir(Ⅲ) 配合物

绿色磷光 Pt(Ⅱ)配合物的设计合成思路与绿色磷光 Ir(Ⅲ)配合物的非常类似，都是围绕设计新型环金属配体以及辅助配体展开。不同点在于 Pt(Ⅱ)配合物中 Pt(Ⅱ)为四配位构型，因此 Pt(Ⅱ)配合物中只需两个双齿配体或一个三齿配体与一个单齿配体，有的 Pt(Ⅱ)配合物只含有一个四齿配体。图 3-11 列举了一些具有代表性的高效绿色磷光 Pt(Ⅱ)配合物。

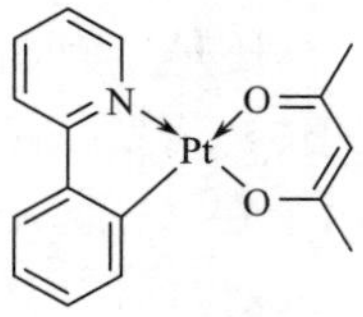

(ppy)Pt(acac)

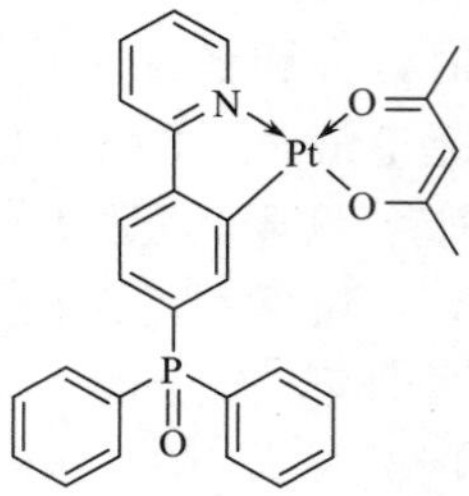

G16

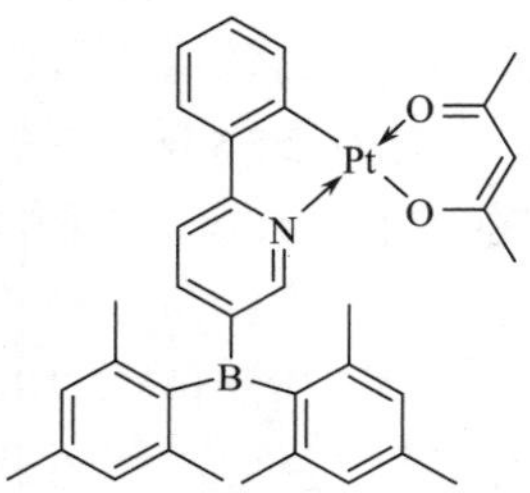

G17

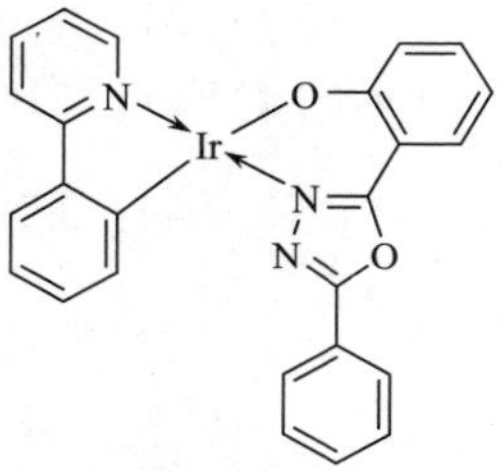

G18

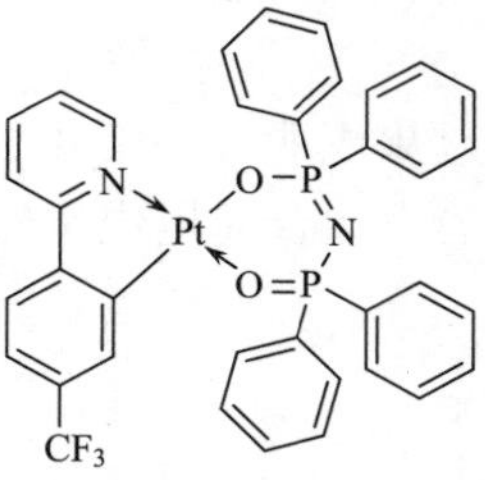

G19

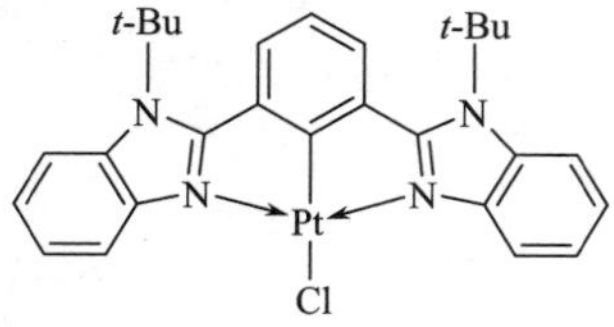

G20

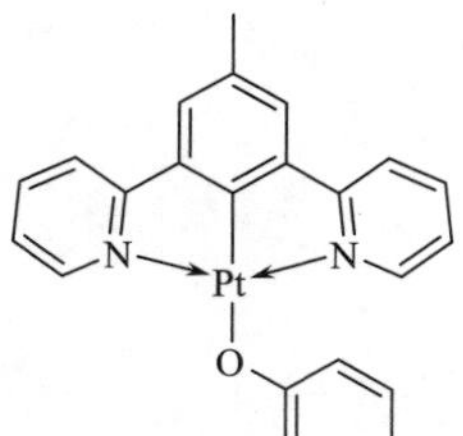

G21

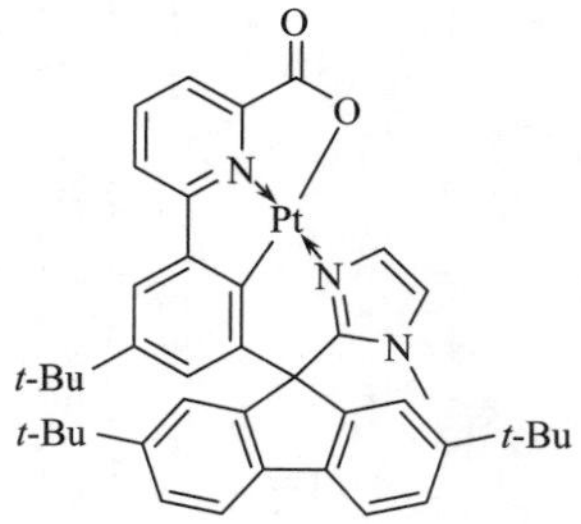

G22

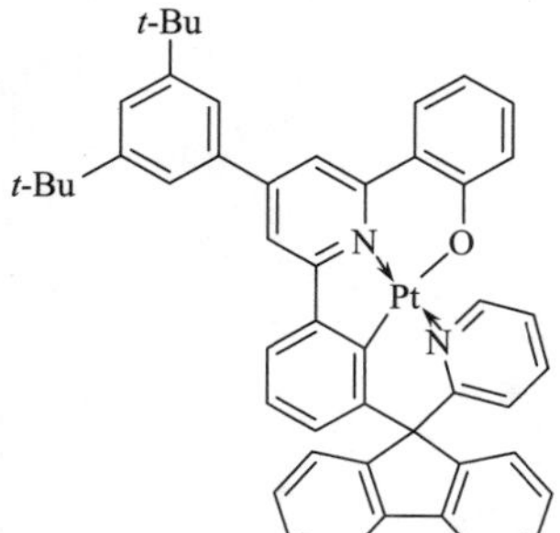

G23

图 3-11　代表性绿色磷光 Pt(Ⅱ)配合物

室温条件下，基于 ppy 配体的配合物**(ppy)Pt(acac)**在 2-甲基四氢呋喃溶液中的最大发射波长为 486 nm，磷光寿命为 2.6 μs，PLQY 为 0.15[88]。通过向 ppy

配体苯环或者吡啶环上引入主族元素功能化基团，可以将配合物的发光颜色调控为绿色，如配合物 **G16** 与 **G17**（图 3-11）[89,90]。除了调节发光颜色外，主族元素功能化基团也能在一定程度上改善配合物的电荷注入/传输能力。若是配体上的取代基团体积较大的话，还可以缓解激基缔合物发光导致发光色纯度下降的负面影响。配合物 **G17** 在二氯甲烷中的最大发射波长位于 527 nm，以 10wt% 的掺杂浓度掺杂于聚甲基丙烯酸甲酯时最大发射波长为 526 nm，表明配合物 **G17** 不易产生激基缔合物发光。另外，配合物 **G17** 在溶液中的 PLQY 为 0.98 [以 **Ir(ppy)**$_3$ 的 PLQY = 1.0 为参考标准]；基于配合物 **G17** 的只有电子传输的单载流子器件（electron-only device）的电流密度比基于 **(ppy)Pt(acac)** 的只有电子传输的单载流子器件的电流密度高 3～4 个数量级；表明三芳基硼的引入既可以提高配合物的发光效率，又可以增强配合物的电子传输能力。最终，以配合物 **G17** 为发光材料，制备的绿光 OLED 获得最大 CE 与 PE 分别为 34.5 cd·A^{-1} 与 29.8 lm·W^{-1}；相同器件结构以 **(ppy)Pt(acac)** 为发光材料，电致发光效率仅为 14.1 cd·A^{-1} 与 11.7 lm·W^{-1}。Zheng 等通过替换辅助配体合成的绿色磷光 Pt(Ⅱ) 配合物 **G18** 与 **G19** 在二氯甲烷中的最大 PLQY 可达 0.79，而磷光寿命缩短至 1.7 μs 左右[91,92]。以配合物 **G18** 为发光材料，相应的绿光 OLED 最大 EQE、CE 及 PE 分别为 18.0%、55.6 cd·A^{-1} 及 52.2 lm·W^{-1}。含有三齿配体的磷光 Pt(Ⅱ) 配合物有很多，绿色磷光配合物 **G20** 与 **G21** 在这一类型的配合物中具有一定的代表性。首先是三齿配体具有代表性，这类配体通常由芳香环与氮杂环构成，但氮杂环的类型和在配体中的位置可变。另外是单齿配体具有代表性，单齿配体通常为 Cl，也有一些含有醚键或炔键。总之，这类配合物的发光性质既与三齿配体有关，也受单齿配体的影响。基于四齿配体的 Pt(Ⅱ) 配合物在近些年也越来越受到关注[57,93-96]。主要原因在于这类 Pt(Ⅱ) 配合物具有很高的刚性，因而通常具有很高的 PLQY。另外，通过选择不同氮杂环以及引入各类取代基，可以轻松地对配合物的发光颜色进行调节。配合物 **G22** 与 **G23** 作为其中的代表，应用于绿光 OLED 时展示出非常高的电致发光效率。例如，配合物 **G23** 在乙腈中的 PLQY 为 0.80，以 2wt% 的掺杂浓度将配合物 **G23** 掺杂于聚甲基丙烯酸甲酯后 PLQY 高达 0.91。配合物 **G23** 作为发光材料制备绿光 OLED 能够获得的最大 EQE 高达 27.6%，是目前基于 Pt(Ⅱ) 配合物的绿光 OLED 中最高的。此外，该绿光 OLED 的最大 CE 及 PE 也分别高达 104.2 cd·A^{-1} 及 109.4 lm·W^{-1}。这一结果显示出刚性四配位 Pt(Ⅱ) 配合物在高效 OLED 中的巨大应用前景。

3.4 橙色磷光 Ir(III) 配合物与橙色磷光 Pt(II) 配合物

虽然橙色不属于三原色之一，但橙光与蓝光互补可以形成白光，在简化白光 OLED 制备方面具有很大优势。橙色磷光 Ir(III) 与 Pt(II) 配合物制备的单色 OLED 在特殊照明环境中或需要特意使用橙光的情景中也是不可或缺的。因此，橙色磷光 Ir(III) 与 Pt(II) 配合物也一直受到 OLED 发光材料研究者的青睐[6]。本节主要聚焦于最大发射波长在 575～600 nm 的高效率橙色磷光 Ir(III) 与 Pt(II) 配合物及其在单色 OLED 及白光 OLED 中的应用。

通过延长 ppy 配体共轭长度，可以使配合物的最大发射波长向长波长方向移动。例如，通过一条额外的单双单键将 ppy 配体中的吡啶与苯环连接起来，合成得到配合物 (bzq)$_2$Ir(acac)（图 3-12）的最大发射波长比 (ppy)$_2$Ir(acac) 的红移了 32 nm[65]。然而，向 ppy 配体中的吡啶环或苯环上再并一个苯环，相应配合物的

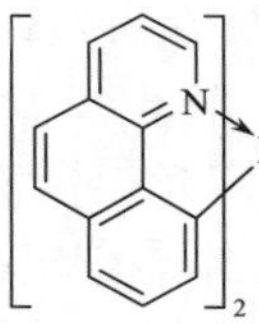

(bzq)$_2$Ir(acac)　　(pn)$_2$Ir(acac)　　(pq)$_2$Ir(acac)

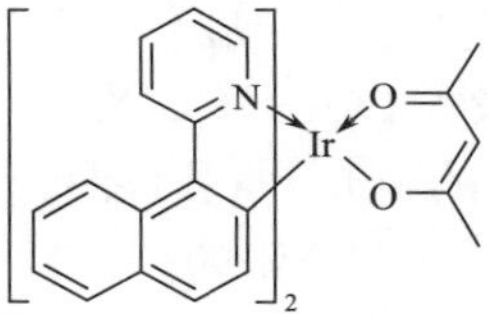

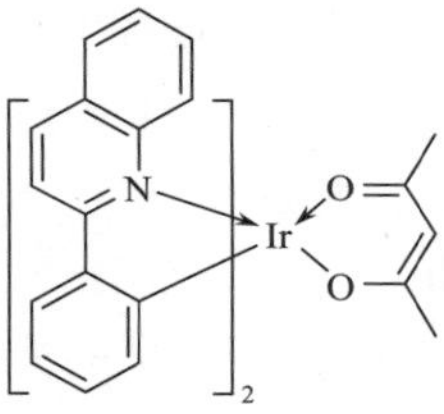

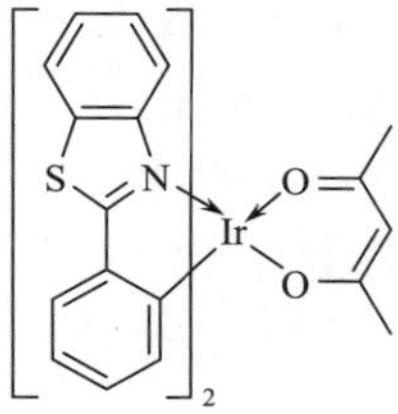

(bt)$_2$Ir(acac)　　(bppya)$_2$Ir(acac)

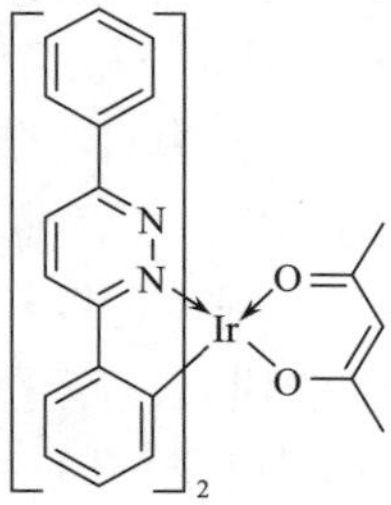

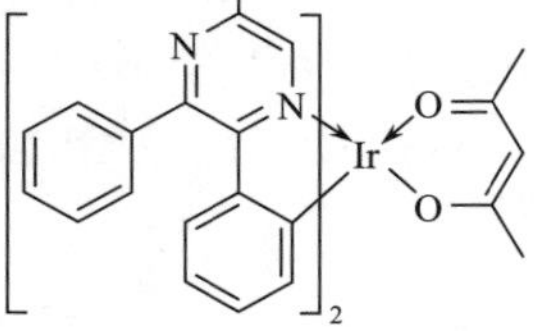

(mdpp)$_2$Ir(acac)　　(bzq)$_2$Ir(dipig)

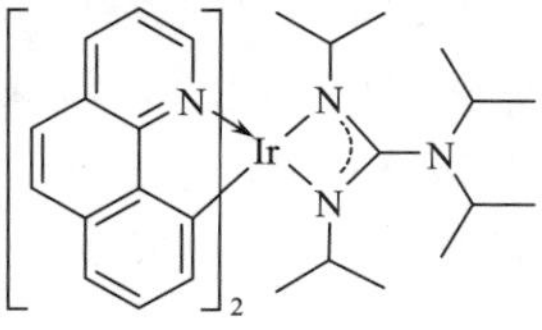

图 3-12　代表性磷光 Ir(III) 配合物

最大发射波长红移得更加明显。例如，配合物(pn)$_2$Ir(acac)制备的OLED最大发射波长红移至596 nm，CIE$_{x,y}$坐标为(0.59, 0.38)[97]；配合物(pq)$_2$Ir(acac)在2-甲基四氢呋喃溶液中的最大发射波长为597 nm[65]。此外，改变配体氮杂环种类使发射波长红移也是合成低发射能量配合物的常用方法。以苯并噻唑代替吡啶，配合物(bt)$_2$Ir(acac)的最大发射波长红移至557 nm[65]；而以含有两个氮原子的六元环为氮杂环(吡嗪或哒嗪)，配合物的最大发射波长甚至可以红移至超过580 nm，例如，配合物(mdpp)$_2$Ir(acac)在二氯甲烷中的最大发射波长为580 nm[98]，配合物(bppya)$_2$Ir(acac)在二氯甲烷中的最大发射波长为582 nm[99]。还有一种简便方法就是采用新型辅助配体。如图3-12所示，以acac为辅助配体时，配合物(bzq)$_2$Ir(acac)发光颜色为黄绿光(548 nm)，采用胍基衍生物为辅助配体，配合物(bzq)$_2$Ir(dipig)的电致发光最大发射波长进入橙光区域，即随着配合物(bzq)$_2$Ir(dipig)的掺杂浓度从15wt%提高至100wt%，相应OLED的最大发射波长从588 nm红移至600 nm[100]。

从上面的举例可以看出，获得长波长发射的最基本的几种方法就是引入取代基、增大配体共轭程度、选择合适的氮杂环及辅助配体。更多的时候是综合运用这些方法并且通过各类取代基进一步调节改善配合物的发光性质及电荷注入/传输性质等。下面几例均是沿用这样的设计合成思路得到的电致发光效率较高的橙色磷光Ir(III)配合物。五氟苯作为强吸电子基团，位于吡啶环3位时可以将配合物**O1**的最大发射波长红移至576 nm[101](图3-13)。与此同时，基于配合物**O1**的橙光OLED最大EQE也提高至16.9%，而相同器件结构条件下(ppy)$_2$Ir(acac)的电致发光效率不到12%。配合物**O2**掺杂于双极性主体材料中，制备的橙光OLED电致发光最大发射波长位于580 nm，CIE$_{x,y}$坐标为(0.55, 0.45)，其最大EQE、CE及PE分别为25.6%、75.8 cd·A^{-1}及68.1 lm·W^{-1}[102]。与配合物(pq)$_2$Ir(acac)的最大发射波长及PLQY相似，配合物**O3**在二氯甲烷溶液中的最大发射波长为599 nm，PLQY为0.12。不过掺杂于主体中时，配合物**O3**的PLQY提高到了0.55，相应橙光OLED的EQE与CE分别达到18.4%与20.7 cd·A^{-1}[103]。在器件结构优化后的OLED中表现出非常高的电致发光效率[104]。基于配合物**O4**的橙光单色器件的最大EQE、CE及PE分别可达21.0%、52.4 cd·A^{-1}及21.6 lm·W^{-1}。以**FIrpic**为蓝光发光材料，将其与配合物**O4**摩尔比为30∶1掺杂于相同的主体材料中形成单发光层，所得OLED可以发出CIE$_{x,y}$坐标为(0.359, 0.452)的白光。该白光OLED的最大EQE、CE及PE分别为18.5%、37.0 cd·A^{-1}及19.4 lm·W^{-1}。通过替换氮杂环并用苯环作为修饰，基于嘧啶配体的配合物**O5**在溶液中最大发射波长为580 nm，掺杂于主体材料中时的PLQY高达0.90[105]。采用甲基对配体进一步修饰后，配合物**O6**在溶液中最大发射波长红移至600 nm，掺杂于主体材料中时的PLQY也提升至0.92。配合物**O5**与**O6**均表现出非常高的电致发光效率，

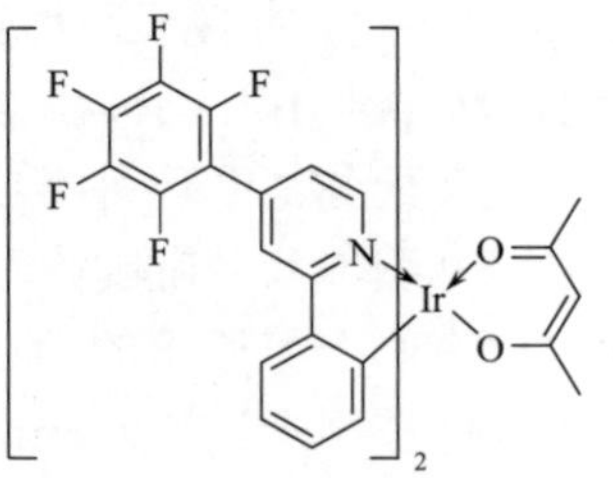

图 3-13　代表性高效橙色磷光 Ir(III) 配合物

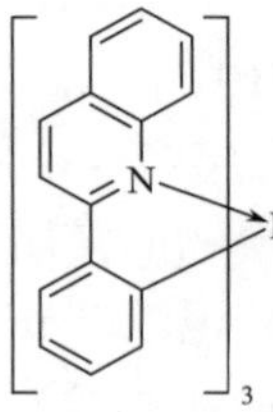

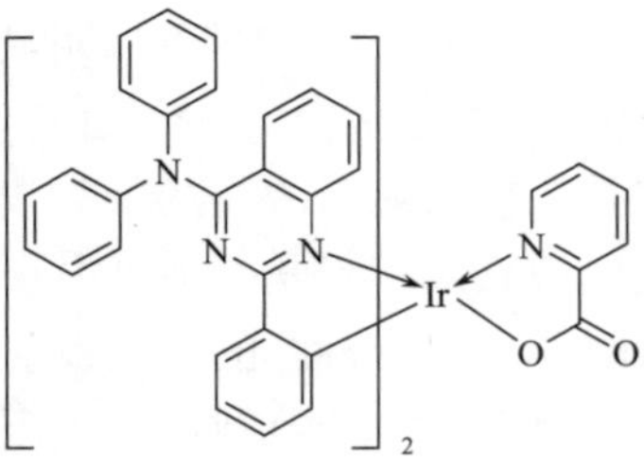

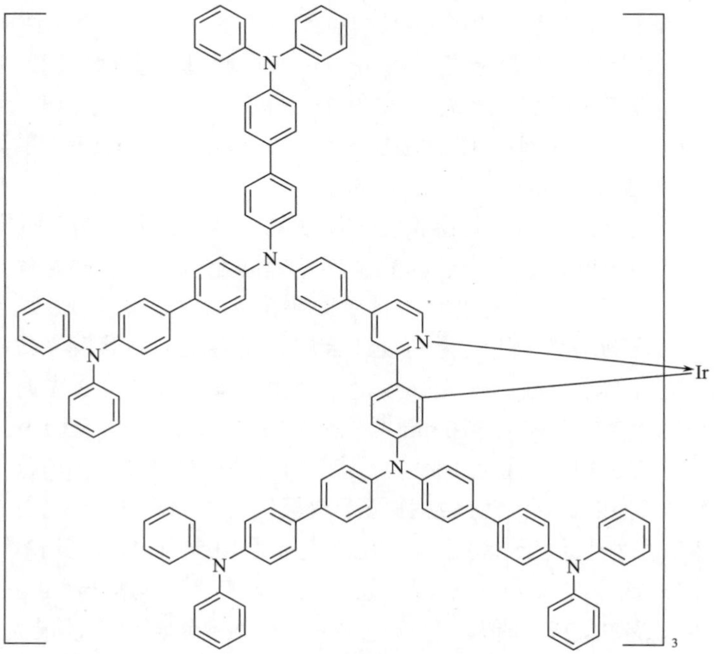

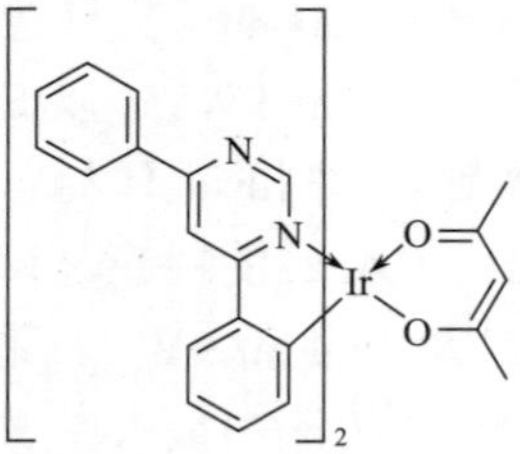

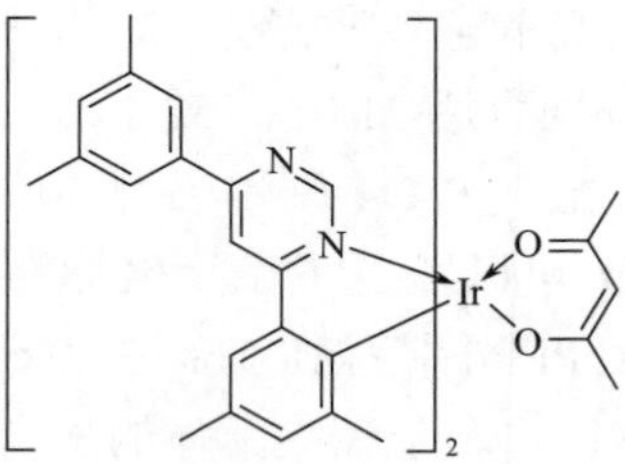

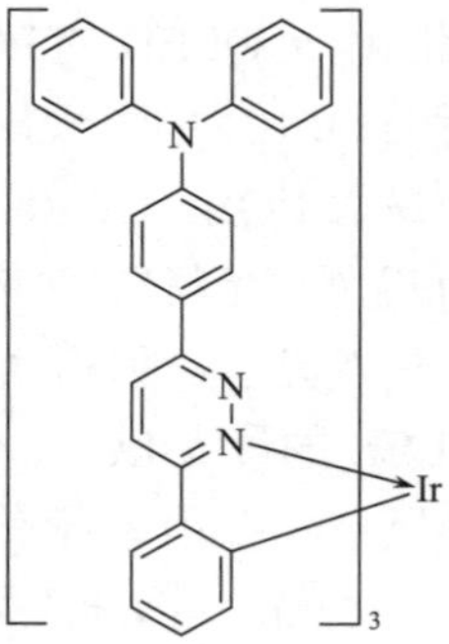

尤其是以配合物 **O6** 为发光材料的橙光 OLED 可获得的最大 EQE、CE 及 PE 分别高达 28.2%、66.0 cd·A^{-1} 及 61.2 lm·W^{-1}。如此高的电致发光效率得益于配合物 **O6** 具有很高的 PLQY(0.92) 及水平偶极取向率(78%)。此外，配合物 **O6** 与蓝光材料 **FIrpic** 搭配，蓝-橙互补得到的白光 OLED 不仅展现出较高的白光质量，CIE$_{x,y}$ 坐标为(0.45, 0.41)，而且具有非常高的发光效率，其最大 EQE 与 PE 分别高达 28.6% 与 78.0 lm·W^{-1}。通过向配合物(**bppya**)$_2$**Ir**(**acac**)中引入二苯胺基团，配合物 **O7** 在二氯甲烷溶液中的最大发射波长蓝移至 558 nm，但是其较宽的发射光谱使其在橙光区域占了很大比例。配合物(**bppya**)$_2$**Ir**(**acac**)的 PLQY 为 0.31[99]，配合物 **O7** 的 PLQY 则增高至 0.55。因此，与基于(**bppya**)$_2$**Ir**(**acac**)的橙光 OLED 展示出的高电致发光效率(22.4%、49.5 cd·A^{-1} 及 38.9 lm·W^{-1})相比，基于配合物 **O7** 的橙光 OLED 展示出更高的电致发光效率，其最大 EQE、CE 及 PE 分别高达 30.8%、70.8 cd·A^{-1} 及 75.4 lm·W^{-1}，是目前报道的具有相近发光颜色的 OLED 所展示出的最高效率。另外，将配合物 **O7** 与蓝光材料 **FIrpic** 掺杂于混合主体材料中形成单发光层，相应的 OLED 所发白光的 CIE$_{x,y}$ 坐标为(0.33, 0.46)，其最大 EQE、CE 及 PE 分别为 23.9%、49.9 cd·A^{-1} 及 55.9 lm·W^{-1}，处于具有相近 CIE$_{x,y}$ 坐标的单发光层白光 OLED 所显示出的最高效率之列。以上两例表明，采用嘧啶与哒嗪作为氮杂环合成高效橙光配合物具有很大潜力，然而目前基于嘧啶与哒嗪的配合物数量较少，有待投入更多研究。

向绿色磷光 Pt(Ⅱ) 配合物 **G16** 引入芳胺基，所得配合物 **O8** 的发射波长进一步红移至 590 nm[106]。得益于芳基硼的存在，配合物 **O8** 在二氯甲烷中的 PLQY 依然高达 0.91。以配合物 **O8** 为发光材料(图 3-14)，在 10%的掺杂浓度条件下，制备的 OLED 最大发射波长位于 580 nm，CIE$_{x,y}$ 坐标为(0.51, 0.48)，没有观察到激基缔合物发光，表明大体积取代基的引入有效地缓解了配合物分子间的相互作用。该橙光 OLED 的最大 EQE、CE 及 PE 分别为 10.6%、33.2 cd·A^{-1} 及 34.8 lm·W^{-1}。经过升华，配合物 **O9** 粉末的最大发射波长为 532 nm，PLQY 为 0.96[107]。有趣的是以配合物 **O9** 薄膜为发光层制备的 OLED 的最大发射波长红移至 598 nm，CIE$_{x,y}$ 坐标为(0.53, 0.46)，最大 EQE、CE 及 PE 分别为 11.0%、27.5 cd·A^{-1} 及 25.4 lm·W^{-1}。这种发射波长明显红移的现象说明配合物 **O9** 分子间的相互作用在非掺杂薄膜中比在粉末状态更加强烈。配合物 **O10** 也具有这种性质。在较低掺杂浓度 3%时，配合物 **O10** 的最大发射波长位于大约 480 nm；当掺杂浓度提高到 25%时，几乎只出现激基缔合物的橙光发射峰；掺杂浓度为 100%时，只有位于大约 580 nm 的宽峰[108]。Pt(Ⅱ) 配合物平面结构的特点，易导致在高掺杂浓度及纯薄膜中形成强烈的 Pt⋯Pt 作用，产生三线态金属中心-金属中心到配体的电荷转移(metal-metal-to-ligand charge transfer, MMLCT)，导致发射波长红移[107]。因此，虽然有的 Pt(Ⅱ) 配合物在稀溶液中或者低掺杂浓度时发射光颜色为蓝色或绿色，但在非掺杂的 OLED 器件中，发射波长可能会红移至橙光、红光甚至近红外区域。经过对器件结构的精心优化，基于配合物 **O10** 的非掺杂橙光 OLED 最大 EQE 及 PE 分别达到了 20.3%及 63.0 lm·W^{-1}，是目前基于 Pt(Ⅱ)配合物的橙光 OLED 中效率最高的。Pt(Ⅱ)配合物 **O11** 与 **O12** 中含有共轭程度较大的三齿配体，在溶液中的最大发射波长分别为 588 nm 和 589 nm，PLQY 分别为 0.16 和 0.26[109,110]。基于四齿配体的配合物 **O13** 在二氯甲烷中的最大发射波长为 582 nm，PLQY 达到 0.63[111]。以配合物 **O13** 为发光材料，制备的橙光 OLED 最大 EQE 为 18.2%，$CIE_{x,y}$ 坐标为(0.55, 0.45)。整体来说，目前基于 Pt(Ⅱ)配合物的橙光 OLED 的电致发光效率低于基于 Ir(Ⅲ)配合物的橙光 OLED 的电致发光效率，但是基于配合物 **O10** 的非掺杂橙光 OLED 以及基于配合物 **O13** 的橙光 OLED 的电致发光效率已经展示出相关 Pt(Ⅱ)配合物在制备高效橙光 OLED 方面的巨大潜力。

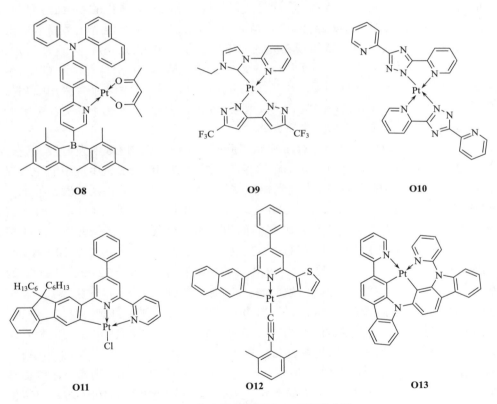

图 3-14　代表性橙色磷光 Pt(Ⅱ)配合物

3.5 红色磷光 Ir(III)配合物与红色磷光 Pt(II)配合物

红光作为三原色光之一,在全色显示以及白光照明领域具有无法替代的重要地位。因此,红色磷光 Ir(III)与 Pt(II)配合物发光材料的研究开发也是 OLED 领域的研究热点。实际上,1998 年 Forrest 等就是以红色磷光 Pt(II)配合物 **PtOEP**(图 3-15)制备出深红光磷光 OLED,开启了利用磷光发光材料制备 OLED 的大门[13]。经过器件结构优化,基于配合物 **PtOEP** 的深红光 OLED 的电致发光最大发射波长位于 650 nm,$CIE_{x,y}$ 坐标为(0.7, 0.3),最大 EQE 达到了 5.6%[112]。2001 年 Forrest 等又报道了红色磷光 Ir(III)配合物 **(btp)$_2$Ir(acac)**(图 3-15),该配合物在 2-甲基四氢呋喃溶液中最大发射波长为 612 nm,PLQY 为 0.21[5]。以其为发光材料制备的 OLED 可以发出饱和红光,$CIE_{x,y}$ 坐标为(0.68, 0.33),非常接近 NTSC 规定的红光 $CIE_{x,y}$ 坐标(0.67, 0.33),且最大 EQE 为 6.6%。不久之后,Liu 等采用 1-苯基异喹啉配体合成出最大发射波长位于 622 nm(在二氯甲烷溶液中)的配位不全同配合物 **(piq)$_2$Ir(acac)**,该配合物的 PLQY 为 0.2,但其电致发光效率,最大 EQE、CE 和 PE 分别达到 9.21%、8.22 cd·A^{-1} 及 2.34 lm·W^{-1}[113]。基于 **(piq)$_2$Ir(acac)** 的 OLED 所发光的 $CIE_{x,y}$ 坐标为(0.68, 0.32),表明该器件能发出饱和红光。Tsuboyama 等则以 1-苯基异喹啉配体合成出配位全同配合物 **Ir(piq)$_3$**[114]。配合物 **Ir(piq)$_3$** 在氮气饱和甲苯溶液中的最大发射波长为 620 nm,PLQY 为 0.26。

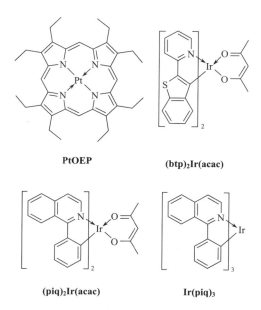

图 3-15 早期红色磷光 Ir(III)与 Pt(II)配合物

基于 **Ir(piq)₃** 的 OLED 所发红光的 CIE$_{x,y}$ 坐标也为 (0.68, 0.32)。不过，该 OLED 的电致发光效率略有提高，当发光亮度为 100 cd·m^{-2} 时，其 EQE 与 PE 分别为 10.3% 与 8.0 lm·W^{-1}，是当时能发出饱和红光的 OLED 表现出的最高效率。之后，以配合物 **(piq)₂Ir(acac)** 与 **Ir(piq)₃** 为模板，通过修饰 1-苯基异喹啉配体合成出了一系列的红色磷光 Ir(Ⅲ) 配合物。图 3-16 列举了一些具有代表性的基于异喹啉配体的红色磷光 Ir(Ⅲ) 配合物。

将弱供电子基团甲基引入苯环 5 位处，配合物 **R1** 的最大发射波长红移至 635 nm；再向配合物 **R1** 苯环 4 位引入吸电子的氟原子，获得的配合物 **R2** 的最大发射波长蓝移至 607 nm[115]（图 3-16）。若是将弱供电子基团甲基引入异喹啉 5 位处，得到的配合物 **R3** 的最大发射波长几乎没有变动，为 624 nm，相应 OLED 所发红光的 CIE$_{x,y}$ 坐标也为 (0.68, 0.32)，表明取代基在苯环上时对基于 1-苯基异喹啉配体的红色磷光 Ir(Ⅲ) 配合物的发光颜色影响更明显[116]。同样为甲基修饰过的配合物 **R4** 在 OLED 中发出的饱和红光最大发射波长为 632 nm，CIE$_{x,y}$ 坐标为 (0.68, 0.31)[117]。另外，以配合物 **R4** 为深红色发光材料，搭配其他蓝色、绿色及黄色发光材料，可制备出显色指数 (color rendering index, CRI) 高达 96 的白光 OLED (CRI 最高为 100，CRI 越高表明光源的显色性越好，对物体的色彩还原能力越强)，表明深红色发光材料对于提高白光质量的重要价值。将 1-苯基异喹啉配体中的苯环替换成咔唑衍生物，配合物 **R5** 在二氯甲烷溶液中的最大发射波长为 628 nm，相较于 **(piq)₂Ir(acac)** 的 622 nm 略有红移[118]。但是基于配合物 **R5** 的红光 OLED 展现出的最大 EQE、CE 及 PE 达到 11.76%、10.15 cd·A^{-1} 及 5.25 lm·W^{-1}，明显高于基于配合物 **(piq)₂Ir(acac)** 的红光 OLED 的电致发光效率。相较于配合物 **(piq)₂Ir(acac)**，配合物 **R5** 具有更高的电致发光效率，部分原因在于富电子的咔唑基团能够增强配合物的空穴注入/传输能力，进而提高器件性能。将富电子基团芳香胺引入配体苯环上，配合物发射波长也会明显红移，如红光配合物 **R6** 的最大发射波长明显红移到 636 nm (在二氯甲烷溶液中)；继续引入芳香胺，红光配合物 **R7** 的最大发射波长略微红移至 641 nm (在二氯甲烷溶液中)；不过以配合物 **R6** 与 **R7** 为发光材料制备的 OLED 所发红光的 CIE$_{x,y}$ 坐标均为 (0.70, 0.30)[119]。在配合物 **R6** 的异喹啉部分再引入芳香胺，所得配合物 **R8** 的最大发射波长为 644 nm (在甲苯溶液中)，相应 OLED 所发红光的 CIE$_{x,y}$ 坐标为 (0.68, 0.30)[120]。采用湿法旋涂的方法制备红光 OLED，配合物 **R6**~**R8** 均表现出较高的电致发光效率，尤其是基于 **R6** 的红光 OLED 取得 11.65% 的最大 EQE，在当时属于能发出饱和红光 OLED 所能达到的最高效率。这也得益于芳香胺基团的富电子性可以有效提高配合物的空穴注入/传输能力。

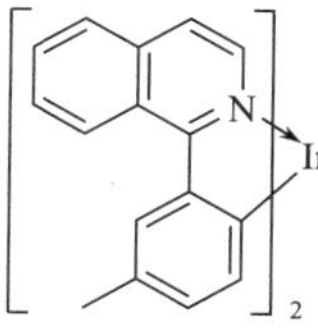

R1

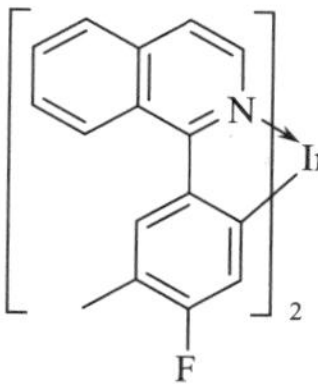

R2

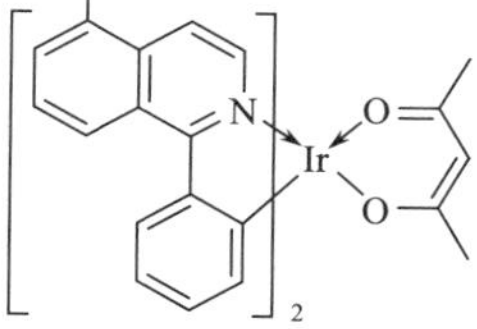

R3

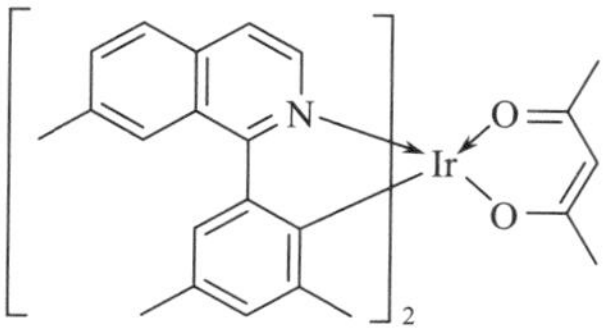

R4

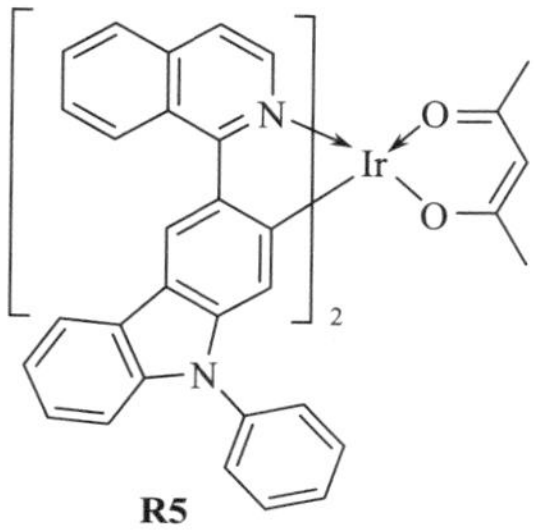

R5

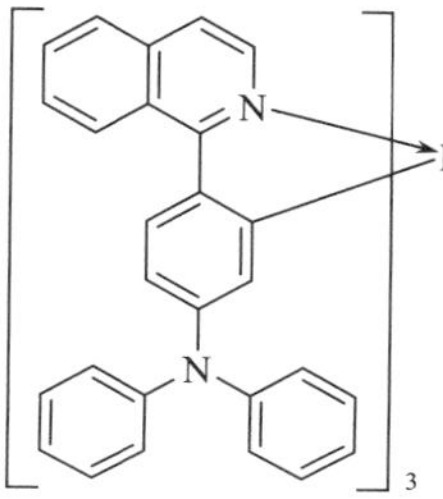

R6

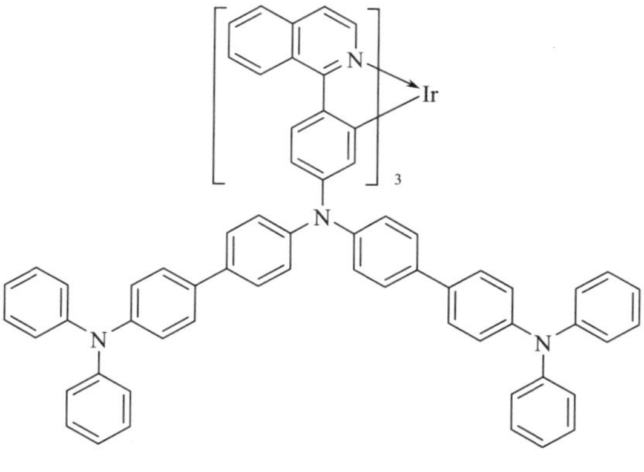

R7

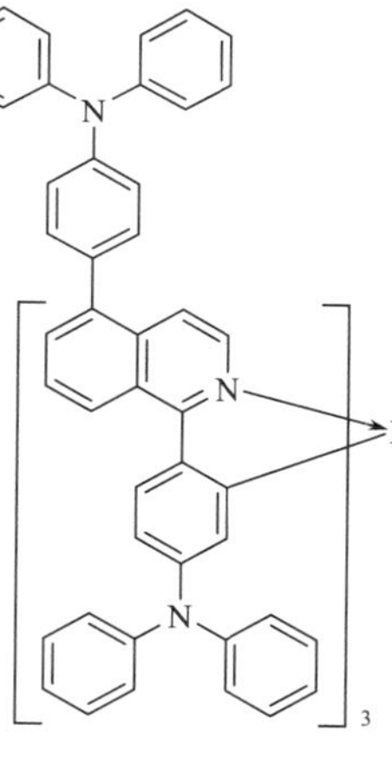

R8

图 3-16 基于异喹啉配体的代表性红色磷光 Ir(III) 配合物

虽然基于 2-苯基喹啉配体的配合物 **(pq)₂Ir(acac)** 与 **O2**(图 3-12，图 3-13) 最大发射波长不到 600 nm，但通过向 2-苯基喹啉配体引入合适的取代基，相应配合物的发光颜色也会被调节至红光区域(最大发射波长大于 600 nm)。Wang 等以配合物 **(pq)₂Ir(acac)** 为起点，通过向 2-苯基喹啉配体的喹啉环或苯环上引入取代基，设计合成了一系列红色磷光 Ir(III) 配合物[121]。这些配合物在甲苯溶液中的最大发射波长处于 602～640 nm 之间。其中，配合物 **R9**(图 3-17) 的最大发射波长为 611 nm，PLQY 为 0.18；以其为发光材料，制备出的红光 OLED 最大 EQE 为 11.3%，$CIE_{x,y}$

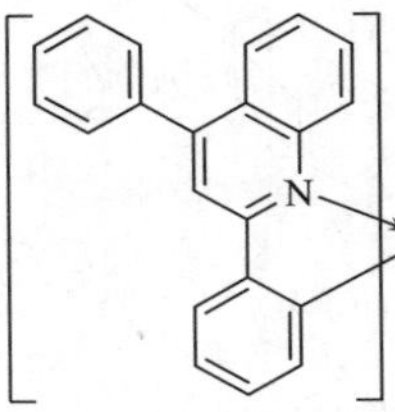

图 3-17 基于喹啉配体的代表性红色磷光 Ir(Ⅲ)配合物

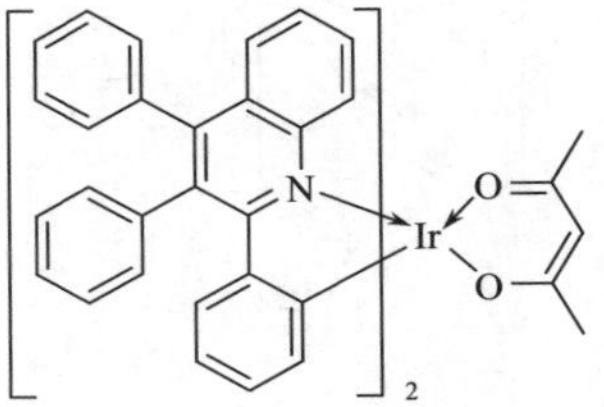

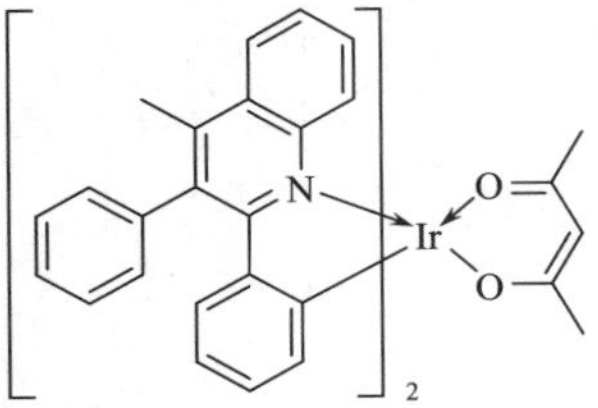

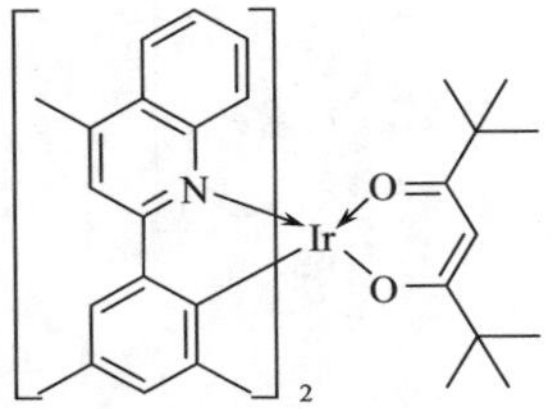

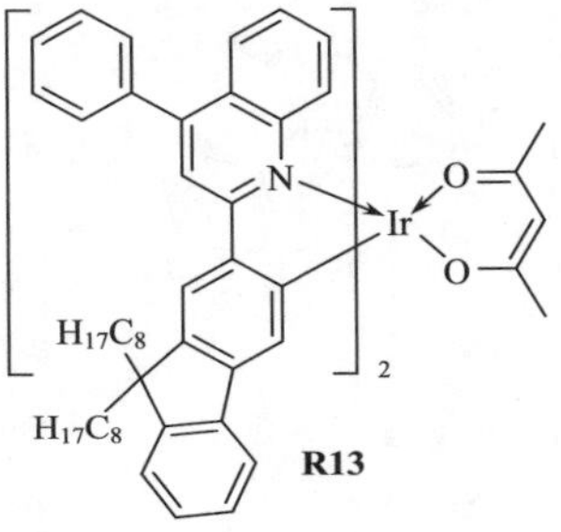

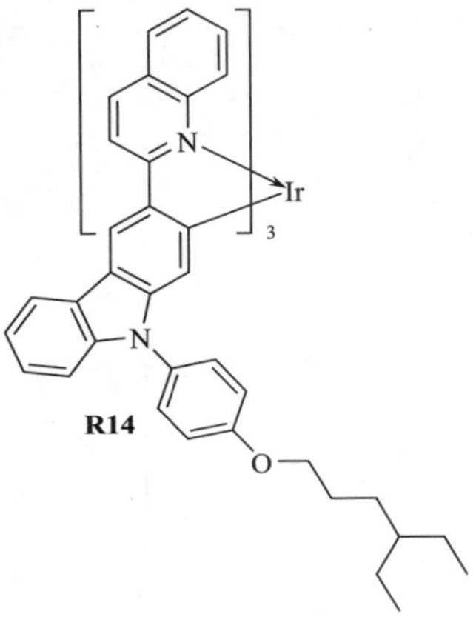

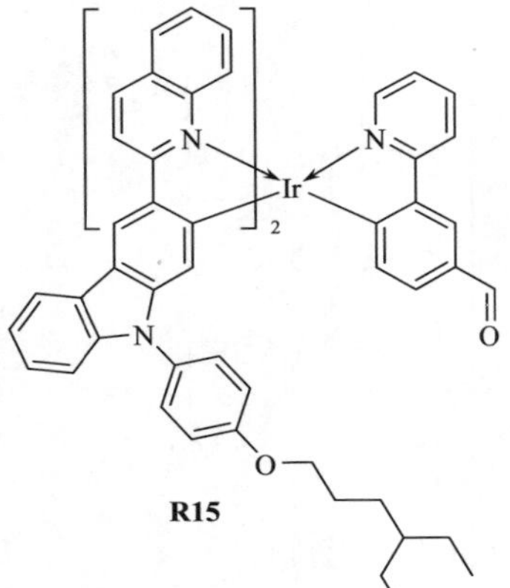

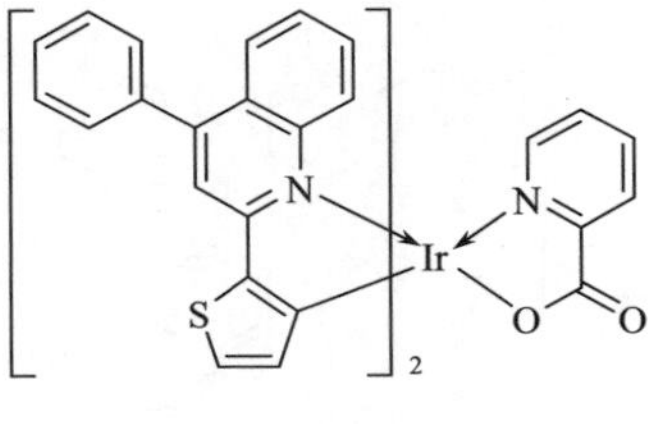

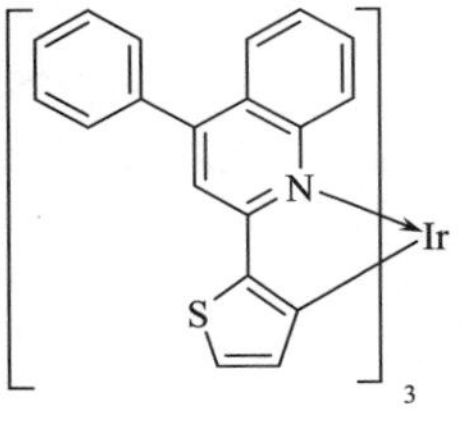

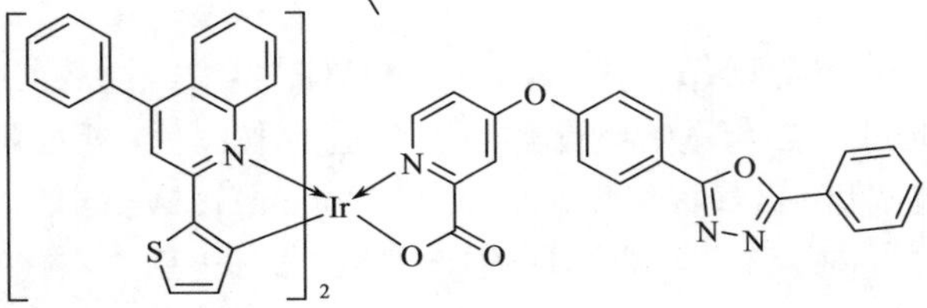

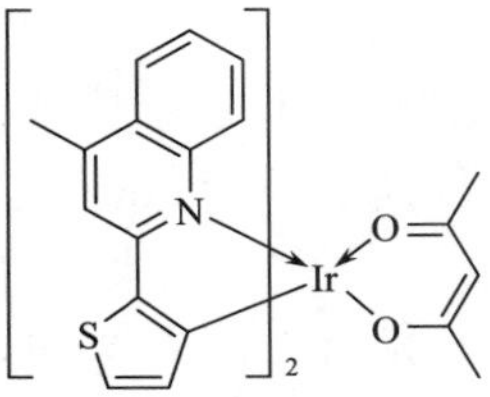

坐标为(0.65, 0.35)。用苯环对配合物 R9 进一步修饰可以得到配合物 R10，其在二氯甲烷中的最大发射波长为 607 nm[122]。若是配合物 R10 中喹啉 4 位的苯环被甲基替代，所得配合物 R11 的最大发射波长会蓝移至 604 nm(在二氯甲烷中)[123]。向 2-苯基喹啉配体以及辅助配体上引入更多甲基，配合物 R12 在二氯甲烷中的最大发射波长蓝移至 586 nm，PLQY 为 0.14[124]。然而，以配合物 R12 为发光材料制备的 OLED 电致发光最大发射波长红移至大约 615 nm。更重要的是经过优化器件结构，相应 OLED 展示出的最大 EQE 及 PE 分别高达 35.6% 及 66.2 lm·W^{-1}，是迄今报道的基于磷光 Ir(Ⅲ)配合物的红光 OLED 所获得的最高效率[125]。该红光 OLED 能展示出如此高的电致发光效率得益于配合物 R12 在发光层中具有非常高的 PLQY(0.96)及水平偶极取向率(82%)。Shu 等以芴衍生物代替苯环设计合成出配合物 R13[126]。由于具有更大的共轭体系，配合物 R13 在四氢呋喃溶液中的最大发射波长红移至 625 nm，PLQY 为 0.11(配合物 R9 在四氢呋喃溶液中的最大发射波长为 614 nm，PLQY 为 0.14)。根据能隙定律(energy gap law)，随着发射光能量的降低，即波长变长，非辐射跃迁常数会增大而辐射跃迁常数会减小，最终导致发光效率降低[127]。因此，配合物 R13 具有的 PLQY 有所降低，是符合能隙规则的。不过，当用于制备 OLED 时，配合物 R13 可以获得的最大 EQE 为 10.27%，相似条件下配合物 R9 的电致发光最大 EQE 仅为 6.09%。这可能是因为在用湿法旋涂技术制备 OLED 时，含有芴衍生物的配合物 R12 在聚合物主体材料中分布得更均一，而易结晶的配合物 R9 在聚合物主体中分布不均一，最终导致基于配合物 R12 的 OLED 效率远高于基于配合物 R9 的 OLED 效率。Huang 等设计合成的配位全同配合物 R14 在二氯甲烷溶液中的最大发射波长为 615 nm，PLQY 为 0.4；以其为发光材料采用溶液旋涂法制备的单色红光 OLED 最大 EQE、CE 及 PE 分别为 7.3%、8.7 cd·A^{-1} 及 3.9 lm·W^{-1}；搭配蓝光材料 FIrpic 与绿光材料 Ir(ppy)$_3$，采用溶液旋涂法制备的白光 OLED 最大 EQE、CE 及 PE 分别为 8.9%、19.1 cd·A^{-1} 及 7.2 lm·W^{-1}，CIE$_{x,y}$ 坐标为(0.33, 0.39)[128]。若是将配合物 R14 中的一个配体替换为含醛基的 2-苯基吡啶类配体，得到的配合物 R15 在二氯甲烷中的最大发射波长依然为 615 nm，但是其 PLQY 增大至 0.82。以 R15 为发光材料采用溶液旋涂法制备的单色红光 OLED 最大 EQE、CE 及 PE 分别为 8.4%、14.3 cd·A^{-1} 及 6.6 lm·W^{-1}；搭配蓝光材料 FIrpic 与绿光材料 Ir(ppy)$_3$，采用溶液旋涂法制备的白光 OLED 最大 EQE、CE 及 PE 分别为 10.9%、26.1 cd·A^{-1} 及 10.8 lm·W^{-1}，CIE$_{x,y}$ 坐标为(0.32, 0.43)。可见，无论是在单色红光 OLED 中，还是在三原色白光 OLED 中，配合物 R15 均表现出更高的电致发光效率，这既得益于其较高的 PLQY，也得益于缺电子醛基对配合物电子注入/传输能力的增强，说明合理设计辅助配体对增强配合物电致发光能力有很重要的作用。配合物 R16 与配合物 R17 在二氯甲烷溶液中显示出相同的最大发射波长(都为 612 nm)与相近的 PLQY(分别为 0.23 与 0.25)，表明具有电子传输特性的二苯基噁唑基团对配合物的激发态影响不明显[129]。因此，以配合物 **R16** 与配合物 **R17** 为发光材料制备出的 OLED 所发光的 $CIE_{x,y}$ 坐标都非常接近(0.67, 0.33)。但是，配合物 **R16** 与配合物 **R17** 的电致发光效率有明显差别。以 **R16** 为发光材料制备的红光 OLED 最大 EQE、CE 及 PE 分别为 15.28%、13.69 cd·A^{-1} 及 2.87 lm·W^{-1}；而以 **R17** 为发光材料制备的红光 OLED 最大 EQE、CE 及 PE 分别增大至 20.59%、17.20 cd·A^{-1} 及 6.72 lm·W^{-1}；这些电致发光效率的提升只能归因于配合物 **R17** 中的电子传输基团的影响。通过单载流子器件研究发现，含有二苯基噁唑基团的配合物 **R17** 由于电子传输能力的提升而表现出更好的空穴电子平衡传输行为，因此基于配合物 **R17** 表现出更高的电致发光效率。上面的例子既说明合理设计辅助配体优化配合物电荷注入/传输能力的重要意义，也证明 2-噻吩喹啉配体在发展高效红色磷光配合物方面有巨大潜力。Jin 等以基于 2-噻吩喹啉配体的配体全同配合物 **R18** 为发光材料，采用湿法溶液旋涂的方法制备出红光 OLED，其最大 EQE 和 CE 分别为 21%和 26 cd·A^{-1}[130]。不过，由于该 OLED 的电致发光最大发射波长为 608 nm，且光谱较窄，其 $CIE_{x,y}$ 坐标为(0.64, 0.34)。Cheng 等以配合物 **R19** 为发光材料，采用精心设计的主体材料，经过对器件结构的优化，制备出的红光 OLED 最大 EQE、CE 及 PE 分别高达 25.9%、37.3 cd·A^{-1} 及 32.9 lm·W^{-1}，而且 $CIE_{x,y}$ 坐标(0.67, 0.33)完全符合 NTSC 标准[131]。

在红色磷光 Ir(Ⅲ)配合物的研究发展过程中，除了以喹啉类或异喹啉类衍生物为配体外，还有很多其他精心设计的配体可以达到使 Ir(Ⅲ)配合物发光颜色进入红色区域的目的，图 3-18 列举了一些具有代表性的红色磷光 Ir(Ⅲ)配合物。将吸电子的芳基硼基团引入绿光配合物(ppy)$_2$Ir(acac)合适的位置上，所得配合物 **R20** 与 **R21** 在二氯甲烷中的最大发射波长急剧红移至 605 nm 与 607 nm[68,132]。根据早期建立的 ppy 类配合物发光颜色调节理论，向 ppy 配体苯环上引入吸电子基团，配合物的发射波长会蓝移；向 ppy 配体吡啶环上引入吸电子基团，配合物的发射波长会红移[65,88]。然而，当吸电子的芳基硼基团位于 ppy 配体苯环 4 位时，配合物 **R20** 的最大发射波长却红移至 605 nm。通过理论计算研究发现，传统 ppy 类配合物的 LUMO 主要分布于吡啶环，HOMO 分布于金属中心以及与金属中心配位的苯环上，因此金属中心到配体电荷转移的目的地指向吡啶环。然而，由于吸电子的芳基硼基团接受电子能力很强，当其位于 ppy 配体苯环 4 位时，金属中心到配体电荷转移的方向部分指向了芳基硼基团，显著降低了 LUMO 能级，使得配合物发射波长红移。这个发现对于调控配合物发光颜色具有重要意义。当吸电子的芳基硼基团位于 ppy 配体吡啶环 5 位时，配合物 **R21** 发射波长红移符合传统理论。不过，红移幅度能够超过 80 nm，这是由于芳基硼基团具有很强的接受电子能力，对配合物 LUMO 的贡献很大，从而显著降低了配合物的 LUMO 能级。此外，由于芳

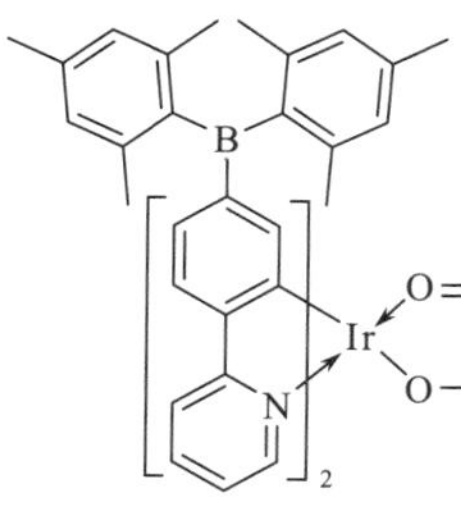

R20

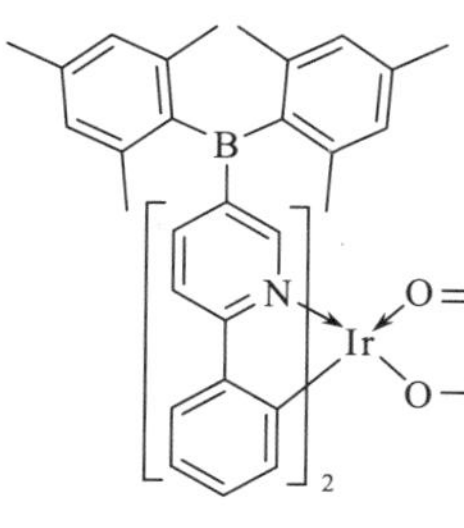

R21

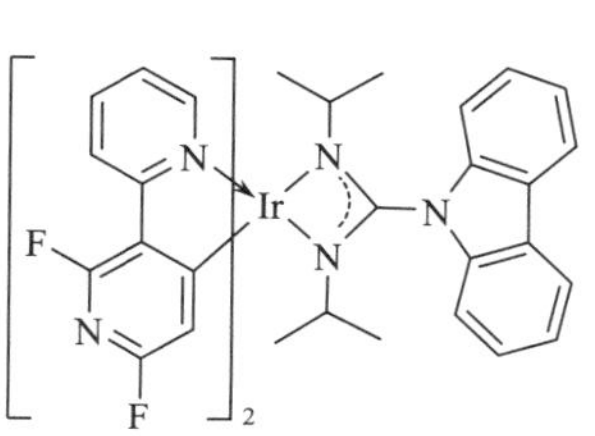

FPYPCA

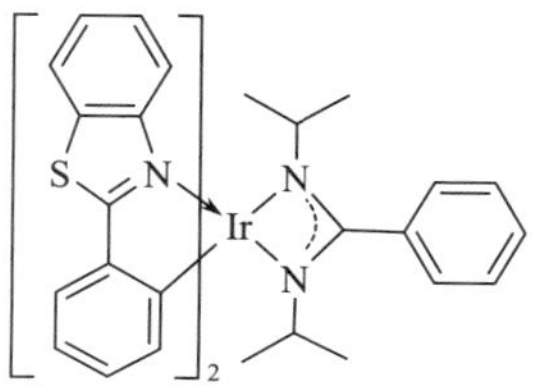

R23

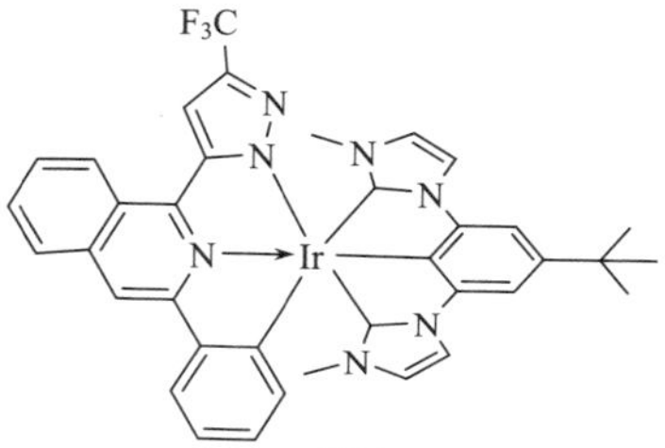

R24

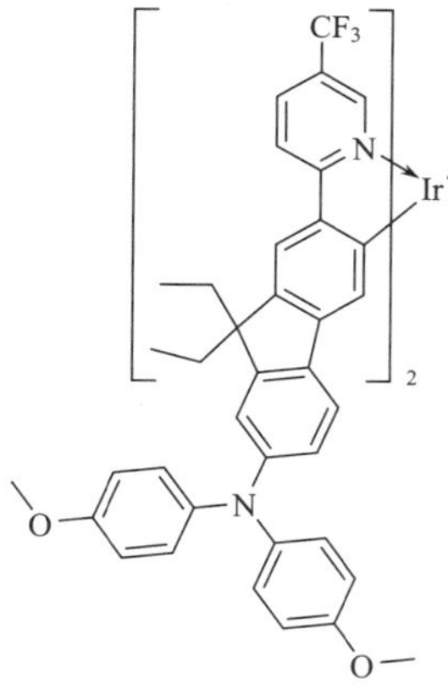

R22

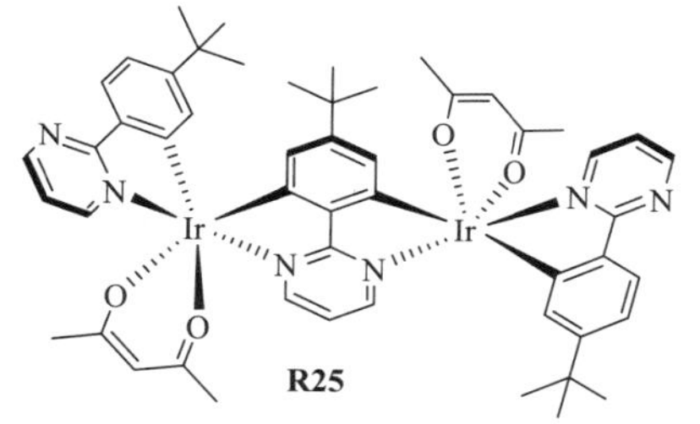

R25

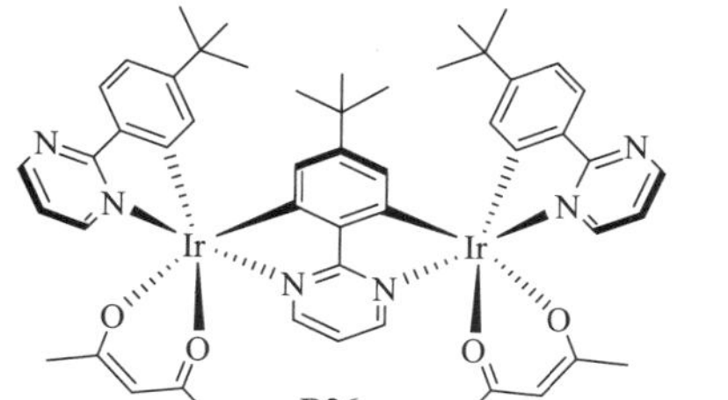

R26

图 3-18 代表性红色磷光 Ir(III) 配合物

基硼基团的存在，配合物 **R21** 在二氯甲烷中的 PLQY 达到 0.95，最终电致发光效率分别达到 14.7%、21.4 cd • A^{-1} 及 22.2 lm • W^{-1}；而在相同条件下，基于广泛使用的红光配合物 **(MDQ)$_2$Ir(acac)** 的 OLED 展示出的最大 EQE、CE 及 PE 分别仅有 6.0%、10.4 cd • A^{-1} 及 9.5 lm • W^{-1}。配合物 **R21** 表现出的高电致发光效率既得益于其高达 0.95 的 PLQY，又得益于其较高的电子注入/传输能力，而这两个显著优势均来源于芳基硼基团，表明芳基硼基团在开发高效磷光材料方面具有巨大潜力。不过，配合物(MDQ)₂Ir(acac)在二氯甲烷溶液中的最大发射波长为608 nm[133]，经过精心优化器件结构，基于(MDQ)₂Ir(acac)的红光OLED最大EQE、CE及PE分别能够达到22.0%、36.0 cd·A^{-1}及29.1 lm·W^{-1}[134]。配合物R22的最大发射波长能够达到602 nm得益于三个方面：向吡啶环上引入吸电子基团—CF₃能使发射波长红移；采用芴衍生物延长配体共轭体系能使发射波长红移；引入芳香胺提高HOMO能级能使发射波长红移[135]。以配合物R22为发光材料，采用湿法溶液旋涂的方法制备的红光OLED最大EQE、CE及PE分别高达19.3%、32.4 cd·A^{-1}及44.5 lm·W^{-1}，远高于基于配合物(MDQ)₂Ir(acac)的OLED效率(8.22%、16.5 cd·A^{-1}及16.3 lm·W^{-1})。Liu等采用新辅助配体合成得到蓝光配合物FPYPCA与红光配合物R23[136]。以10wt%的掺杂浓度将配合物R23掺杂于配合物FPYPCA，所得薄膜发光为红光，最大发射波长位于610 nm，PLQY为0.61，表明能量完全由蓝光配合物FPYPCA转移至红光配合物R23。此外，纯红光配合物R23薄膜的磷光寿命仅有0.09 μs。这两个特点非常有利于以配合物R23为发光材料、配合物FPYPCA为主体材料制备高效红光OLED。经过器件结构优化，最终所得红光OLED的最大EQE及PE分别达到26.6%及26.3 lm·W^{-1}，表明采用磷光配合物作为主体材料制备高效OLED具有很大潜力。配合物R24与众不同的地方在于其含有两个三齿配体，使得其分子结构具有很强的刚性，在二氯甲烷中的PLQY达到1.0[87]。以其为发光材料制备的红光OLED获得非常高的电致发光效率，最大EQE、CE及PE分别高达27.4%、36.9 cd·A^{-1}及36.2 lm·W^{-1}，表明大共轭三齿配体在合成刚性高效红色磷光Ir(Ⅲ)配合物方面具有很大的使用价值。

前面所列举的红色磷光Ir(Ⅲ)配合物的设计思路主要是围绕配体结构设计，通过延长配体共轭体系或/和引入合适取代基这两种方法来完成，大部分情况下是同时使用这两种方法。导致的结果是配体结构千变万化，但最终配合物始终只有一个Ir(Ⅲ)金属中心。然而，磷光配合物的MLCT过程既与配体相关，又与金属中心相关。向传统单金属核心Ir(Ⅲ)配合物中再引入一个金属中心，肯定会对相关配合物的发光性质产生重大影响。因此，借助嘧啶环中有两个可以与金属中心配位的氮原子，向单核绿光配合物G14(图3-10)中引入第二个铱金属中心，可以合成得到基于嘧啶配体的双金属核心配合物[137]。由于Ir(Ⅲ)配合物特殊的六配位结构，所得双核配合物有两种，一种是外消旋体配合物R25，另一种是内消旋体配合物R26。尽管具有不同的结构，配合物R25与R26在二氯甲烷溶液中具有相似的发光性质，其最大发射波长分别为606 nm与607 nm，与单核配合物G14相比红移大约80 nm。理论计算研究表明，与单核配合物G14的HOMO、LUMO能级相比，双核配合物R25与R26的HOMO能级升高、LUMO能级降低，因此双核配合物的HOMO-LUMO能隙减小，发射波长显著红移，同时也意味着双核配合物在OLED中可能会表现出更为平衡的电荷注入/传输行为。这与通过循环伏安法测试出的实验结果完全相符。最终,基于双核配合物 **R25** 的红光 OLED 展现出的最大 EQE、CE 及 PE 分别为 14.4%、27.2 cd·A^{-1} 及 19.5 lm·W^{-1},远高于同等条件下基于单核配合物 **G14** 的绿光 OLED 的效率(6.9%、26.5 cd·A^{-1} 及 11.2 lm·W^{-1})。这一研究结果不仅提供了一条合成中性高效双金属核心磷光 Ir(Ⅲ)配合物的简便方法,而且突破了以往设计长波长配合物发光材料时采用延长配体共轭体系或/和引入取代基的传统设计思路,提供了调控磷光配合物发光性质的新策略。

红色磷光 Pt(Ⅱ)配合物 **PtOEP** 成功应用于制备 OLED,给利用卟啉环衍生物为配体合成红色磷光 Pt(Ⅱ)配合物树立了一个榜样。例如,配合物 **R27** 在聚苯乙烯基底中的最大发射波长位于 630 nm[138](图 3-19)。不过由于卟啉类磷光 Pt(Ⅱ)配合物的磷光寿命很长,例如,配合物 **PtOEP** 与 **R27** 在溶液中的磷光寿命分别长达 83 μs 与 34 μs,易发生各种猝灭行为而不利于制作高性能 OLED。基于配合物 **R27** 的红光 OLED 展示出的最大 EQE 仅有 0.25%。Che 等采用双吡咯-二亚胺配体合成出配合物 **R28**,其在乙腈溶液中的最大发射波长为 566 nm,并在 613 nm 处有一肩峰[139]。但是以 6.0wt%的掺杂浓度将配合物 **R28** 掺杂于主体材料中时,最大发射峰出现在 610 nm 处,制备成 OLED 后电致发光最大发射波长红移至 620 nm,CIE$_{x,y}$ 坐标为(0.62, 0.38)。这种发射波长红移现象是由高掺杂浓度时磷光 Pt(Ⅱ)配合物的激基缔合物发光引起的。无论如何,配合物 **R28** 作

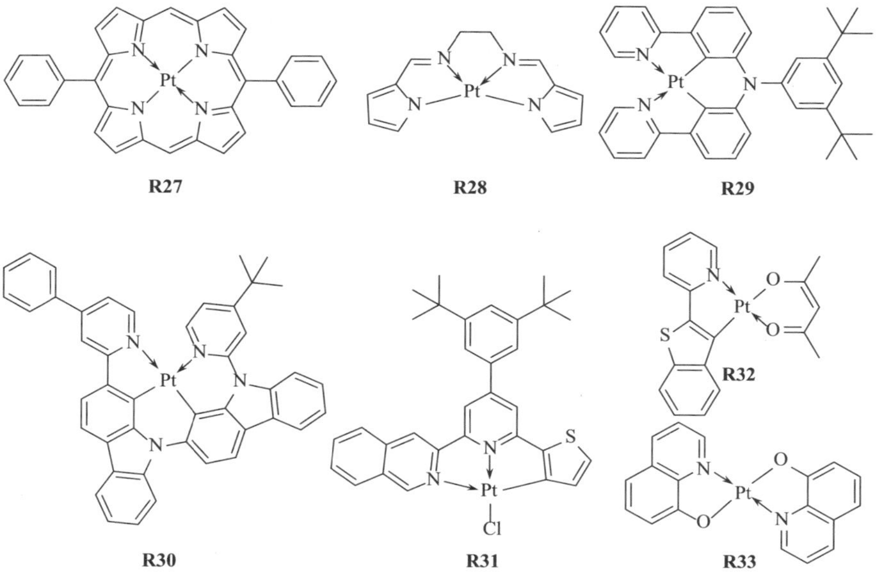

图 3-19 代表性红色磷光 Pt(Ⅱ)配合物

为发光材料以 6wt%浓度掺杂时可以制备出红光 OLED,且该 OLED 的最大 EQE、CE 及 PE 分别为 6.5%、9.0 cd·A^{-1} 及 4.0 lm·W^{-1},远高于基于配合物 **R27** 的红光 OLED 所展示出的电致发光效率。最近,基于四齿配体的磷光 Pt(Ⅱ)配合物发展迅速,其中配合物 **R29** 与 **R30** 表现出非常高的电致发光效率。配合物 **R29** 以 6wt%浓度掺杂于主体材料时的最大发射波长为 621 nm,PLQY 为 0.58,相应红光 OLED 的最大 EQE 与 PE 分别为 19.5%与 25.5 lm·W^{-1},$CIE_{x,y}$ 坐标为(0.662, 0.337)[140]。通过对橙光配合物 **O13**(582 nm)进行简单修饰,得到的配合物 **R30** 在二氯甲烷中的最大发射波长红移至 602 nm,相应红光 OLED 的最大 EQE 提高至 21.5%[141]。同样,将橙光配合物 **O11** 与 **O12** 进行修饰,可以得到配合物 **R31**[142]。虽然配合物 **R31** 在二氯甲烷中的最大发射波长为 588 nm,但其光谱中有很大的比例位于红光区域,因此相应 OLED 的 $CIE_{x,y}$ 坐标为(0.61, 0.38)。更重要的是该 OLED 的最大 EQE、CE 及 PE 分别达到 22.1%、34.8 cd·A^{-1} 及 18.2 lm·W^{-1},表明含三齿配体的磷光 Pt(Ⅱ)配合物在制备高效红光 OLED 方面具有巨大潜力。除了精心设计的四齿、三齿配体外,通过延长双齿配体共轭长度也可以合成得到简单的红光 Pt(Ⅱ)配合物。例如,配合物 **R32** 在 2-甲基四氢呋喃溶液中的最大发射波长为 612 nm[88],配合物 **R33** 在 N,N-二甲基甲酰胺溶液中的最大发射波长为 650 nm[143],不过这种方式合成的高效红光 Pt(Ⅱ)配合物还比较少。

由于有机重金属配合物所发磷光的寿命通常在微秒级别,为避免磷光分子间相互作用引起发光猝灭,需要将磷光配合物以较低浓度(<10wt%)掺杂于主体材料中,每个分子在主体材料中独立发光。因此,要制备出高效红光 OLED,则需要以单分子能发出红光的磷光配合物为发光材料。然而,最近的一些研究打破了利用红色磷光 Pt(Ⅱ)配合物掺杂于主体材料中制备红光 OLED 的传统,反而是甚至可以用蓝色磷光 Pt(Ⅱ)配合物直接作为发光层制备出超高效的红光 OLED。事实上,这种采用非掺杂策略制备 OLED 在前面的内容中也提到过。由于具有平面结构特性,Pt(Ⅱ)配合物在高掺杂浓度以及非掺杂(即掺杂浓度为 100wt%)的情况下倾向于紧密堆积,形成激基缔合物使发射波长大幅度红移,或者是由于金属中心间较短距离引起强烈的 Pt···Pt 作用,产生三线态金属中心-金属中心到配体的电荷转移(MMLCT),导致发射波长大幅度红移[107]。总之,即便单分子的 Pt(Ⅱ)配合物不能发出红光,只要在高掺杂浓度或非掺杂时可以高效地发出红光,就可以用于制备红光 OLED,配合物 **R34** 与 **R35** 即是满足这个要求的代表性 Pt(Ⅱ)配合物(图 3-20)。配合物 **R34** 在二氯甲烷溶液中(浓度为 10^{-5} mol·L^{-1})的最大发射波长为 580 nm,PLQY 仅为 0.002,几乎不发光;而其固态粉末的最大发射波长红移至 633 nm,PLQY 急剧上升至 0.52[144]。因此,基于配合物 **R34** 的非掺杂 OLED 不仅可以发出强烈红光,$CIE_{x,y}$ 坐标为(0.63, 0.37);而且其最大 EQE、CE 及 PE 分别达到 19.0%、21.0 cd·A^{-1} 及 15.5 lm·W^{-1}。当配合物 **R35** 在四氢呋喃溶液

中的浓度为 10^{-5} mol·L^{-1} 时，几乎探测不到发光；增加溶液浓度至 10^{-4} mol·L^{-1} 时，只能探测到微弱的最大发射波长位于 475 nm 的蓝光[60,145]。然而，将配合物 **R35** 掺杂于主体材料中，随着掺杂浓度从 10wt%提高至 100wt%（非掺杂），相应光谱最大发射波长从大约 560 nm 红移至大约 620 nm，发光寿命从 903 ns 缩短至 325 ns，PLQY 接近于 1.0。通过精心优化器件结构，以配合物 **R35** 为发光材料制备的非掺杂 OLED 电致发光最大发射波长为 616 nm，最大 EQE 与 PE 分别高达 31.1%与 50.0 lm·W^{-1}。如此高的电致发光效率主要归功于配合物 **R35** 在纯固态薄膜中具有接近 1.0 的超高 PLQY 以及减弱的三线态-三线态湮灭（TTA）效应。对器件结构进一步优化后，基于配合物 **R35** 的红光 OLED 获得的最大 EQE 达到了惊人的 38.8%，这是目前报道的无额外提高光耦合输出措施的 OLED 所获得的最高 EQE[146]。掠入式广角入射 X 射线衍射（grazing incident wide-angle X-ray diffraction, GIWAXD）研究结果显示配合物 **R35** 在非掺杂薄膜中如晶体般取向排列；角度依赖性发光强度测试研究表明配合物 **R35** 在非掺杂薄膜中水平偶极取向率高达 93%，这是除了超高 PLQY 以及减弱的 TTA 效应外，配合物 **R35** 在非掺杂 OLED 中能展示出如此高电致发光效率的另一个重要原因。这几例研究充分展示出平面 Pt(Ⅱ)配合物在制备超高效红光 OLED 方面所具有的巨大潜力。

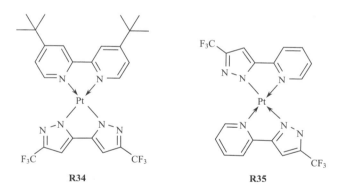

图 3-20 可用于非掺杂高效红光 OLED 的磷光 Pt(Ⅱ)配合物

3.6 小结

经过 30 多年的发展，OLED 的发光效率得到了极大提升。从早期 OLED 的最大 EQE 只有 1%，到现在 OLED 的最大 EQE 接近 40%，通过增强光耦合输出效率，其最大 EQE 甚至可以高达 64.5%[147]。在这个过程中，有机发光材料，尤其是磷光 Ir(Ⅲ)与 Pt(Ⅱ)配合物发光材料的快速发展功不可没。通过精心设计合成各类有机配体，在调节配合物的发光颜色、增强配合物的发光能力、改善配合物的电荷注入/传输性能以及提高配合物的水平偶极取向率等关键问题上，磷光 Ir(III) 与 Pt(II) 配合物均表现出令人满意的性质，因此 OLED 的发光效率才能迅速提升。不过，目前仍有两个问题需要考虑。一个是发光色纯度问题，能制备出高效率纯红光与纯蓝光 OLED [$CIE_{x,y}$ 坐标分别为 (0.14, 0.08) 与 (0.63, 0.37)] 的配合物比较少。纯红光配合物容易得到，但受制于能隙定律，深红光配合物的发光效率通常较低，导致其电致发光效率较低；纯蓝光配合物的三线态能级很高，配合物设计比较困难，再加上需要使用三线态能级更高的主体材料，导致制备高效纯蓝光 OLED 很困难。另一个问题是稳定性问题，要满足商业化应用，OLED 必须具有满足要求的使用寿命。但是，可能是受条件限制，目前大多数报道都没有涉及对 OLED 稳定性的研究，导致配合物在电致发光过程中的稳定性问题得不到明确。这些问题仍需要通过新思路、新方法及新技术加以解决。

无论如何，得益于包括磷光 Ir(III) 与 Pt(II) 配合物发光材料在内的 OLED 技术的发展，基于 OLED 显示与照明技术的手机、电视及照明面板等优秀产品已经越来越多地走进大众的生活与工作中，开始改变我们的世界。

参 考 文 献

[1] Reineke S, Thomschke M, Lussem B, et al. White organic light-emitting diodes: Status and perspective. Rev Mod Phys, 2013, 85: 1245-1293.

[2] Xu R P, Li Y Q, Tang J X. Recent advances in flexible organic light-emitting diodes. J Mater Chem C, 2016, 4: 9116-9142.

[3] Fu H S, Cheng Y M, Chou P T, et al. Feeling blue? Blue phosphors for OLEDs. Mater Today, 2011, 14: 472-479.

[4] Yook K S, Lee J Y. Organic materials for deep blue phosphorescent organic light-emitting diodes. Adv Mater, 2012, 24: 3169-3190.

[5] Lamansky S, Djurovich P, Murphy D, et al. Highly phosphorescent bis-cyclometalated iridium complexes: Synthesis, photophysical characterization, and use in organic light emitting diodes. J Am Chem Soc, 2001, 123: 4304-4312.

[6] Fan C, Yang C. Yellow/orange emissive heavy-metal complexes as phosphors in monochromatic and white organic light-emitting devices. Chem Soc Rev, 2014, 43: 6439-6469.

[7] Ho C L, Li H, Wong W Y. Red to near-infrared organometallic phosphorescent dyes for OLED applications. J Organomet Chem, 2014, 751: 261-285.

[8] Tang C W, Vanslyke S A. Organic electroluminescent diodes. Appl Phys Lett, 1987, 51: 913-915.

[9] Chen C, Shi J, Tang C W. Recent developments in molecular organic electroluminescent materials. Macromol Symp, 1998, 125: 1-48.

[10] Burroughes J H, Bradley D D C, Brown A R, et al. Light-emitting-diodes based on conjugated polymers. Nature, 1990, 347: 539-541.
[11] Brown A R, Pichler K, Greenham N C, et al. Optical spectroscopy of triplet excitons and charged excitations in poly(p-phenylenevinylene) light-emitting-diodes. Chem Phys Lett, 1993, 210: 61-66.
[12] Hong K, Lee J L. Recent developments in light extraction technologies of organic light emitting diodes. Electron Mater Lett, 2011, 7: 77-91.
[13] Baldo M A, O'Brien D F, You Y, et al. Highly efficient phosphorescent emission from organic electroluminescent devices. Nature, 1998, 395: 151-154.
[14] Ma Y, Zhang H, Shen J, et al. Electroluminescence from triplet metal-ligand charge-transfer excited state of transition metal complexes. Synth Met, 1998, 94: 245-248.
[15] Yersin H, Rausch A F, Czerwieniec R, et al. The triplet state of organo-transition metal compounds. Triplet harvesting and singlet harvesting for efficient OLEDs. Coord Chem Rev, 2011, 255: 2622-2652.
[16] Adachi C, Baldo M A, Thompson M E, et al. Nearly 100% internal phosphorescence efficiency in an organic light-emitting device. J Appl Phys, 2001, 90: 5048-5051.
[17] Zanoni K P S, Coppo R L, Amaral R C, et al. Ir(III) complexes designed for light-emitting devices: Beyond the luminescence color array. Dalton Trans, 2015, 44: 14559-14573.
[18] Huo S, Carroll J, Vezzu D A. Design, synthesis, and applications of highly phosphorescent cyclometalated platinum complexes. Asian J Org Chem, 2015, 4: 1210-1245.
[19] Chou P T, Chi Y. Osmium- and ruthenium-based phosphorescent materials: Design, photophysics, and utilization in OLED fabrication. Eur J Inorg Chem, 2006, 17: 3319-3332.
[20] Tang M C, Tsang D P K, Wong Y C, et al. Bipolar gold(III) complexes for solution-processable organic light-emitting devices with a small efficiency roll-off. J Am Chem Soc, 2014, 136: 17861-17868.
[21] Dumur F. Recent advances in organic light-emitting devices comprising copper complexes: A realistic approach for low-cost and highly emissive devices? Org Electron, 2015, 21: 27-39.
[22] Yu D H, Zhao F C, Zhang Z, et al. Insulated donor-π-acceptor systems based on fluorene-phosphine oxide hybrids for non-doped deep-blue electroluminescent devices. Chem Commun, 2012, 48: 6157-6159.
[23] Erk P, Bold M, Egen M, et al. Efficient deep blue triplet emitters for OLEDs. SID Symp Dig, 2006: 131-134.
[24] Adachi C, Kwong R C, Djurovich P, et al. Endothermic energy transfer: A mechanism for generating very efficient high-energy phosphorescent emission in organic materials. Appl Phys Lett, 2001, 79: 2082-2084.
[25] Kim M, Lee J Y. Engineering the substitution position of diphenylphosphine oxide at carbazole for thermal stability and high external quantum efficiency above 30% in blue phosphorescent organic light-emitting diodes. Adv Funct Mater, 2014, 24: 4164-4169.
[26] Su S J, Cai C, Kido J. Three-carbazole-armed host materials with various cores for RGB phosphorescent organic light-emitting diodes. J Mater Chem, 2012, 22: 3447-3456.

[27] Oh C S, Lee C W, Lee J Y. Simple heteroatom engineering for tuning the triplet energy of organometallic host materials for red, green and blue phosphorescent organic light-emitting diodes. Chem Commun, 2013, 49: 3875-3877.

[28] Pan B, Wang B, Wang Y X, et al. A simple carbazole-*N*-benzimidazole bipolar host material for highly efficient blue and single layer white phosphorescent organic light-emitting diodes. J Mater Chem C, 2014, 2: 2466-2469.

[29] Lee C W, Im Y, Seo J A, et al. Carboline derivatives with an *ortho*-linked terphenyl core for high quantum efficiency in blue phosphorescent organic light-emitting diodes. Chem Commun, 2013, 49: 9860-9862.

[30] Lee C W, Lee J Y. Structure-property relationship of pyridoindole-type host materials for high-efficiency blue phosphorescent organic light-emitting diodes. Chem Mater, 2014, 26: 1616-1621.

[31] Ren X F, Li J, Holmes R J, et al. Ultrahigh energy gap hosts in deep blue organic electrophosphorescent devices. Chem Mater, 2004, 16: 4743-4747.

[32] Holmes R J, D'Andrade B W, Forrest S R, et al. Efficient, deep-blue organic electrophosphorescence by guest charge trapping. Appl Phys Lett, 2003, 83: 3818-3820.

[33] Liu D, Li D, Wang M, et al. 1,2,4-Triazole-containing bipolar hosts for blue and green phosphorescent organic light-emitting diodes. J Mater Chem C, 2016, 4: 7260-7268.

[34] Wee K R, Cho Y J, Jeong S, et al. Carborane-based optoelectronically active organic molecules: Wide band gap host materials for blue phosphorescence. J Am Chem Soc, 2012, 134: 17982-17990.

[35] Zhang B H, Liu L H, Tan G P, et al. Interfacial triplet confinement for achieving efficient solution-processed deep-blue and white electrophosphorescent devices with underestimated poly(*N*-vinylcarbazole) as the host. J Mater Chem C, 2013, 1: 4933-4939.

[36] Wada A, Yasuda T, Zhang Q S, et al. A host material consisting of a phosphinic amide directly linked donor-acceptor structure for efficient blue phosphorescent organic light-emitting diodes. J Mater Chem C, 2013, 1: 2404-2407.

[37] Gong S L, Chang Y L, Wu K L, et al. High-power-efficiency blue electrophosphorescence enabled by the synergistic combination of phosphine-oxide-based host and electron-transporting materials. Chem Mater, 2014, 26: 1463-1470.

[38] Seo J H, Kim G Y, Kim J H, et al. Highly efficient deep-blue phosphorescent organic light-emitting diodes using iridium(III) bis[(5-cyano-4-fluorophenyl)pyridinato-*N,C-2'*] picolinate as an emitter. Japan J Appl Phys, 2009, 48: 082103.

[39] Yook K S, Lee J Y. Solution processed deep blue phosphorescent organic light-emitting diodes with over 20% external quantum efficiency. Org Electron, 2011, 12: 1711-1715.

[40] Jeon S O, Lee J Y. Comparison of symmetric and asymmetric bipolar type high triplet energy host materials for deep blue phosphorescent organic light-emitting diodes. J Mater Chem, 2012, 22: 7239-7244.

[41] Park M S, Choi D H, Lee B S, et al. Fused indole derivatives as high triplet energy hole transport materials for deep blue phosphorescent organic light-emitting diodes. J Mater Chem, 2012, 22:

3099-3104.

[42] Jeon S O, Yook K S, Joo C W, et al. Phenylcarbazole-based phosphine oxide host materials for high efficiency in deep blue phosphorescent organic light-emitting diodes. Adv Funct Mater, 2009, 19: 3644-3649.

[43] Jeon S O, Yook K S, Joo C W, et al. High-efficiency deep-blue-phosphorescent organic light-emitting diodes using a phosphine oxide and a phosphine sulfide high-triplet-energy host material with bipolar charge-transport properties. Adv Mater, 2010, 22: 1872-1876.

[44] Fan C, Li Y H, Yang C L, et al. Phosphoryl/sulfonyl-substituted iridium complexes as blue phosphorescent emitters for single-layer blue and white organic light-emitting diodes by solution process. Chem Mater, 2012, 24: 4581-4587.

[45] Kessler F, Watanabe Y, Sasabe H, et al. High-performance pure blue phosphorescent OLED using a novel bis-heteroleptic iridium(III) complex with fluorinated bipyridyl ligands. J Mater Chem C, 2013, 1: 1070-1075.

[46] Kang Y, Chang Y L, Lu J S, et al. Highly efficient blue phosphorescent and electroluminescent Ir(III) compounds. J Mater Chem C, 2013, 1: 441-450.

[47] Lee S, Kim S O, Shin H, et al. Deep-blue phosphorescence from perfluoro carbonyl-substituted iridium complexes. J Am Chem Soc, 2013, 135: 14321-14328.

[48] Chiu Y C, Hung J Y, Chi Y, et al. En route to high external quantum efficiency (~12%), organic true-blue-light-emitting diodes employing novel design of iridium(III) phosphors. Adv Mater, 2009, 21: 2221-2225.

[49] Sajoto T, Djurovich P I, Tamayo A, et al. Blue and near-UV phosphorescence from iridium complexes with cyclometalated pyrazolyl or N-heterocyclic carbene ligands. Inorg Chem, 2005, 44: 7992-8003.

[50] Schildknecht C, Ginev G, Kammoun A, et al. Novel deep-blue emitting phosphorescent emitter. International Society for Optics and Photonics, 2005: 59370E-59371E.

[51] Hsieh C H, Wu F I, Fan C H, et al. Design and synthesis of iridium bis(carbene) complexes for efficient blue electrophosphorescence. Chem Eur J, 2011, 17: 9180-9187.

[52] Zhuang J Y, Li W F, Su W M, et al. Highly efficient phosphorescent organic light-emitting diodes using a homoleptic iridium(III) complex as a sky-blue dopant. Org Electron, 2013, 14: 2596-2601.

[53] Klubek K P, Dong S C, Liao L S, et al. Investigating blue phosphorescent iridium cyclometalated dopant with phenyl-imidazole ligands. Org Electron, 2014, 15: 3127-3136.

[54] Udagawa K, Sasabe H, Cai C, et al. Low-driving-voltage blue phosphorescent organic light-emitting devices with external quantum efficiency of 30%. Adv Mater, 2014, 26: 5062-5066.

[55] Li G J, Fleetham T, Li J. Efficient and stable white organic light-emitting diodes employing a single emitter. Adv Mater, 2014, 26: 2931-2936.

[56] Hsu C W, Ly K T, Lee W K, et al. Triboluminescence and metal phosphor for organic light-emitting diodes: Functional Pt(II) complexes with both 2-pyridylimidazol-2-ylidene and bipyrazolate chelates. ACS Appl Mater Interf, 2016, 8: 33888-33898.

[57] Cheng G, Kui S C F, Ang W H, et al. Structurally robust phosphorescent [Pt(O^N^C^N)] emitters for high performance organic light-emitting devices with power efficiency up to 126 lm · W^{-1} and external quantum efficiency over 20%. Chem Sci, 2014, 5: 4819-4830.

[58] Fleetham T, Huang L, Li J. Tetradentate platinum complexes for efficient and stable excimer-based white OLEDs. Adv Funct Mater, 2014, 24: 6066-6073.

[59] Hang X C, Fleetham T, Turner E, et al. Highly efficient blue-emitting cyclometalated platinum(II) complexes by judicious molecular design. Angew Chem Int Ed, 2013, 52: 6753-6756.

[60] Wang Q, Oswald I W, Yang X, et al. A non-doped phosphorescent organic light-emitting device with above 31% external quantum efficiency. Adv Mater, 2014, 26: 8107-8113.

[61] Fleetham T, Wang Z X, Li J. Efficient deep blue electrophosphorescent devices based on platinum(II) bis(n-methyl-imidazolyl) benzene chloride. Org Electron, 2012, 13: 1430-1435.

[62] Fleetham T, Ecton J, Wang Z X, et al. Single-doped white organic light-emitting device with an external quantum efficiency over 20%. Adv Mater, 2013, 25: 2573-2576.

[63] Fleetham T, Li G, Wen L, et al. Efficient "pure" blue OLEDs employing tetradentate Pt complexes with a narrow spectral bandwidth. Adv Mater, 2014, 26: 7116-7121.

[64] Baldo M A, Lamansky S, Burrows P E, et al. Very high-efficiency green organic light-emitting devices based on electrophosphorescence. Appl Phys Lett, 1999, 75: 4-6.

[65] Lamansky S, Djurovich P, Murphy D, et al. Synthesis and characterization of phosphorescent cyclometalated iridium complexes. Inorg Chem, 2001, 40: 1704-1711.

[66] Kim M, Lee J Y. Engineering of interconnect position of bicarbazole for high external quantum efficiency in green and blue phosphorescent organic light-emitting diodes. ACS Appl Mater Interf, 2014, 6: 14874-14880.

[67] Kim S Y, Jeong W I, Mayr C, et al. Organic light-emitting diodes with 30% external quantum efficiency based on a horizontally oriented emitter. Adv Funct Mater, 2013, 23: 3896-3900.

[68] Zhou G J, Ho C L, Wong W Y, et al. Manipulating charge-transfer character with electron-withdrawing main-group moieties for the color tuning of iridium electrophosphors. Adv Funct Mater, 2008, 18: 499-511.

[69] Zhou G J, Wang Q, Ho C L, et al. Robust tris-cyclometalated iridium(III) phosphors with ligands for effective charge carrier injection/transport: Synthesis, redox, photophysical, and electrophosphorescent behavior. Chem Asian J, 2008, 3: 1830-1841.

[70] Kim K H, Moon C K, Lee J H, et al. Highly efficient organic light-emitting diodes with phosphorescent emitters having high quantum yield and horizontal orientation of transition dipole moments. Adv Mater, 2014, 26: 3844-3847.

[71] Kim K H, Ahn E S, Huh J S, et al. Design of heteroleptic Ir complexes with horizontal emitting dipoles for highly efficient organic light-emitting diodes with an external quantum efficiency of 38%. Chem Mater, 2016, 28: 7505-7510.

[72] Yokoyama D. Molecular orientation in small-molecule organic light-emitting diodes. J Mater Chem, 2011, 21: 19187-19202.

[73] Flämmich M, Frischeisen J, Setz D S, et al. Oriented phosphorescent emitters boost OLED

efficiency. Org Electron, 2011, 12: 1663-1668.

[74] Liehm P, Murawski C, Furno M, et al. Comparing the emissive dipole orientation of two similar phosphorescent green emitter molecules in highly efficient organic light-emitting diodes. Appl Phys Lett, 2012, 101: 253304.

[75] Rai V K, Nishiura M, Takimoto M, et al. Synthesis, structure and efficient electroluminescence of a heteroleptic dipyridylamido/bis(pyridylphenyl)iridium(III) complex. Chem Commun, 2011, 47: 5726-5728.

[76] Chao K, Shao K Z, Peng T, et al. New oxazoline- and thiazoline-containing heteroleptic iridium(III) complexes for highly-efficient phosphorescent organic light-emitting devices (PhOLEDs): Colour tuning by varying the electroluminescence bandwidth. J Mater Chem C, 2013, 1: 6800-6806.

[77] Zhang F, Li W, Yu Y, et al. Highly efficient green phosphorescent organic light-emitting diodes with low efficiency roll-off based on iridium(III) complexes bearing oxadiazol-substituted amide ligands. J Mater Chem C, 2016, 4: 5469-5475.

[78] Zhu Y C, Zhou L, Li H Y, et al. Highly efficient green and blue-green phosphorescent OLEDs based on iridium complexes with the tetraphenylimidodiphosphinate ligand. Adv Mater, 2011, 23: 4041-4046.

[79] Wang J, Liu J, Huang S, et al. High efficiency green phosphorescent organic light-emitting diodes with a low roll-off at high brightness. Org Electron, 2013, 14: 2854-2858.

[80] Rai V K, Nishiura M, Takimoto M, et al. Bis-cyclometalated iridium(III) complexes bearing ancillary guanidinate ligands. Synthesis, structure, and highly efficient electroluminescence. Inorg Chem, 2012, 51: 822-835.

[81] Jing Y M, Zhao Y, Zheng Y X. Photoluminescence and electroluminescence of iridium(III) complexes with 2′,6′-bis(trifluoromethyl)-2,4′-bipyridine and 1,3,4-oxadiazole/1,3,4-thiadiazole derivative ligands. Dalton Trans, 2017, 46: 845-853.

[82] Jiao Y, Li M, Wang N, et al. A facile color-tuning strategy for constructing a library of Ir(III) complexes with fine-tuned phosphorescence from bluish green to red using a synergetic substituent effect of —OCH_3 and —CN at only the C-ring of C^N ligand. J Mater Chem C, 2016, 4: 4269-4277.

[83] Jou J H, Yang Y M, Chen S Z, et al. High-efficiency wet- and dry-processed green organic light emitting diodes with a novel iridium complex-based emitter. Adv Optical Mater, 2013, 1: 657-667.

[84] Yang X, Feng Z, Zhao J, et al. Pyrimidine-based mononuclear and dinuclear iridium(III) complexes for high performance organic light-emitting diodes. ACS Appl Mater Interf, 2016, 8: 33874-33887.

[85] Tong B, Ku H Y, Chen I J, et al. Heteroleptic Ir(III) phosphors with bis-tridentate chelating architecture for high efficiency OLEDs. J Mater Chem C, 2015, 3: 3460-3471.

[86] Lin J, Chau N Y, Liao J L, et al. Bis-tridentate iridium(III) phosphors bearing functional 2-phenyl-6-(imidazol-2-ylidene)pyridine and 2-(pyrazol-3-yl)-6-phenylpyridine chelates for efficient OLEDs. Organometallics, 2016, 35: 1813-1824.

[87] Kuei C Y, Tsai W L, Tong B, et al. Bis-tridentate Ir(III) complexes with nearly unitary RGB phosphorescence and organic light-emitting diodes with external quantum efficiency exceeding 31%. Adv Mater, 2016, 28: 2795-2800.

[88] Brooks J, Babayan Y, Lamansky S, et al. Synthesis and characterization of phosphorescent cyclometalated platinum complexes. Inorg Chem, 2002, 41: 3055-3066.

[89] Zhou G J, Wang Q, Wang X Z, et al. Metallophosphors of platinum with distinct main-group elements: A versatile approach towards color tuning and white-light emission with superior efficiency/color quality/brightness trade-offs. J Mater Chem, 2010, 20: 7472-7484.

[90] Hudson Z M, Sun C, Helander M G, et al. Enhancing phosphorescence and electrophosphorescence efficiency of cyclometalated Pt(II) compounds with triarylboron. Adv Funct Mater, 2010, 20: 3426-3439.

[91] Lu G Z, Li Y, Jing Y M, et al. Syntheses, photoluminescence and electroluminescence of two novel platinum(II) complexes. Dalton Trans, 2017, 46: 150-157.

[92] Lu G Z, Jing Y M, Han H B, et al. Efficient electroluminescence of two heteroleptic platinum complexes with a 2-(5-phenyl-1,3,4-oxadiazol-2-yl)phenol ancillary ligand. Organometallics, 2017, 36: 448-454.

[93] Cheng G, Chow P K, Kui S C F, et al. High-efficiency polymer light-emitting devices with robust phosphorescent platinum(II) emitters containing tetradentate dianionic O^N^C^N ligands. Adv Mater, 2013, 25: 6765-6770.

[94] Chen Y M, Hung W Y, You H W, et al. Carbazole-benzimidazole hybrid bipolar host materials for highly efficient green and blue phosphorescent OLEDs. J Mater Chem, 2011, 21: 14971-14978.

[95] Wang B, Liang F, Hu H, et al. Strongly phosphorescent platinum(II) complexes supported by tetradentate benzazole-containing ligands. J Mater Chem C, 2015, 3: 8212-8218.

[96] Liu G, Liang F, Zhao Y, et al. Phosphorescent platinum(II) complexes based on spiro linkage-containing ligands. J Mater Chem C, 2017, 5: 1944-1951.

[97] Zhu W, Zhu M, Ke Y, et al. Synthesis and red electrophosphorescence of a novel cyclometalated iridium complex in polymer light-emitting diodes. Thin Solid Films, 2004, 446: 128-131.

[98] Zhang G, Guo H, Chuai Y, et al. Synthesis and luminescence of a new phosphorescent iridium(III) pyrazine complex. Mater Lett, 2005, 59: 3002-3006.

[99] Guo L Y, Zhang X L, Zhuo M J, et al. Non-interlayer and color stable WOLEDs with mixed host and incorporating a new orange phosphorescent iridium complex. Org Electron, 2014, 15: 2964-2970.

[100] Li G, Feng Y, Peng T, et al. Highly efficient, little efficiency roll-off orange-red electrophosphorescent devices based on a bipolar iridium complex. J Mater Chem C, 2015, 3: 1452-1456.

[101] Tsuzuki T, Shirasawa N, Suzuki T, et al. Color tunable organic light-emitting diodes using pentafluorophenyl-substituted iridium complexes. Adv Mater, 2003, 15: 1455-1458.

[102] Chen C H, Hsu L C, Rajamalli P, et al. Highly efficient orange and deep-red organic light emitting diodes with long operational lifetimes using carbazole-quinoline based bipolar host

materials. J Mater Chem C, 2014, 2: 6183-6191.

[103] Mei Q B, Wang L X, Guo Y H, et al. A highly efficient red electrophosphorescent iridium(III) complex containing phenyl quinazoline ligand in polymer light-emitting diodes. J Mater Chem, 2012, 22: 6878-6884.

[104] Zhu M, Zou J, Hu S, et al. Highly efficient single-layer white polymer light-emitting devices employing triphenylamine-based iridium dendritic complexes as orange emissive component. J Mater Chem, 2012, 22: 361-366.

[105] Cui L S, Liu Y, Liu X Y, et al. Design and synthesis of pyrimidine-based iridium(III) complexes with horizontal orientation for orange and white phosphorescent OLEDs. ACS Appl Mater Interf, 2015, 7: 11007-11014.

[106] Hudson Z M, Helander M G, Lu Z H, et al. Highly efficient orange electrophosphorescence from a trifunctional organoboron-Pt(II) complex. Chem Commun, 2011, 47: 755-757.

[107] Tseng C H, Fox M A, Liao J L, et al. Luminescent Pt(II) complexes featuring imidazolylidene-pyridylidene and dianionic bipyrazolate: From fundamentals to OLED fabrications. J Mater Chem C, 2017, 5: 1420-1435.

[108] Li M, Chen W H, Lin M T, et al. Near-white and tunable electrophosphorescence from bis[3,5-bis(2-pyridyl)-1,2,4-triazolato] platinum(II)-based organic light emitting diodes. Org Electron, 2009, 10: 863-870.

[109] Yuen M Y, Kui S C E, Low K H, et al. Synthesis, photophysical and electrophosphorescent properties of fluorene-based platinum(II) complexes. Chem Eur J, 2010, 16: 14131-14141.

[110] Kui S C, Hung F F, Lai S L, et al. Luminescent organoplatinum(II) complexes with functionalized cyclometalated C^N^C ligands: Structures, photophysical properties, and material applications. Chem Eur J, 2012, 18: 96-109.

[111] Zhu Z Q, Klimes K, Holloway S, et al. Efficient cyclometalated platinum(II) complex with superior operational stability. Adv Mater, 2017, 29: 1605002.

[112] O'Brien D F, Baldo M A, Thompson M E, et al. Improved energy transfer in electrophosphorescent devices. Appl Phys Lett, 1999, 74: 442-444.

[113] Su Y J, Huang H L, Li C L, et al. Highly efficient red electrophosphorescent devices based on iridium isoquinoline complexes: Remarkable external quantum efficiency over a wide range of current. Adv Mater, 2003, 15: 884-888.

[114] Tsuboyama A, Iwawaki H, Furugori M, et al. Homoleptic cyclometalated iridium complexes with highly efficient red phosphorescence and application to organic light-emitting diode. J Am Chem Soc, 2003, 125: 12971-12979.

[115] Okada S, Okinaka K, Iwawaki H, et al. Substituent effects of iridium complexes for highly efficient red OLEDs. Dalton Trans, 2005: 1583-1590.

[116] Yang C H, Tai C C, Sun I W. Synthesis of a high-efficiency red phosphorescent emitter for organic light-emitting diodes. J Mater Chem, 2004, 14: 947-950.

[117] Li Y, Zhang W, Zhang L, et al. Ultra-high general and special color rendering index white organic light-emitting device based on a deep red phosphorescent dye. Org Electron, 2013, 14: 3201-3205.

[118] Ho C L, Wong W Y, Gao Z Q, et al. Red-light-emitting iridium complexes with hole-transporting 9-arylcarbazole moieties for electrophosphorescence efficiency/color purity trade-off optimization. Adv Funct Mater, 2008, 18: 319-331.

[119] Zhou G J, Wong W Y, Yao B, et al. Triphenylamine-dendronized pure red iridium phosphors with superior OLED efficiency/color purity trade-offs. Angew Chem Int Ed, 2007, 46: 1149-1151.

[120] Zhu M, Li Y, Jiang B, et al. Efficient saturated red electrophosphorescence by using solution-processed 1-phenylisoquinoline-based iridium phosphors with peripheral functional encapsulation. Org Electron, 2015, 26: 400-407.

[121] Ding J, Gao J, Fu Q, et al. Highly efficient phosphorescent bis-cyclometalated iridium complexes based on quinoline ligands. Synth Met, 2005, 155: 539-548.

[122] Seo J H, Kim Y K, Kim Y S. New red electrophosphorescent organic light-emitting devices based on Ir(III) complex of 2,3,4-triphenylquinoline. Mol Cryst Liq Cryst, 2008, 491: 194-202.

[123] Park G Y, Ha Y. Red phosphorescent iridium(III) complexes containing 2,3-diphenylquinoline derivatives for OLEDs. Synth Met, 2008, 158: 120-124.

[124] Kim D H, Cho N S, Oh H Y, et al. Highly efficient red phosphorescent dopants in organic light-emitting devices. Adv Mater, 2011, 23: 2721-2726.

[125] Kim K H, Lee S, Moon C K, et al. Phosphorescent dye-based supramolecules for high-efficiency organic light-emitting diodes. Nat Commun, 2014, 5: 4769.

[126] Wu F I, Su H J, Shu C F, et al. Tuning the emission and morphology of cyclometalated iridium complexes and their applications to organic light-emitting diodes. J Mater Chem, 2005, 15: 1035-1042.

[127] Xiang H, Cheng J, Ma X, et al. Near-infrared phosphorescence: Materials and applications. Chem Soc Rev, 2013, 42: 6128-6185.

[128] Cao S, Hao L, Lai W Y, et al. Distinct phosphorescence enhancement of red-emitting iridium(III) complexes with formyl-functionalized phenylpyridine ligands. J Mater Chem C, 2016, 4: 4709-4718.

[129] Giridhar T, Saravanan C, Cho W, et al. An electron transporting unit linked multifunctional Ir(III) complex: A promising strategy to improve the performance of solution-processed phosphorescent organic light-emitting diodes. Chem Commun, 2014, 50: 4000-4002.

[130] Giridhar T, Han T H, Cho W, et al. An easy route to red emitting homoleptic Ir^{III} complex for highly efficient solution-processed phosphorescent organic light-emitting diodes. Chem Eur J, 2014, 20: 8260-8264.

[131] Fan C H, Sun P, Su T H, et al. Host and dopant materials for idealized deep-red organic electrophosphorescence devices. Adv Mater, 2011, 23: 2981-2985.

[132] Yang X, Sun N, Dang J, et al. Versatile phosphorescent color tuning of highly efficient borylated iridium(III) cyclometalates by manipulating the electron-accepting capacity of the dimesitylboron group. J Mater Chem C, 2013, 1: 3317-3326.

[133] Duan J P, Sun P P, Cheng C H. New iridium complexes as highly efficient orange-red emitters

in organic light-emitting diodes. Adv Mater, 2003, 15: 224-228.
[134] Liu X Y, Liang F, Yuan Y, et al. Utilizing 9,10-dihydroacridine and pyrazine-containing donor-acceptor host materials for highly efficient red phosphorescent organic light-emitting diodes. J Mater Chem C, 2016, 4: 7869-7874.
[135] Liu X, Yao B, Zhang Z, et al. Power-efficient solution-processed red organic light-emitting diodes based on an exciplex host and a novel phosphorescent iridium complex. J Mater Chem C, 2016, 4: 5787-5794.
[136] Feng Y, Li P, Zhuang X, et al. A novel bipolar phosphorescent host for highly efficient deep-red OLEDs at a wide luminance range of 1000~10 000 cd · m^{-2}. Chem Commun, 2015, 51: 12544-12547.
[137] Yang X, Xu X, Dang J S, et al. From mononuclear to dinuclear iridium(III) complex: Effective tuning of the optoelectronic characteristics for organic light-emitting diodes. Inorg Chem, 2016, 55: 1720-1727.
[138] Kwong R C, Sibley S, Dubovoy T, et al. Efficient, saturated red organic light emitting devices based on phosphorescent platinum(II) porphyrins. Chem Mater, 1999, 11: 3709-3713.
[139] Xiang H F, Chan S C, Wu K K Y, et al. High-efficiency red electrophosphorescence based on neutral bis(pyrrole)-diimine platinum(II) complex. Chem Commun, 2005: 1408-1410.
[140] Fukagawa H, Shimizu T, Hanashima H, et al. Highly efficient and stable red phosphorescent organic light-emitting diodes using platinum complexes. Adv Mater, 2012, 24: 5099-5103.
[141] Fleetham T, Li G, Li J. Efficient red-emitting platinum complex with long operational stability. ACS Appl Mater Interf, 2015, 7: 16240-16246.
[142] Chow P K, Cheng G, Tong G S M, et al. Luminescent pincer platinum(II) complexes with emission quantum yields up to almost unity: Photophysics, photoreductive C—C bond formation, and materials applications. Angew Chem Int Ed, 2015, 54: 2084-2089.
[143] Yang C J, Yi C, Xu M, et al. Red to near-infrared electrophosphorescence from a platinum complex coordinated with 8-hydroxyquinoline. Appl Phys Lett, 2006, 89: 233506.
[144] Hsu C W, Zhao Y, Yeh H H, et al. Efficient Pt(II) emitters assembled from neutral bipyridine and dianionic bipyrazolate: Designs, photophysical characterization and the fabrication of non-doped OLEDs. J Mater Chem C, 2015, 3: 10837-10847.
[145] Chang S Y, Kavitha J, Li S W, et al. Platinum (II) complexes with pyridyl azolate-based chelates: Synthesis, structural characterization, and tuning of photo- and electrophosphorescence. Inorg Chem, 2006, 45: 137-146.
[146] Kim K H, Liao J L, Lee S W, et al. Crystal organic light-emitting diodes with perfectly oriented non-doped Pt-based emitting layer. Adv Mater, 2016, 28: 2526-2532.
[147] Lu C Y, Jiao M, Lee W K, et al. Achieving above 60% external quantum efficiency in organic light-emitting devices using ITO-free low-index transparent electrode and emitters with peferential horizontal emitting dipoles. Adv Funct Mater, 2016, 26: 3250-3258.

（杨晓龙　周桂江　黄维扬）

第4章

金属有机光伏材料与器件

4.1 引言

随着人类社会文明的发展,世界各国对能源和环境问题越来越重视。太阳能是取之不尽用之不竭的绿色能源,因此,将太阳能转换成电能的太阳电池成为各国科学界研究的热点。目前研究和开发的太阳电池有基于无机半导体材料如单晶硅、多晶硅、CdTe 和 $CuInSe_2$ 等的电池以及基于有机材料的有机太阳电池。其中,无机太阳电池已实现了商业化,但因其器件制备成本高、笨重等缺点,大大限制了它们的大规模推广应用。近年来兴起的有机太阳电池具有成本低、质量轻、制作工艺简单、可制备成柔性器件等突出优点,被认为是未来解决能源危机的有效途径之一[1-4]。

图 4-1(a) 所示的是目前广泛使用的本体异质结有机太阳电池结构。它通常是由共轭聚合物(或小分子)给体(D)和富勒烯衍生物受体(A)的共混膜作为活性层夹在高功函透明正极(ITO)和低功函负极(Ca、Mg、Al 等)之间组成[5]。这种结构的电池器件光电转换过程主要包括吸收光子产生激子、激子扩散到 D/A 界面、激子在 D/A 界面处的电荷分离、电荷的传输和收集[图 4-1(b)][1]。这种 D/A 共混膜本体异质结有机太阳电池由于具有器件制备过程简单、激子电荷分离效率高和光伏能量转换效率高等突出优点,已经成为可溶液加工有机太阳电池的主流结构。

有机太阳电池的能量转换效率(power conversion efficiency,PCE)由开路电压(V_{oc})、短路电流密度(J_{sc})和填充因子(fill factor,FF)三者之间的乘积决定。设计高效给体材料需考虑以下必要条件[6-10]:①宽而强的可见-近红外区吸收(提高 J_{sc});②合适的 HOMO(最高占据分子轨道)和 LUMO(最低未占分子轨道)能级(提高 V_{oc} 和 FF);③高的空穴迁移率(提高 J_{sc} 和 FF)。当前有机太阳电池研究的焦点是提高器件光电能量转换效率。有机太阳电池效率的提高通常可通过给受体材料的

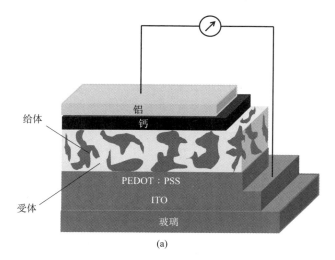

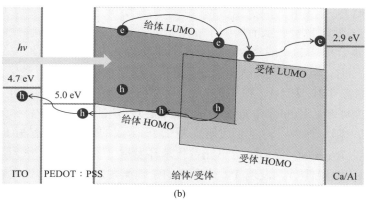

图 4-1 (a)本体异质结有机太阳电池器件结构示意图；(b)有机太阳电池光电转换过程

设计、活性层形貌的调控、器件界面的修饰等方法实现[1]。光敏活性层材料(给体材料和受体材料)的创新是提高有机太阳电池能量转换效率的最关键因素之一，使得单层器件结构的能量转换效率超过了 11%[11-14]。尽管近些年来有机太阳电池的能量转换效率取得了重大的突破，但相对于传统的无机太阳电池仍比较低，这也成为有机太阳电池大规模商业应用的瓶颈之一。因此，设计合成高效的活性层材料，尤其是给体材料(包括共轭聚合物给体材料和小分子给体材料)，是有机太阳电池研究的热点之一。

过去 20 多年，成千上万种高效有机共轭聚合物和小分子给体材料被开发设计出来，推动着有机太阳电池的发展。另外，在有机分子结构框架中引入重金属原子显著影响它们的光电性质[15]。含金属类给体材料在染料敏化电池的应用方面取得了重大的成功[16]。把金属原子引入有机分子结构以应用于有机太阳电池具有独特的优势[17]：①金属原子可以作为有机分子自组装排列的结构模板；②它们可以提供氧化还原活性和顺磁中心以利于电荷传输，从而大大改变有机 π 体系的电子和光学性质；③利用金属原子的 d 轨道和配体的分子轨道间的相互作用有效调节材料的 HOMO 和 LUMO 能级；④基于金属原子的分子架构具有配位数、构象以及价位的多样性。本章将重点介绍 Pt(Ⅱ)金属和 Zn 卟啉在有机太阳电池给体材料上的应用。

4.2 Pt(Ⅱ)炔金属类给体材料

4.2.1 聚合物给体材料

基于 Pt(Ⅱ)金属的芳炔类化合物，Pt 金属与炔单元共轭时，Pt 金属的 d 轨道与炔单元的 p 轨道重叠，从而增强了 π 电子的离域及沿主链的传输性能。增强的自旋-轨道耦合形成的三线态激子具有更长的寿命，从而有利于扩大激子的扩散长度[18,19]。同时，相对于类似结构的分子来说，基于 Pt(Ⅱ)的芳炔类化合物具有更好的溶解性（图 4-2，表 4-1，**P1**～**P32**），从而有利于溶液可加工制备电池器件[20]。

早在 1994 年，Köhler 等首次把基于 Pt(Ⅱ)乙炔的聚合物(**P1**)作为给体材料应用于有机太阳电池中[21]。他们发现，基于 Pt 金属的聚合物具有与 PPV 相类似的光伏性能。Reynolds 等用噻吩单元替代苯环发展了聚合物 **P2** 作为给体材料构建有机太阳电池器件[22]，发现 **P2** 聚合物的三线激发态对器件的效率有贡献，基于 **P2**∶PCBM(1∶4, w/w①)的器件在活性层膜厚 42 nm 条件下，PCE = 0.27%，V_{oc} = 0.64 V。在增加活性层膜厚时，器件的能量转换效率和填充因子都有下降，这是由于活性层的串联电阻的增加[23]。黄维扬等将噻吩-苯并噻二唑单元引入 Pt(Ⅱ)乙炔体系中，发展了窄带隙聚合物(**P3**)[24]。相比于经典的给体材料 P3HT，**P3** 具有更宽的吸收光谱，更低的 HOMO 能级，因此，基于 **P3**∶PCBM(1∶4, w/w)的电池器件短路电流密度和开路电压分别达到了 15.43 mA·cm^{-2} 和 0.82 V，能量转换效率更是达到了 4.93%。Reynolds 等将 EDOT 单元替换了 **P3** 中的噻吩单元发展了聚合物 **P4**[25]。与 **P3** 相比，**P4** 具有更强的给-受电子单元的相互作用力，有利于增强主链结构的 π 电子离域，从而具有更为红移的吸收光谱。但是由于低的空穴迁移率，基于 **P4** 的电池器件只取得了 0.78%的能量转换效率。

---

① w/w 表示质量比。

第4章 金属有机光伏材料与器件

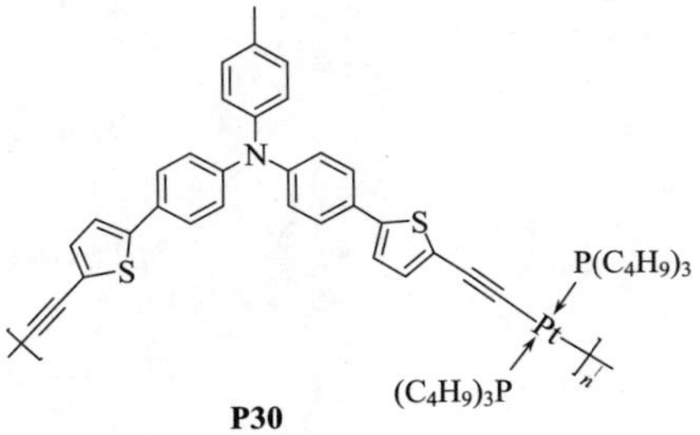

图 4-2 基于 Pt(Ⅱ)类聚合物给体材料化学结构

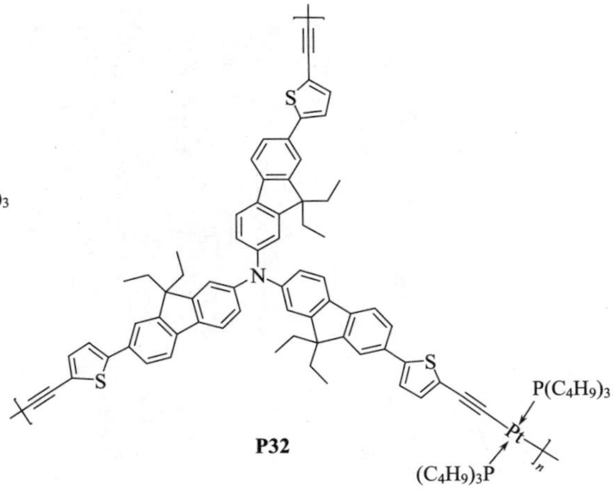

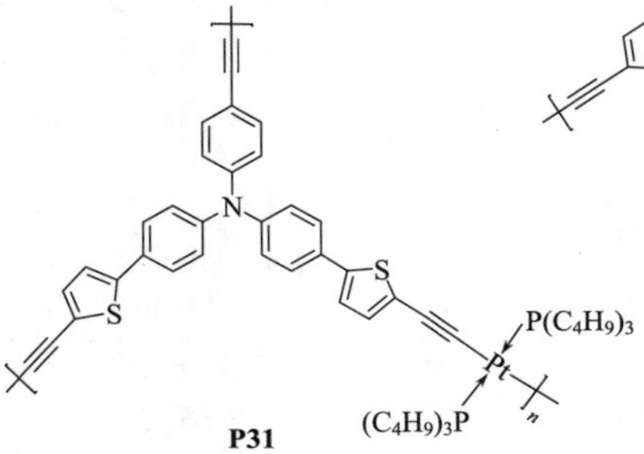

表 4-1 图 4-2 所示共聚物的吸收特性和光伏特性总结

聚合物	HOMO 能级/eV	LUMO 能级/eV	带隙 /eV	开路电压 /V	短路电流密度 /(mA·cm^{-2})	填充因子	能量转换效率/%	参考文献
P2	—	—	—	0.64	0.99	0.43	0.27	[22]
P3	−5.37	−3.14	1.85	0.82	15.43	0.39	4.93	[24]
P4	−5.53	−3.63	1.84	0.50	4.56	0.35	0.78	[25]
P5	−5.19	−2.95	1.97	0.66	2.99	0.34	0.68	[26]
P6	−4.82	−3.11	1.54	0.52	2.71	0.26	0.36	[26]
P7	−4.98	−3.21	1.49	0.39	0.25	0.17	0.02	[26]
P8	−4.96	−3.03	1.66	0.53	2.14	0.28	0.32	[26]
P9	−5.44	−3.96	1.50	0.52	2.61	0.31	0.42	[27]
P10	−5.46	−3.96	1.50	0.55	2.04	0.34	0.37	[28]
P11	−5.40	−3.89	1.47	0.50	2.90	0.38	0.56	[28]
P12	−5.18	−3.34	1.84	0.84	7.33	0.39	2.69	[29]
P13	−5.12	−3.30	1.82	0.81	8.67	0.51	3.76	[29]
P14	−5.14	−3.33	1.81	0.79	9.61	0.49	4.13	[29]
P15	−5.91	−3.51	2.46	0.73	0.91	0.32	0.21	[30]
P16	−5.82	−3.64	2.28	0.83	2.33	0.39	0.76	[30]

续表

聚合物	HOMO 能级/eV	LUMO 能级/eV	带隙 /eV	开路电压 /V	短路电流密度 /(mA·cm^{-2})	填充因子	能量转换效率/%	参考文献
P17	−5.79	−3.69	2.22	0.81	6.93	0.38	2.14	[30]
P18	−5.71	−3.65	2.19	0.88	6.50	0.44	2.50	[30]
P19	−5.88	−3.86	2.93	0.74	1.22	0.37	0.33	[31]
P20	−5.85	−3.87	2.60	0.95	2.50	0.58	1.36	[31]
P21	−5.79	−3.87	2.43	0.94	4.05	0.56	2.11	[31]
P22	−5.73	−3.89	2.33	0.89	6.59	0.41	2.41	[31]
P23	−5.57	−3.88	1.53	0.71	1.65	0.29	0.34	[32]
P24	−5.44	−3.89	1.44	0.68	3.15	0.34	0.74	[32]
P28	−5.56	−2.87	2.66	0.76	3.70	0.37	1.03	[34]
P29	−5.51	−3.00	2.52	0.78	4.00	0.39	1.27	[34]
P30	−5.50	−2.78	2.72	0.74	2.99	0.38	0.83	[35]
P31	−5.49	−2.81	2.68	0.76	4.79	0.44	1.60	[35]
P32	−5.67	−3.08	2.59	0.82	4.09	0.53	1.78	[35]

Tzu 等基于 **P4** 聚合物，引入了不同吸电子能力单元取代苯并噻二唑单元，发展了一系列光学带隙在 1.49~1.97 eV 范围的 Pt(Ⅱ)乙炔类聚合物(图 4-2)[26]。基于 **P5~P8** 的电池器件的开路电压在 0.39~0.66 V 之间。其中，基于 **P7** 的器件开路电压只有 0.39 V，这主要是因为 **P7** 较低的相对分子质量、电离电势和较差的 p 型半导体性能。**P5~P8** 的器件短路电流密度在 0.25~2.99 mA·cm^{-2} 之间，填充因子在 0.17~0.34 之间。低的短路电流密度和填充因子主要是由于较差的激子分离和传输速度。黄维扬等报道了与 **P7** 非常相似的聚合物 **P9**[27]。由于引入了两条烷氧链，**P9** 的吸收光谱进一步红移，光学带隙为 1.50 eV。基于 **P9** 的器件取得了 0.42%的能量转换效率。他们还对比研究了在噻吩环上引入烷基链对光伏性能的影响(图 4-2，**P10**，**P11**)[28]。噻吩单元上引入烷基链，**P11** 的吸收光谱比 **P10** 更红移，具有更低的光学带隙。基于 **P11** 的器件取得了 0.56%的能量转换效率，高于基于 **P10** 的器件效率(0.37%)[28]。Jen 等将 **P3** 中的噻吩单元替换成并噻吩单元，并系统研究了不同烷基链对这类聚合物的影响(**P12~P14**)[29]。**P12~P14** 的光学带隙在 1.81~1.84 eV 之间，都小于 **P3** 的光学带隙。与 **P3** 相比，**P12** 表现出了更高的空穴迁移率，能量转换效率为 2.69%。基于 **P13** 器件的短路电流密度和填充因子分别为 8.67 mA·cm^{-2} 和 0.51，能量转换效率达到了 3.76%。将 **P3** 中 Pt 上取代的碳链由丁烷改为更短的乙烷侧链，不仅有效地提高了空穴迁移率，还明显降低了分子间的空间位阻，因此基于 **P14** 的器件其能量转换效率达到了 4.13%[29]。

黄维扬等报道了基于噻唑受体单元的强吸收 Pt 类聚合物 **P15**~**P18**[30]。他们发现，主链上噻吩单元个数的增加有效拓宽了聚合物的吸收光谱，空穴迁移率也有效提高，从而提高了器件的光伏性能。其中，基于 **P17** 和 **P18** 的器件能量转换效率分别达到了 2.14%和 2.50%。将 **P15**~**P18** 的中心单元换成芴单元，得到的聚合物（**P19**~**P22**）也表现出了类似的性质趋势：**P19** 和 **P20** 的迁移率比 **P21** 和 **P22** 的差[31]。因此，基于 **P21** 和 **P22** 的器件表现出了更高的能量转换效率，分别为 2.11%和 2.41%。随后，黄维扬等报道了空气稳定的窄带隙（1.44~1.53 eV）Pt(Ⅱ)聚合物（**P23** 和 **P24**）[32]。在聚合物主链中引入羰基和引入噻吩环有效地扩宽了聚合物的吸收光谱。基于 **P24** 的器件其稳定性和能量转换效率（PCE = 0.74%）都优于基于 **P23** 的器件（PCE = 0.34%）。黄维扬等还报道了基于吡咯并吡咯二酮和异靛单元的 Pt(Ⅱ)聚合物 **P25** 和 **P26**[33]。这两个蓝黑色的聚合物的光学带隙在 1.58~1.70 eV 之间，并且在可见光区具有很强的吸收光谱，是潜在的可用于聚合物太阳电池的给体材料。

黄维扬等报道了基于强给电子单元吩噻嗪类聚合物 **P27**~**P29**[34]，**P28** 及 **P29** 的器件效率在 1.03%~1.27%之间。因为杂原子芳环的存在抑制了 Pt(Ⅱ)的作用，这三个聚合物都没有表现出磷光现象。因为主链上噻吩单元个数的增加，**P29** 的吸收光谱比 **P28** 的更强，并且电子和空穴迁移率也得到了提高。黄维扬等报道了一系列基于三苯胺的三维结构 Pt(Ⅱ)类聚合物（**P30**~**P32**）[35]。这三个聚合物的主链结构因为缺乏 D-A 单元的推拉电子相互作用，因此它们的光学带隙比较大，在 2.59~2.72 eV 之间。聚合物 **P30**~**P32**，随着三苯胺臂上 Pt(Ⅱ)单元的增加，器件的开路电压从 0.74 V 提高到 0.82 V，填充因子也从 0.38 提高到 0.53。基于 **P32** 的器件效率达到了 1.78%，高于基于 **P30** 和 **P31** 的器件效率（0.83%和 1.60%）。

4.2.2 小分子给体材料

相对于聚合物给体材料来说，小分子给体材料具有化学结构确定、合成批次重复性好等优点，近些年来引起了广泛的研究兴趣，基于小分子给体材料的有机太阳电池能量转换效率已经超过 10%[36-41]。Fréchet 等报道了以苯并噻二唑为核的基于 Pt(Ⅱ)的小分子给体材料（**M1**~**M3**，图 4-3，表 4-2）。**M1**~**M3** 在可见光区具有宽而强的吸收光谱，光学带隙为 1.90 eV。增加主链上噻吩单元的个数，有效红移了吸收光谱，但是对它们的空穴迁移率影响很小。基于 **M2** 器件的开路电压和能量转换效率都是三个材料中最高的，分别达到 0.82 V 和 3.00%[41]。崔超华和黄维扬等报道了一系列以 Pt(Ⅱ)为中心单元、以 A-D 为共轭双臂的小分子给体材料（**M4**~**M7**）[42]。他们通过引入不同类型的吸电子尾端单元，有效地调节了分子的吸收光谱和 HOMO 能级。**M4**~**M7** 具有宽而强的吸收光谱，尤其是具有较低的 HOMO 能级，这有利于获得高的开路电压。除了 **M6** 因成膜性不好导致器件性能较差外，基于 **M4**、**M5** 和 **M7** 的器件开路电压都在 0.9 V 以上。Yang Qin 等报道了一些具有非常规的滚轮形结构的新型 Pt(Ⅱ)小分子(**M8**~**M10**)，这种结构中相邻发色团之间通过滑移堆积方式部分重叠，从而达到更高的结晶度和电荷迁移率[43,44]。基于 **M9** 的器件能量转换效率达到了 5.60%，这是迄今报道的基于 Pt(Ⅱ)炔金属小分子给体材料的最高效率。

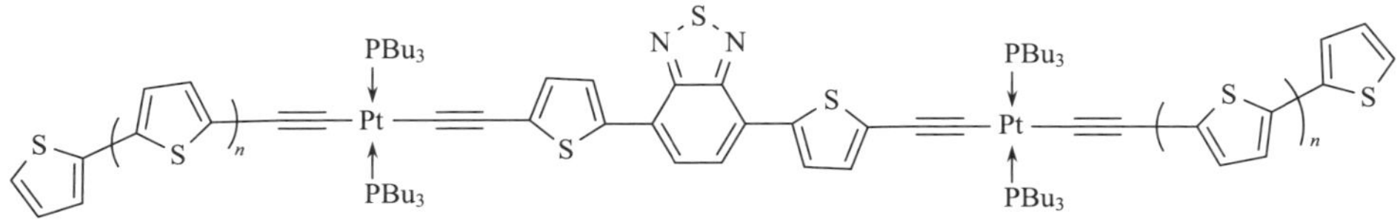

M1 n=1　**M2** n=2　**M3** n=3

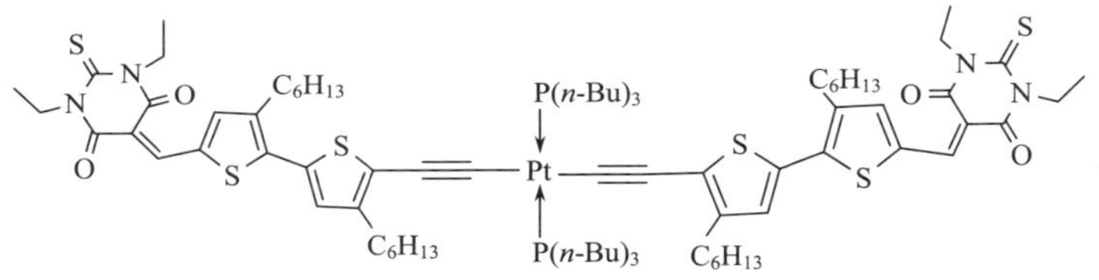

M4

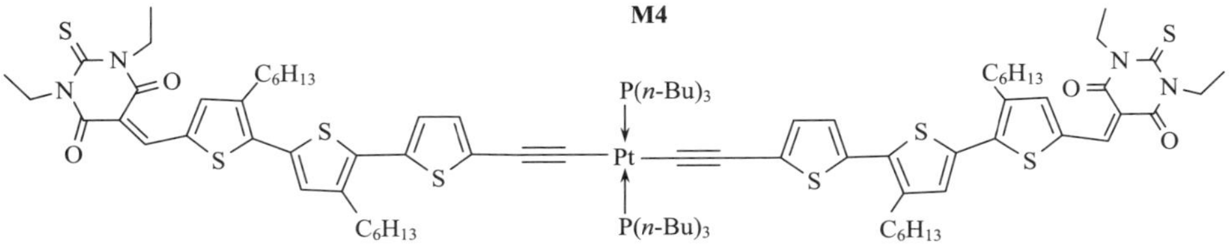

M5

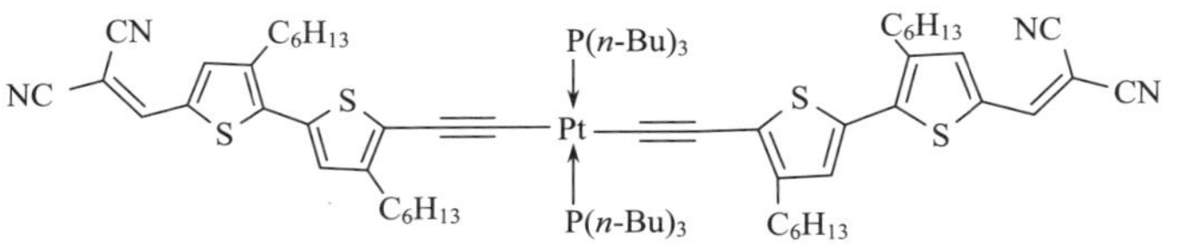

M6

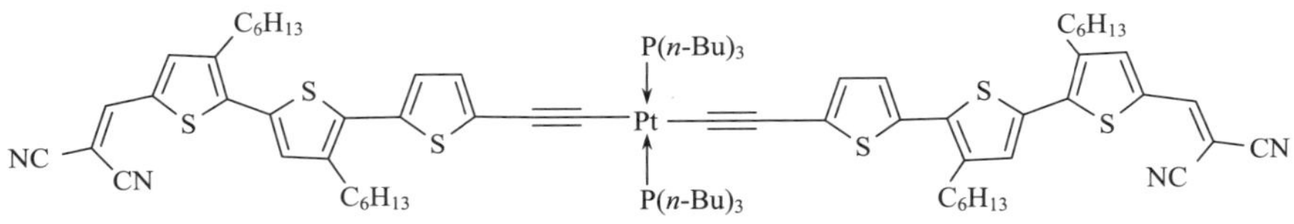

M7

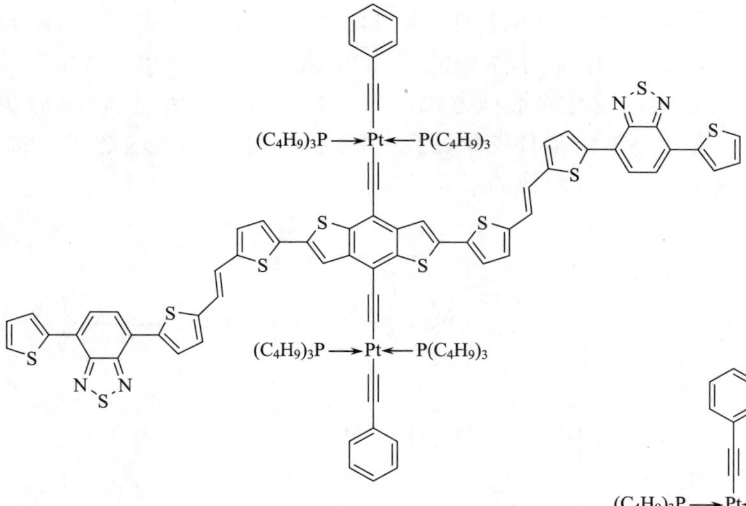

M8

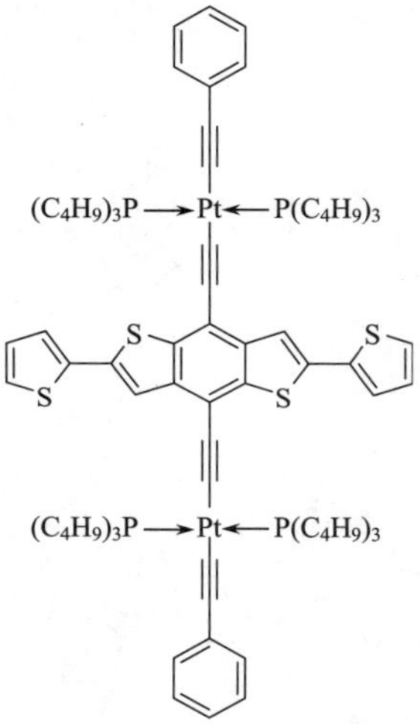

M10

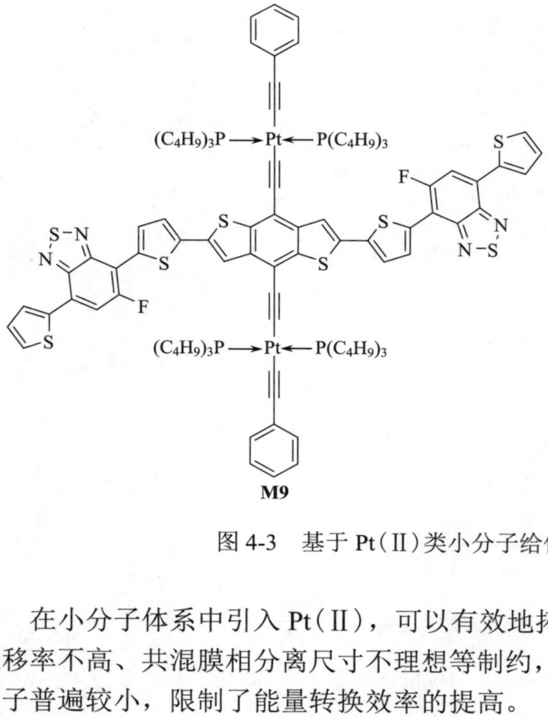

M9

图 4-3　基于 Pt(Ⅱ)类小分子给体材料化学结构

在小分子体系中引入 Pt(Ⅱ)，可以有效地拓宽材料的吸收光谱。但是，由于迁移率不高、共混膜相分离尺寸不理想等制约，这类材料的短路电流密度和填充因子普遍较小，限制了能量转换效率的提高。

表 4-2 图 4-3 所示嵌段共聚物的吸收特性和光伏特性总结

分子	HOMO 能级/eV	LUMO 能级/eV	带隙/eV	开路电压/V	短路电流密度/(mA·cm^{-2})	填充因子	能量转换效率/%	参考文献
M1	−5.29	−3.35	1.90	0.71	7.91	0.42	2.30	[41]
M2	−5.28	−3.38	1.90	0.82	8.54	0.43	3.00	[41]
M3	−5.29	−3.38	1.90	0.73	7.66	0.40	2.20	[41]
M4	−5.40	−3.50	1.76	0.91	3.61	0.28	0.88	[42]
M5	−5.37	−3.49	1.69	0.93	5.89	0.29	1.59	[42]
M6	−5.39	−3.56	1.88	0.60	1.22	0.34	0.17	[42]
M7	−5.27	−3.57	1.91	0.92	4.88	0.33	1.56	[42]
M8	−4.90	−3.20	1.97	0.79	11.2	0.36	3.20	[44]
M9	−5.0	−3.20	1.94	0.82	11.9	0.57	5.60	[43,44]
M10	—	—	2.53	0.35	0.06	0.50	0.01	[44]

4.3 Zn 卟啉炔金属类给体材料

4.3.1 聚合物给体材料

卟啉环有 26 个 π 电子，是一个高度共轭的体系，因此，卟啉及其衍生物应用在有机光伏材料上具有独特的性质[45]。卟啉类材料具有的平整大平面共轭结构能增强 π 电子离域和提升分子间 π-π 相互作用。这类材料在蓝光(Soret 带)和红光(Q 带)区域具有非常强的摩尔吸收系数，同时它们的光学、电化学性质可以通过改变金属中心原子来调整改变[46-49]。

薄志山等报道了基于锌卟啉的聚合物给体材料(P33 和 P34，图 4-4，表 4-3)。共轭主链上以单键相连的聚合物 P33 比碳碳三键相连的 P34 具有更高的相对分子质量和更好的热稳定性。归因于更强的聚集和分子间的相互作用力，P34 的空穴迁移率比 P33 的更高。基于 P34 的器件能量转换效率为 0.30%，比基于 P33 的器件能量转换效率(0.06%)高[50]。

Chain-Shu Hsu 等在随机单元共轭聚合物侧链上引入了锌卟啉单元(P36 和 P37)[51]。P36 和 P37 具有良好的溶解性和宽而强的吸收光谱。与基于 P35 的器件相比(PCE = 6.80%)，基于 P37 器件的短路电流密度和填充因子大幅度提高，能量转换效率达到了 8.60%。这些结果有效地证明了可以通过在共轭聚合物结构中合理引入锌卟啉单元，大幅度提升材料的光伏性能。

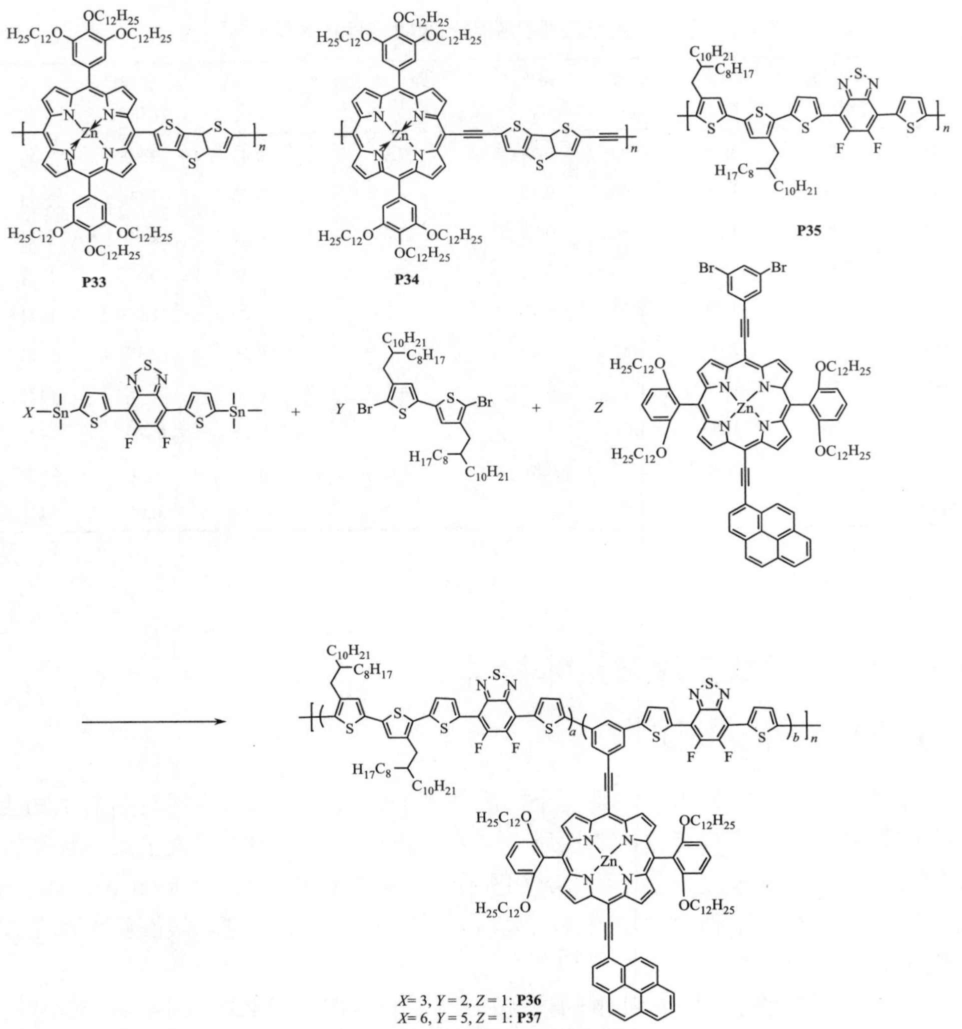

图 4-4 基于锌卟啉类聚合物给体材料化学结构

表 4-3 图 4-4 所示共聚物的吸收特性和光伏特性总结

聚合物	HOMO 能级/eV	LUMO 能级/eV	带隙 /eV	开路电压 /V	短路电流密度 /(mA·cm^{-2})	填充因子	能量转换效率/%	参考文献
P33	−5.5	−3.6	—	0.45	0.45	0.29	0.06	[50]
P34	−5.2	−3.3	—	0.58	1.52	0.34	0.30	[51]
P35	−5.54	−3.68	1.65	0.77	13.5	0.66	6.80	[51]
P36	−5.29	−3.31	1.65	—	—	—	—	[51]
P37	−5.30	−3.31	1.63	0.77	16.1	0.70	8.60	[51]

4.3.2 小分子给体材料

Vijay 等报道了基于锌卟啉的窄带隙(约 1.58 eV)A-π-D-π-A 小分子给体材料 **M11**[52](图 4-5,表 4-4)。**M11** 的吸收光谱非常宽,已经达到了近红外区域。同时,主链上引入乙炔而拓展的 π 共轭使得噻吩单元与卟啉的共平面性更强。基于 **M11** 的器件能量转换效率最高达到 5.24%。Lu 等报道了基于 D-π-A 结构的小分子 **M12** 和 **M13**[53]。他们通过改变尾端连接基团调控分子的能级与吸收光谱。基于 **M12** 和 **M13** 的器件分别取得了 7.75%和 6.09%的能量转换效率。

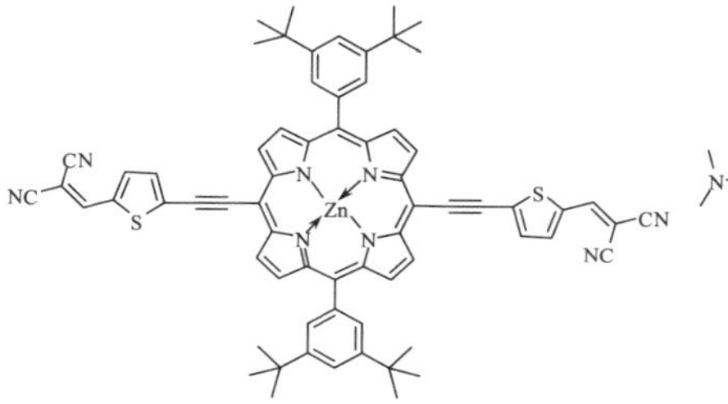

M11

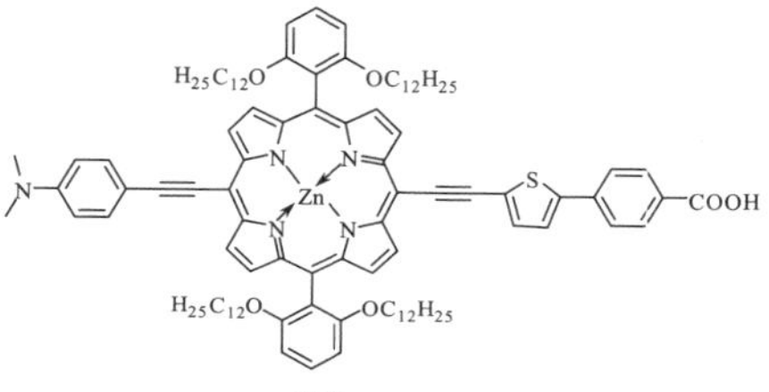

M12

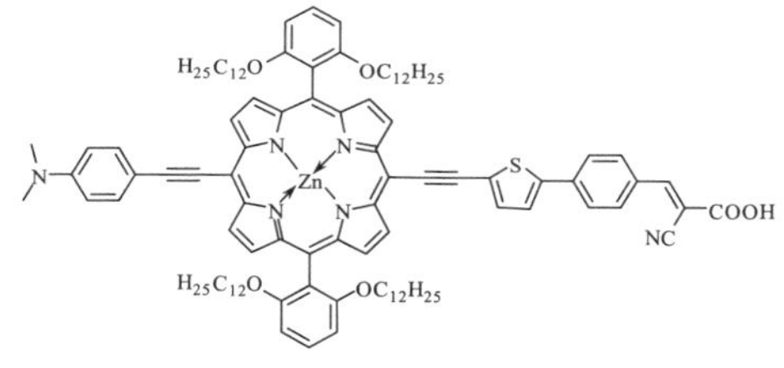

M13

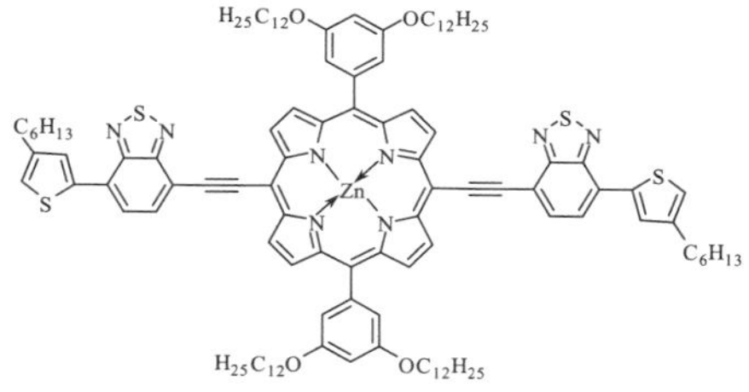

M14

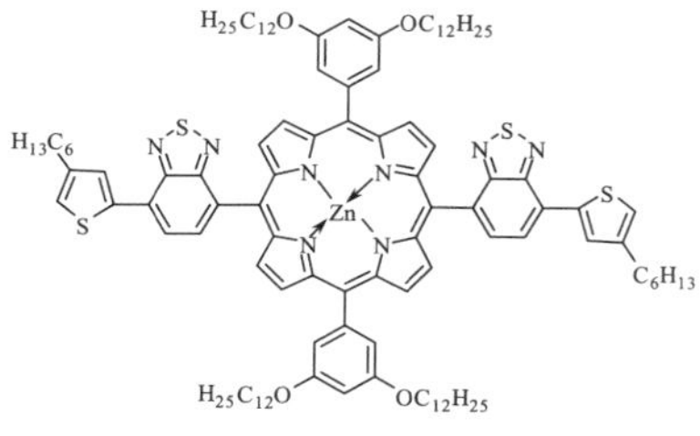

M15

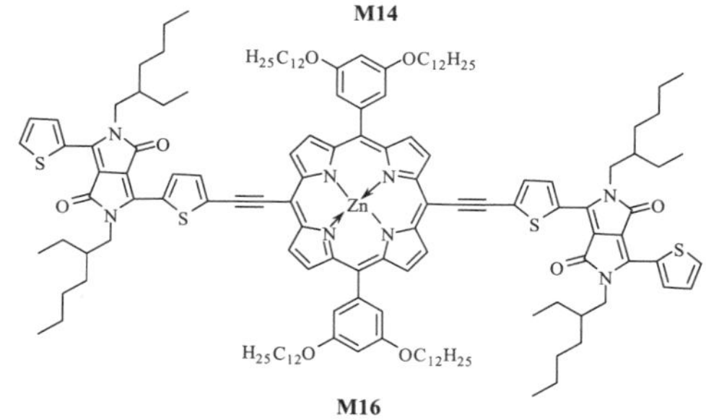

M16

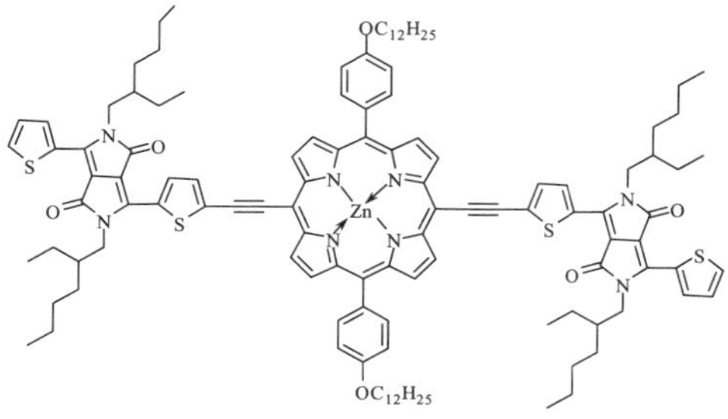

M17

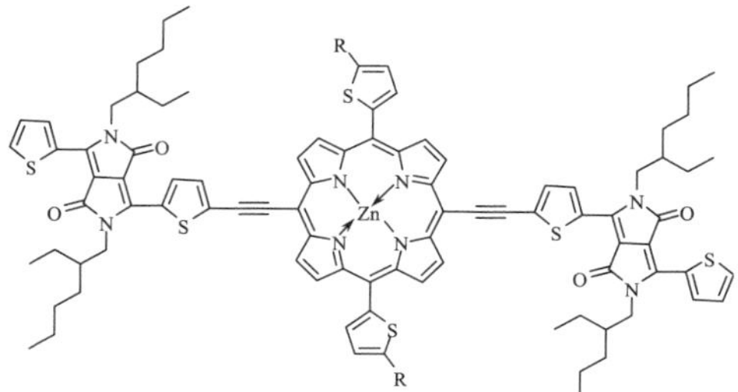

M18: R = 2-乙基己基 **M19**: R = 丁基辛基
M20: R = 己基癸基

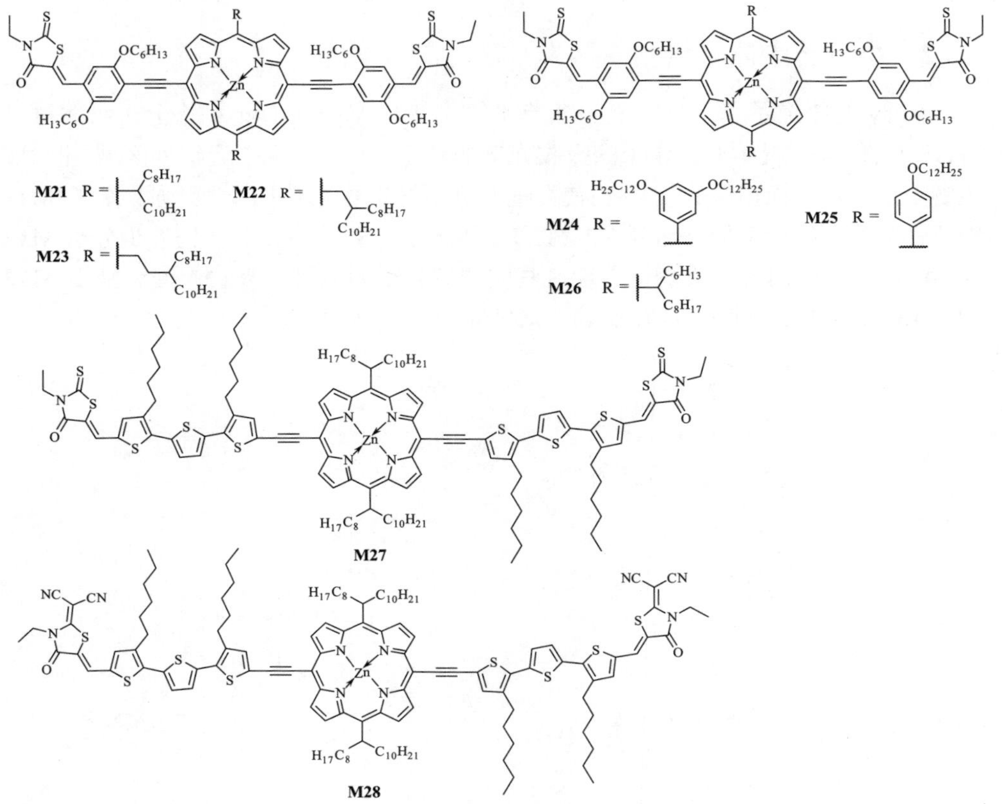

图 4-5　基于锌卟啉类小分子给体材料化学结构

表 4-4　图 4-5 所示共聚物的吸收特性和光伏特性总结

分子	HOMO 能级/eV	LUMO 能级/eV	带隙/eV	开路电压/V	短路电流密度/(mA·cm^{-2})	填充因子	能量转换效率/%	参考文献
M11	−5.44	−3.66	1.58	0.88	10.64	0.56	5.24	[52]
M12	−4.815	−3.010	1.818	0.81	12.66	0.75	7.75	[53]
M13	−4.816	−2.976	−1.805	0.76	10.66	0.74	6.09	[53]
M14	−5.2	−3.9	1.3	0.85	9.46	0.50	4.02	[54]
M15	—	—	—	0.88	2.81	0.287	0.71	[54]
M16	−5.18	−3.39	—	0.80	11.88	0.502	4.78	[55]
M17	−5.07	−3.60	1.36	0.71	16.00	0.637	7.23	[56]
M18	−5.19	−3.82	1.37	0.74	17.50	0.646	8.36	[57]
M19	−5.23	−3.86	1.37	0.73	19.58	0.634	9.06	[57]
M20	−5.24	−3.87	1.37	0.73	17.23	0.655	8.24	[57]

续表

分子	HOMO 能级/eV	LUMO 能级/eV	带隙/eV	开路电压/V	短路电流密度/(mA·cm^{-2})	填充因子	能量转换效率/%	参考文献
M19	−5.23	−3.86	1.37	1.625	12.05	0.627	12.50	[58]
M21	−5.12	−3.55	1.50	0.90	13.72	0.521	6.49	[59]
M22	−5.14	−3.55	1.55	0.85	6.29	0.479	2.53	[59]
M23	−5.17	−3.54	1.54	0.87	10.50	0.569	5.12	[59]
M24	−5.19	−3.59	1.59	0.90	7.20	0.481	3.21	[60]
M25	−5.15	−3.60	1.57	0.90	10.14	0.556	5.07	[60]
M26	−5.12	−3.52	1.59	0.91	13.32	0.636	7.70	[60]
M27	−5.14	−3.56	1.52	0.80	14.93	0.642	7.66	[61]
M28	−5.17	−3.63	1.45	0.82	14.30	0.70	8.21	[61]

彭小彬等报道了以苯并二噻唑为尾端基团的卟啉类小分子给体材料 **M14** 和 **M15**[54]。得益于苯并二噻唑单元强大的吸电子能力，这两个分子在可见光区具有强而宽的吸收光谱，**M14** 的光学带隙为 1.3 eV。基于 **M14** 的器件得到 V_{oc} = 0.85 V，J_{sc} = 9.46 mA·cm^{-2}，FF = 0.50，能量转换效率达到了 4.02%。随后，他们用吡咯二酮取代苯并二噻唑，发展了新的窄带隙小分子给体材料 **M16**[55]。与 **M15** 相比，基于 **M16** 的器件短路电流密度提高到 11.88 mA·cm^{-2}，能量转换效率进一步提高到 4.78%。在此基础上，他们继续优化了卟啉取代基上烷基链的取代位置合成了小分子给体 **M17**，通过减小分子的空间位阻，大幅度提高了器件的短路电流密度和填充因子，能量转换效率达到了 7.23%[56]。彭小彬等进一步研究了一系列基于卟啉和吡咯二酮的 D-A-D 型的共轭小分子给体材料 (**M18**~**M20**)[57]。**M18**~**M20** 在 300~900 nm 具有宽而广的吸收光谱。同时，侧链的选择系统性影响材料的结晶性能、相分离以及器件的性能。通过活性层的优化，基于 **M19** 器件的短路电流密度达到了 19.58 mA·cm^{-2}，能量转换效率达到了 9.06%。陈永胜等将 **M19** 作为活性层用在全小分子叠层器件上，能量转换效率达到 12.50%，认证效率达到了 12.70%[58]。

朱训进和黄维扬等报道了不同侧链长度取代的 A-D-A 型小分子给体材料 **M21**~**M23**[59]。**M21**~**M23** 的光学带隙在 1.50~1.55 eV 之间，烷基链长度的不同，影响分子间的相互作用，从而影响它们的吸收光谱。这三个给体材料中，基于 **M21** 器件取得了最高的能量转换效率，达到了 6.49%。随后，他们对比研究了卟啉单元上不同类型取代基对这类材料光伏性能的影响，发展了新型给体小分子材料 **M24**~**M26**[60]。结果表明，卟啉环上不同的取代基，影响着分子间的相互作用。基于 **M26** 的器件取得了最佳的器件性能，能量转换效率达到了 7.70%。朱训进和黄维扬等报道了基于卟啉核、具有不同尾端吸电子基团的小分子给体材料 **M27** 和 **M28**[61]。**M27** 和 **M28** 具有宽而广的吸收光谱和理想的 HOMO 能级，基于这两个分子的器件开路电压都在 0.80 V 以上。其中，基于 **M28** 的器件填充因子达到了 0.70，短路电流密度为 14.30 mA·cm^{-2}，能量转换效率达到了 8.21%。

4.4　场效应晶体管

近年来，可溶液加工的聚合物半导体材料越来越吸引人们的注意，因为它们可以实现成本相对较低的卷对卷印刷和喷墨印刷[62]。特别是金属炔化物，由于其具有良好的结构修饰能力和相对较高的电荷迁移率，在有机场效应晶体管（OFET）领域引起越来越多的关注。Jen 及其同事报道了一系列无定形的 Pt(Ⅱ)聚合物 **P12**~**P14**（图 4-2），在 **P12** 中引入刚性较强的并噻吩结构单元后，空穴迁移率（μ_h）为 1.5×10^{-3} cm^2·V^{-1}·s^{-1}。通过在 **P13** 和 **P14** 中的并噻吩结构单元上加入烷基链，空穴迁移率进一步提高至 1.0×10^{-2} cm^2·V^{-1}·s$^{-1[29]}$。空穴迁移率的提高揭示了刚性的结构可以促进 D 和 A 单元之间沿聚合物主链的电子耦合，并增强了聚合物电荷传输性质。除此之外，具有低聚噻吩-噻唑并噻唑骨架的 **P38** 和 **P39** 也具有比较高的场效应载流子迁移率[63]（图 4-6）。随着中心单元噻唑并噻唑环两侧噻吩数量的增加，共轭链长度逐渐延长，聚合物的空穴迁移率显著增加。基于 **P39** 聚合物的场效应晶体管显示出典型的 p 型半导体行为，并且最大空穴迁移率达到了 2.8×10^{-2} cm^2·V^{-1}·s^{-1}，这是相关体系文献报道的最高值之一。这些新型共轭材料具备的较高空穴迁移率为溶液加工的 OFET 带来了新的机遇。

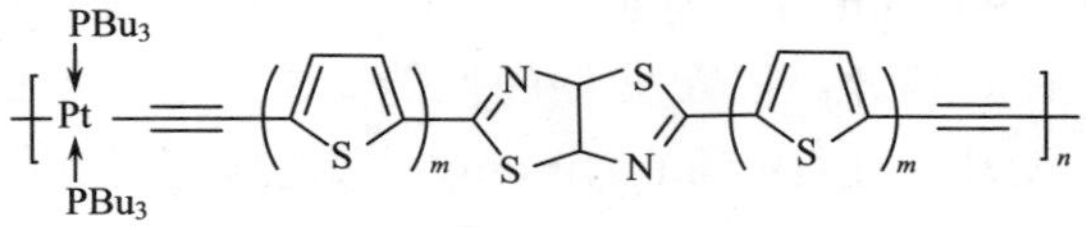

P38 $m=1$；**P39** $m=2$

图 4-6　基于 Pt 类聚合物结构式

4.5　小结

综上，在有机分子结构框架中引入重金属原子，运用金属原子独特的性质来调节材料的物理化学性质，从而改善材料光伏性能，这为设计新型有机太阳电池给体材料提供了新视角。例如，锌卟啉的引入，可以极大限度地扩宽材料的吸收光谱。近些年报道的锌卟啉类给体材料的能量转换效率已经超过了 8%。我们可以预见这类材料在有机光伏领域的发展，特别是在叠层器件上的发展。

参 考 文 献

[1] Li G, Zhu R, Yang Y. Polymer solar cells. Nat Photonics, 2012, 6: 153-161.
[2] Kumar P, Chand S. Recent progress and future aspects of organic solar cells. Prog Photovolt: Res Appl, 2012, 20: 377-415.
[3] Brabec C J, Gowrisanker S, Hall J J M, et al. Polymer-fullerene bulk-heterojunction solar cells. Adv Mater, 2010, 22: 3839-3856.
[4] Forrest S R. The path to ubiquitous and low-cost organic electronic appliances on plastic. Nature, 2004, 428: 911-918.
[5] Yu G, Gao J, Hummelen J C, et al. Polymer photovoltaic cells: Enhanced efficiencies via a network of internal donor-acceptor heterojunctions. Science, 1995, 270: 1789-1791.
[6] Li Y. Molecular design of photovoltaic materials for polymer solar cells: Toward suitable electronic energy levels and broad absorption. Acc Chem Res, 2012, 45: 723-733.
[7] Dou L, Liu Y, Hong Z, et al. Low-bandgap near-IR conjugated polymers/molecules for organic electronics. Chem Rev, 2015, 115: 12633-12665.
[8] Ye L, Zhang S, Huo L, et al. Molecular design toward highly efficient photovoltaic polymers based on two-dimensional conjugated benzodithiophene. Acc Chem Res, 2014, 47: 1595-1603.
[9] Coughlin J E, Henson Z B, Welch G C, et al. Design and synthesis of molecular donors for solution-processed high-efficiency organic solar cells. Acc Chem Res, 2013, 47: 257-270.
[10] Yao H, Ye L, Zhang H, et al. Molecular design of benzodithiophene-based organic photovoltaic materials. Chem Rev, 2016, 116: 7397-7457.
[11] Bin H, Gao L, Zhang Z, et al. 11.4% Efficiency non-fullerene polymer solar cells with trialkylsilyl substituted 2D-conjugated polymer as donor. Nat Commun, 2016, 7: 13651-13662.
[12] Zhao W, Li S, Zhang S, et al. Ternary polymer solar cells based on two acceptors and one donor for achieving 12.2% efficiency. Adv Mater, 2016, 29: 1604059-1604066.
[13] Zhao W, Qian D, Zhang S, et al. Fullerene-free polymer solar cells with over 11% efficiency and excellent thermal stability. Adv Mater, 2016, 28: 4734-4739.
[14] Zhao J, Li Y, Yang G, et al. Efficient organic solar cells processed from hydrocarbon solvents. Nat Energy, 2016, 1: 15027-15034.
[15] Manners I. Synthetic Metal-Containing Polymers. Weinham: Wiley, 2004.
[16] Grätzel M. Solar energy conversion by dye-sensitized photovoltaic cells. Inorg Chem, 2005, 44: 6841-6851.
[17] Wong W Y, Ho C L. Organometallic photovoltaics: A new and versatile approach for harvesting solar energy using conjugated polymetallaynes. Acc Chem Res, 2010, 43: 1246-1256.
[18] Liu Y, Jiang S, Glusac K, et al. Photophysics of monodisperse platinum-acetylide oligomers:

Delocalization in the singlet and triplet excited states. J Am Chem Soc, 2012, 124: 12412-12413.

[19] Ho C L, Wong W Y. Charge and energy transfers in functional metallophosphors and metallopolyynes. Chem Rev, 2013, 257: 1614-1649.

[20] Wong W Y. Metallopolyyne polymers as new functional materials for photovoltaic and solar cell applications. Macromol Chem Phys, 2008, 209: 14-24.

[21] Köhler A, Wittmann H F, Friend R H, et al. The photovoltaic effect in a platinum poly-yne. Synth Met, 1994, 67: 245-249.

[22] Guo F, Kim Y G, Reynolds G R, et al. Platinum-acetylide polymer based solar cells: Involvement of the triplet state for energy conversion. Chem Commun, 2006, (17): 1887-1889.

[23] Wolf M, Rauschenbach H. Series resistance effects on solar cell measurements. Adv Energy Conv, 1963, 3: 455-479.

[24] Wong W Y, Wang X Z, He Z, et al. Metallated conjugated polymers as a new avenue towards high-efficiency polymer solar cells. Nat Mater, 2007, 6: 521-527.

[25] Mei J, Ogawa K, Kim Y G, et al. Low-band-gap platinum acetylide polymers as active materials for organic solar cells. ACS Appl Mater Interf, 2009, 1: 150-161.

[26] Wu P T, Bull T, Kim F S, et al. Organometallic donor-acceptor conjugated polymer semiconductors: Tunable optical, electrochemical, charge transport, and photovoltaic properties. Macromolecules, 2009, 42: 671-681.

[27] Wang X Z, Ho C L, Yan L, et al. Synthesis, characterization and photovoltaic behavior of a very narrow-bandgap metallopolyyne of platinum: Solar cells with photocurrent extended to near-infrared wavelength. J Organomet Polym Mater, 2010, 20: 478-487.

[28] Wang X Z, Wong W Y, Cheung K Y, et al. Polymer solar cells based on very narrow-bandgap polyplatinynes with photocurrents extended into the near-infrared region. Dalton Trans, 2008, (40): 5484-5494.

[29] Baek N S, Hau S K, Yip H P, et al. High performance amorphous metallated π-conjugated polymers for field-effect transistors and polymer solar cells. Chem Mater, 2008, 20: 5734-5736.

[30] Wong W Y, Wang X Z, He Z, et al. Tuning the absorption, charge transport properties, and solar cell efficiency with the number of thienyl rings in platinum-containing poly(aryleneethynylene)s. J Am Chem Soc, 2007, 129: 14372-14380.

[31] Liu L, Ho C L, Wong W Y, et al. Effect of oligothienyl chain length on tuning the solar cell performance in fluorene-based polyplatinynes. Adv Funct Mater, 2008, 18: 2824-2833.

[32] Wang X Z, Wang Q, Yan L, et al. Very-low-bandgap metallopolyynes of platinum with a cyclopentadithiophenone ring for organic solar cells absorbing down to the near-infrared spectral region. Macromol Rapid Commun, 2010, 31: 861-867.

[33] Liu Q, Ho C L, Lo Y, et al. Narrow bandgap platinum(II)-containing polyynes with diketopyrrolopyrrole and isoindigo spacers. J Inorg Organomet Polym Mater, 2015, 25: 159-168.

[34] Wong W Y, Chow W C, Cheung K Y, et al. Harvesting solar energy using conjugated metallopolyyne donors containing electron-rich phenothiazine-oligothiophene moieties. J Organomet Chem, 2009, 694: 2717-2726.

[35] Wang Q, He Z, Wild A, et al. Platinum-acetylide polymers with higher dimensionality for

organic solar cells. Chem Asian J, 2011, 6: 1766-1777.

[36] Cui C, Guo X, Min J, et al. High-performance organic solar cells based on a small molecule with alkylthio-thienyl-conjugated side chains without extra treatments. Adv Mater, 2015, 27: 7469-7475.

[37] Zhang Q, Kan B, Liu F, et al. Small-molecule solar cells with efficiency over 9%. Nat Photonics, 2015, 9: 35-41.

[38] Kan B, Li M, Zhang Q, et al. A series of simple oligomer-like small molecules based on oligothiophenes for solution-processed solar cells with high efficiency. J Am Chem Soc, 2015, 137: 3886-3893.

[39] Chen Y, Wan X, Long G. High performance photovoltaic applications using solution-processed small molecules. Acc Chem Res, 2013, 46: 2645-2655.

[40] Lin Y, Li Y, Zhan X. Small molecule semiconductors for high-efficiency organic photovoltaics. Chem Soc Rev, 2012, 41: 4245-4272.

[41] Zhao X, Piliego C, Kim B, et al. Solution-processable crystalline platinum-acetylide oligomers with broadband absorption for photovoltaic cells. Chem Mater, 2010, 22: 2325-2332.

[42] Cui C, Zhang Y, Choy W C, et al. Metallated conjugation in small-sized-molecular donors for solution-processed organic solar cells. Sci China Chem, 2015, 58: 347-356.

[43] He W H, Livshits M Y, Dickie D A, et al. A "roller-wheel" Pt-containing small molecule that outperforms its polymer analogs in organic solar cells. Chem Sci, 2016, 7: 5798-5804.

[44] He W H, Livshits M Y, Dickie D A, et al. "Roller-wheel"-type Pt-containing small molecules and the impact of "rollers" on material crystallinity, electronic properties, and solar cell performance. J Am Chem Soc, 2017, 139: 14109-14119.

[45] Kesters J, Verstappen P, Kelchtermans M, et al. Porphyrin-based bulk heterojunction organic photovoltaics: The rise of the colors of life. Adv Energy Mater, 2015, 5: 1500218.

[46] Anderson H L, Martin S J, Bradley D D C. Synthesis and third-order nonlinear optical properties of a conjugated porphyrin polymer. Angew Chem Int Ed, 1994, 33: 655-657.

[47] Rath H, Sankar J, PrabhuRaja V, et al. Core-modified expanded porphyrins with large third-order nonlinear optical response. J Am Chem Soc, 2005, 127: 11608-11609.

[48] Drobizhev M, Stepanenko Y, Rebane A, et al. Strong cooperative enhancement of two-photon absorption in double-strand conjugated porphyrin ladder arrays. J Am Chem Soc, 2006, 128: 12432-12433.

[49] MacDonald I J, Dougherty T J. Basic principles of photodynamic therapy. J Porphyrins Phthalocyanines, 2001, 5: 105-129.

[50] Huang X, Zhu C, Zhang S, et al. Porphyrin-dithienothiophene π-conjugated copolymers: Synthesis and their applications in field-effect transistors and solar cells. Macromolecules, 2008, 41: 6895-6902.

[51] Chao Y H, Jheng J F, Wu I S, et al. Porphyrin-incorporated 2D D-A polymers with over 8.5% polymer solar cell efficiency. Adv Mater, 2014, 26: 5205-5210.

[52] Kumar C V, Cabau L, Koukaras E, et al. Synthesis, optical and electrochemical properties of the A-π-D-π-A porphyrin and its application as an electron donor in efficient solution processed

bulk heterojunction solar cells. Nanoscale, 2015, 7: 179-189.

[53] Lu J, Zhang B, Yuan H, et al. D-π-A Porphyrin sensitizers with π-extended conjugation for mesoscopic solar cells. J Phys Chem C, 2014, 118: 14739-14748.

[54] Huang Y, Li L, Peng X, et al. Solution processed small molecule bulk heterojunction organic photovoltaics based on a conjugated donor-acceptor porphyrin. J Mater Chem, 2012, 22: 21841-21844.

[55] Li L, Huang Y, Peng J, et al. Enhanced performance of solution-processed solar cells based on porphyrin small molecules with a diketopyrrolopyrrole acceptor unit and a pyridine additive. J Mater Chem A, 2013, 1: 2144-2150.

[56] Qin H, Li L, Guo F, et al. Solution-processed bulk heterojunction solar cells based on a porphyrin small molecule with 7% power conversion efficiency. Energy Environ Sci, 2014, 7: 1397-1401.

[57] Gao K, Miao J, Xiao L, et al. Multi-length-scale morphologies driven by mixed additives in porphyrin-based organic photovoltaics. Adv Mater, 2016, 28: 4727-4733.

[58] Li M, Gao K, Wan X, et al. Solution-processed organic tandem solar cells with power conversion efficiencies >12%. Nat Photonics, 2017, 11: 85-90.

[59] Chen S, Xiao L, Zhu X, et al. Solution-processed new porphyrin-based small molecules as electron donors for highly efficient organic photovoltaics. Chem Commun, 2015, 51: 14439-14442.

[60] Wang H D, Xiao L G, Yan L, et al. Structural engineering of porphyrin-based small molecules as donors for efficient organic solar cells. Chem Sci, 2016, 7: 4301-4307.

[61] Xiao L, Chen S, Gao K, et al. New terthiophene-conjugated porphyrin donors for highly efficient organic solar cells. ACS Appl Mater Interf, 2016, 8: 30176-30183.

[62] Park E Y, Park J S, Kim T D, et al. High-performance n-type organic field-effect transistors fabricated by ink-jet printing using a C_{60} derivative. Org Electron, 2009, 10: 1028-1031.

[63] Yan L, Zhao Y, Wang X, et al. Platinum-based poly(aryleneethynylene) polymers containing thiazolothiazole group with high hole mobilities for field-effect transistor applications. Macromol Rapid Commun, 2012, 33: 603-609.

(崔超华　黄维扬)

第5章

金属有机非线性光学材料与性能

5.1 引言

随着科技的进步与社会的发展，激光已广泛应用于科研、工业及国防等各个领域，并且发挥着不可替代的作用，成为推动科技与社会发展的重要技术手段之一。伴随着激光技术带来的巨大益处，一些副作用也渐渐显现，如激光对光学元器件及人眼会造成严重损伤。因此，激光防护方面的研究逐渐兴起。在研究的初始阶段，激光防护主要基于线性光学原理，如吸收、反射及散射等。这些防护手段虽然简单易行，但是会造成严重的激光能量损失及视觉损失。因此，基于非线性光学原理的激光防护研究成为主流。基于非线性光学原理的激光防护称为光限幅，其优点在于只有激光能量超过一定的阈值时才发挥作用，所以可有效避免线性光学防护机理的缺点。在光限幅材料中，有机材料以其高活性、易加工及性能易调控等优点成为研究的热点。不幸的是，传统有机光限幅材料的非线性光学活性与其透明性间存在矛盾：非线性光学活性高的材料，其透明性均较差。这就使得有机光限幅材料对防护激光波长适应性差，且不利于人眼的激光防护。对于人眼的激光防护器件在可见光区吸收越小越好，而传统高效有机光限幅材料颜色深，对于可见光透明性差，制成人眼防护器件时会造成严重的视觉损失。归根结底，这是由有机光限幅材料非线性光学活性与其透明性间的矛盾造成的。这一问题成为有机光限幅材料领域的瓶颈。因此，突破这一瓶颈对光限幅领域具有重要意义。最近的一系列研究表明：芳炔过渡金属配合物及聚合物在突破有机光限幅材料非线性光学活性与透明性间矛盾这一瓶颈方面具有巨大潜力，并成功实现有机光限幅材料非线性光学活性与透明性间的综合优化。因此，本章主要结合光限幅基本原理来介绍这类新型高效有机光限幅材料。

5.2 光限幅材料的工作机理

典型的光限幅(optical power limiting, OPL)效应可以用图 5-1(a)和(b)进行解释。当样品上的入射光较弱时，随着入射光强度的增加，输入与输出的光能量密度呈线性关系，表现为线性光学效应(即遵循比尔定律)。因此，样品的透明性几乎保持恒定。然而，当入射光强度增大到一定的临界值时，输出光能量密度随输入光能量密度的增加保持恒定，不受输入光能量密度增加的影响，表现出非线性光学效应(nonlinear optical effect)及光限幅效应。光限幅效应可由多种光物理过程引起，如反饱和吸收(reverse saturable absorption, RSA)、双光子吸收(two-photon absorption, TPA)、非线性折射、非线性散射和自由载流子吸收[图 5-1(c)][1,2]。

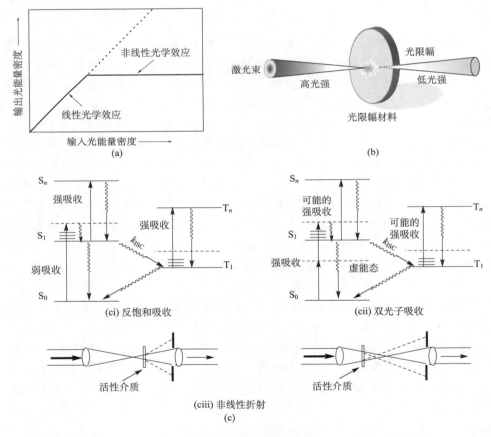

图 5-1　(a)典型的光限幅效应；(b)光限幅概念的解释；(c)一些具有代表性的光限幅机理

k_{ISC} 为系间窜越速率常数

基于 RSA 机理的光限幅材料，其光限幅效应源于激发态对激光的强吸收。对于具有标准五能级模型的 RSA 机理：首先，处于基态(S_0)的光限幅材料分子吸收较弱的光能并被激发到第一激发单线态(S_1)。当 S_1 态的分子累积到一定程度后，其强烈地吸收光能并跃迁到更高的单线态(S_n)，从而产生光限幅效应。或者，在激光脉冲足够宽时，经由系间窜越(intersystem crossing，ISC)到达第一激发三线态(T_1)。假设在 RSA 的激光脉冲过程中，激发态分子没有饱和、扩散或者复合，那么五能级模型可简化为三能级模型。因此，由于系间窜越时间短于激光脉冲时间，处于 S_1 激发态的分子可通过 ISC 过程到 T_1 激发态。当 T_1 激发态的分子数达到一定的数量时，它们将强烈吸收激光能跃迁到更高的三线态(T_n)。如此一来，伴随着 $T_1 \rightarrow T_n$ 跃迁的强能量吸收引发光限幅效应。值得注意的是，对于具有长脉冲激光来说(寿命在 ns 级别)，光限幅效应主要是由 $T_1 \rightarrow T_n$ 跃迁时能量吸收引起的，但对于短脉冲激光光限幅效应，由 $S_1 \rightarrow S_n$ 跃迁能量吸收引发[图 5-1(ci)]。

TPA 与 RSA 不同，TPA 是快速的非线性光学过程并涉及两个快速吸收过程。首先，基态 S_0 分子吸收一个光子被激发到一个亚稳态，然后，亚稳态分子吸收另一个光子而跃迁到 S_1 激发态。通过吸收两个光子能量，来实现 $S_0 \rightarrow S_1$ 跃迁过程，光限幅效应就源自于该强能量吸收过程[图 5-1(cii)]。

通过非线性折射产生的光限幅效应，该过程不能简单归结为吸收。在较强的入射光能量密度下，光限幅材料中产生载流子，从而引起包括自散焦和自聚焦的光折射效应，因此传感器接收到的激光辐射能力就会降低，最终实现光限幅[图 5-1(ciii)]。另外，非线性散射也是光限幅效应产生的机理之一。在激光辐射足够强的情况下，介质中将会形成光散射中心，从而降低介质在某一方向的透明性，造成输出的光能量密度小于入射的光能量密度，最终产生光限幅效应。同样，在激光照射时，半导体中会形成光生自由载流子。它们能吸收额外光子，从价带激发到导带中(即自由载流子吸收)并产生光限幅效果。值得注意的是，吸收能量的多少通常是依赖于自由载流子数目，因此自由载流子吸收机理是一个累加的非线性光学过程。

在所有涉及 OPL 的机理中，RSA 和 TPA 最为普遍。Z 扫描(Z-scan)是一种最常用的用以表征光限幅材料性能的技术。它可以测定激发态的吸收截面积(σ_{ex})、非线性吸收系数(β)和非线性折射指数的大小[3,4]。Z 扫描测试的典型光路图如图 5-2 所示：首先激光经分束镜分成两束，一束作为参比光，不经过样品直接进入检测器 D1。另外一束经透镜聚焦后作为测量光。测试时，通过在 Z 方向上移动样品改变入射光能量密度，透射光进入检测器 D2。利用监测器记录样品在不同位置时参比光与透过样品光的数据，基于理论公式拟合得到所需的材料非线性光学参数。

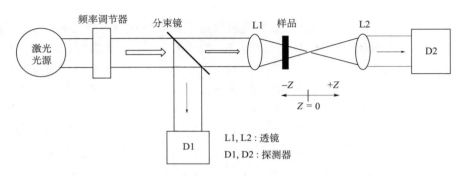

图 5-2　典型的双光束 Z 扫描测试光路图

迄今，在光限幅材料领域，实现人眼保护仍然是一个巨大的挑战。与光学传感器保护不同，人眼保护装置要求光限幅材料能够把某一特定波长的强激光辐射调节到对人眼安全的能量水平，但同时也能满足可见光区（400～700 nm）光的高透过率。这意味着理想的光限幅材料，在整个可见光区域应该具备优良的光学透明性。不幸的是，目前具有性能较高的光限幅材料，如 C_{60}、酞菁、卟啉及其衍生物在可见光区域都表现出明显吸收，从而造成一定程度的视觉损失，这将会限制它们在人眼保护中的应用。这说明这些光限幅材料还没有突破非线性光学的规律——非线性光学活性高的材料其基态最大吸收波长（λ_{max}）一般较长[5-8]。而之前报道的光限幅材料还没有实现非线性和透明性的综合优化。因此，急需设计下一代光限幅材料来应对这一棘手问题。就最常见的光限幅效应的机制而言（即 RSA 和 TPA），具有 RSA 特点的化合物在提升光限幅材料透明性方面具有巨大潜力。这是因为在 RSA 机制中，$S_0 \rightarrow S_1$ 的跃迁是弱吸收过程，所以在使用的激光波长处，这类材料显示出良好的光学透明性[图 5-1(c)]。倘若可以合成出一种在可见光区域吸收极弱的新型材料，那么这将打破人眼保护装置对光限幅材料需求的瓶颈。相对而言，基于 TPA 机制的光限幅材料竞争力较差，因为 TPA 过程中 $S_0 \rightarrow S_1$ 的跃迁常常产生较强的吸收，这会造成材料透明性较差。

在 1970 年，日本的 Hagihara 课题组首先报道了基于金属 Pd（Ⅱ）和 Pt（Ⅱ）与叔膦配体的寡聚和多聚芳炔配合物[9-12]。从此以后，含有第十族金属的金属芳炔配合物化学成为研究热点[13-16]。以其优异的光学性质、导电性能、非线性光学性能、液晶性和光电特点，金属芳炔配合物被广泛应用于分子电子学、光子学和光学传感等领域[17-39]。对这类光限幅材料，尤其是一些基于 Pt（Ⅱ）的化合物进行了详细的光物理研究。结果表明这些材料在室温下具有高效的三线态发射，并且最大吸收峰都落在 400 nm 之前，在可见光区域拥有极其低的吸收（摩尔吸光系数 $\varepsilon <$ 2 $dm^3 \cdot mol^{-1} \cdot cm^{-1}$）[38,40-43]。在室温下，它们具有较高的三线态发射效率，透明性优良，因此这类金属芳炔配合物成为最有前景的光限幅材料。通过对芳炔配体

结构的选择，或者使用不同种类的过渡金属中心以及调控分子几何构型等方法，金属有机芳炔配合物，特别是 Pt(Ⅱ)芳炔配合物，可成为一类非常高效的光限幅材料，并成功实现光限幅性能和透明性的综合优化。它们的光限幅性能甚至可以超过传统高效光限幅材料，如 C_{60}、卟啉金属化合物和酞菁金属配合物。因此，含有过渡态金属的芳炔配合物将成为最有前景的光限幅活性材料，具备开发人眼保护和其他光学保护器件的重要潜力。

在本章中，我们将详细介绍各种不同过渡金属芳炔配合物作为新型光限幅材料的最新进展，这类材料将会是金属有机配合物在非线性光学领域中应用的最好典范之一。

5.3 金属有机芳炔配合物光限幅材料的分类

5.3.1 小分子

到目前为止，很多种类的金属有机芳炔配合物均能表现出光限幅效应。这一节将根据金属中心的不同，如 Pt(Ⅱ)、Au(Ⅰ)、Hg(Ⅱ)以及多种金属中心的金属有机芳炔配合物小分子光限幅材料来介绍。

1. 第十族 Pt(Ⅱ)乙炔化物

1) 中间芳炔配体的影响

图 5-3 列出了一系列具有不同共轭长度的 Pt(Ⅱ)芳炔配合物 **1**~**3** 的化学结构，光物理性能研究表明它们在光限幅研究领域具有重要潜力[44-47]。其中，配合物 **2** 表现出宽波段的光限幅能力，光物理数据表明配体结构可对激发态性质和光

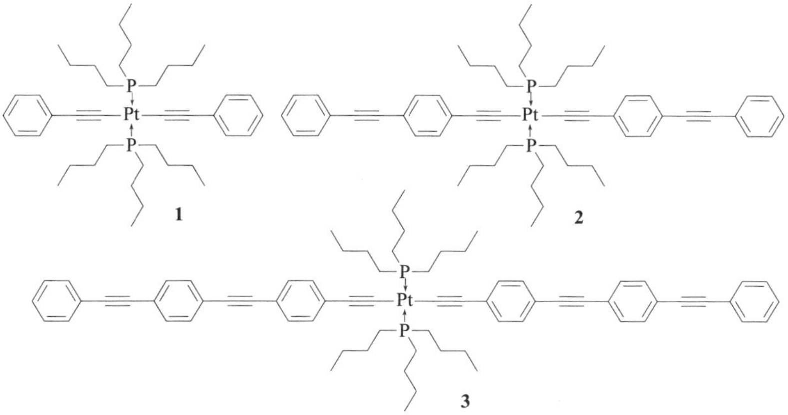

图 5-3 早期报道的 Pt(Ⅱ)金属芳炔配合物的化学结构

限幅行为产生重要影响[38,41]。因此，这为筛选具有合适有机配体结构及优良光限幅性能的材料提供了至关重要的信息。

如上所述，材料的光限幅性能与其光物理性质间存在着紧密的联系，有机配体的结构可对 Pt(Ⅱ)金属芳炔配合物的光物理性质产生重要的影响。图 5-4 列出了含有多种不同有机芳炔配体的 Pt(Ⅱ)配合物 **4～9**[48]。在 532 nm 的纳秒激光条件下，Z 扫描结果表明具有不同电子特性的有机配体对光限幅行为产生不同影响。在相同的线性透过率(T_0 = 82%)下，具有给电子或吸电子特性的 Pt(Ⅱ)芳炔配合物 **6**、**7** 和 **8** 显示出与 C_{60} 相似的光限幅能力。伴随着共轭长度的增加和给电子基团如 OMe 的引入，配合物 **9** 可表现出与 C_{60} 类似的光限幅性能图[图 5-5(a)]。尽管配合物 **6～9** 光限幅能力较好，但在可见光范围内（> 400 nm）存在明显的由配体到金属中心电荷转移态(LMCT)或金属中心到配体电荷转移态(MLCT)的跃迁所产生的吸收[图 5-5(b)]，说明这些配体不能赋予配合物优异的透明性。值得注意的是，在 T_0 = 82%时，配合物 **5** 能表现出优于 C_{60} 的光限幅性能。同时，其吸收边界位于 400 nm 之前，在 400～700 nm 范围内没有明显的吸收峰。配合物 **5** 优异的光限幅性能表明其在人眼保护光限幅器件中具有非常大的潜力。虽然配合物 **4** 光限幅性能适中，但表现出比配合物 **5** 更好的透明性。由于更强的自旋-轨道耦合效应(SOC)，配合物 **5** 的三线态发射能力更强，因此光限幅性质优于配合物 **4**。从 77 K 的低温光致发光光谱可看出，在分子中引入 Pt(Ⅱ)原子会显著增强三线态量子效率(Φ_T)。因此，对于纳秒激光脉冲，这些芳炔 Pt(Ⅱ)配合物优良的光限幅行为主要归功于三线态 RSA 机制。与配合物 **6～9** 中的有机配体不同，配合物 **4** 和 **5** 不具备强给电子或吸电子特性的有机配体。从配合物 **4～9** 的光限幅性能可得出如下结论：选择不含给电子或者吸电子特点的有机配体，并结合能引发更强自旋-轨道耦合效应的金属中心，是设计基于 RSA 机制新一代光限幅材料并实现光限幅性能和透明性的综合优化的重要手段。

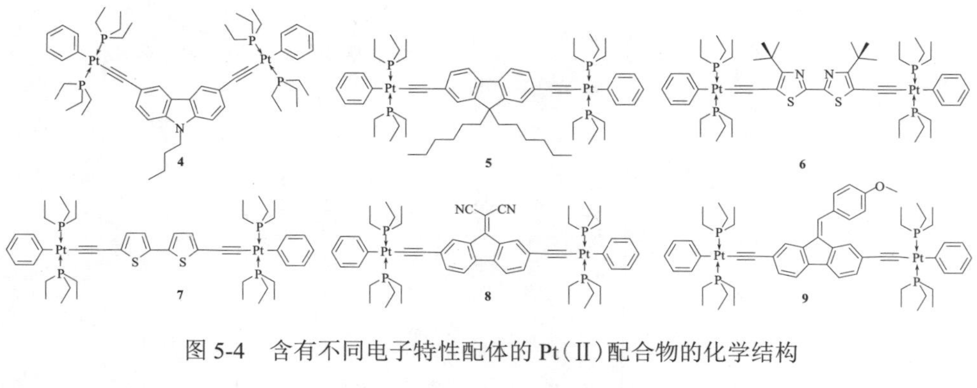

图 5-4 含有不同电子特性配体的 Pt(Ⅱ)配合物的化学结构

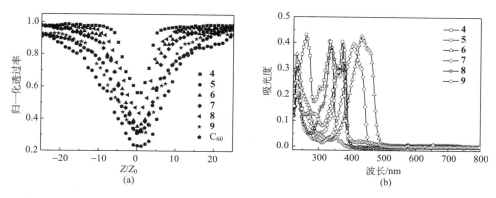

图 5-5 (a) Pt(Ⅱ)配合物 **4**~**9** 的 Z 扫描曲线;(b) Pt(Ⅱ)配合物 **4**~**9** 的 CH_2Cl_2 溶液的紫外-可见吸收光谱

在用点击化学开发的一系列对称芳炔 Pt(Ⅱ)配合物 **10**~**13** 中(图 5-6)[49],金属离子位于分子的中心。532 nm 波长的激光条件下,配合物 **10**~**12** 的光限幅性能随着有机配体共轭长度的增加而增强。配合物 **11** 和 **12** 甚至能表现出比锌卟啉更好的光限幅性能。此外,得益于有机配体较长的共轭结构及三唑的端基功能引起的强激发态吸收和高效电荷转移,配合物 **12** 显示出优于配合物 **13** 的光限幅性能。这类高透明性的 Pt(Ⅱ)芳炔配合物同样可以实现光限幅性能与透明性的综合优化。但值得注意的是,随着配体共轭长度的增加,它们的最大吸收波长也会表现出一定程度的红移效应。

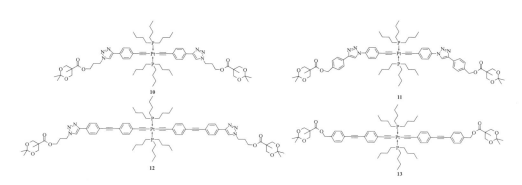

图 5-6 对称芳炔 Pt(Ⅱ)配合物 **10**~**13** 的化学结构

周桂江课题组报道了一系列基于芳砜基团的对称 Pt(Ⅱ)芳炔配合物 **14**~**16**(图 5-7)[50],紫外-可见吸收光谱显示(图 5-8),所有配合物在 532 nm 处都具有良好的透明性,因此很适合研究其对 532 nm 激光的光限幅行为。在线性透过率 T_0 = 92%时,Z 扫描结果表明这些含芳砜基团的 Pt(Ⅱ)配合物表现出 **16** > **15** > **14**

的光限幅活性顺序。从发射光谱中可观察到它们三线态(T_1)发射强度随氟原子个数增加而提高,这显然有利于光限幅能力的提高。更为重要的是,吸电子 F 原子的引入在增加三线态发射的同时能够在很大程度上避免吸收波长明显红移,可以保持更好的透明性。因此它们在 400~700 nm 的可见光区没有明显的吸收,所以表现出极高的透明性。其中配合物 **14** 表现出与传统光限幅材料 C_{60} 相当的光限幅能力,配合物 **15** 和 **16** 的光限幅性能甚至超过了 C_{60}。结合它们优异的透明性,这类含芳砜基团的 Pt(Ⅱ)芳炔配合物在解决 RSA 光限幅材料所面临的瓶颈问题方面具有巨大的潜力。

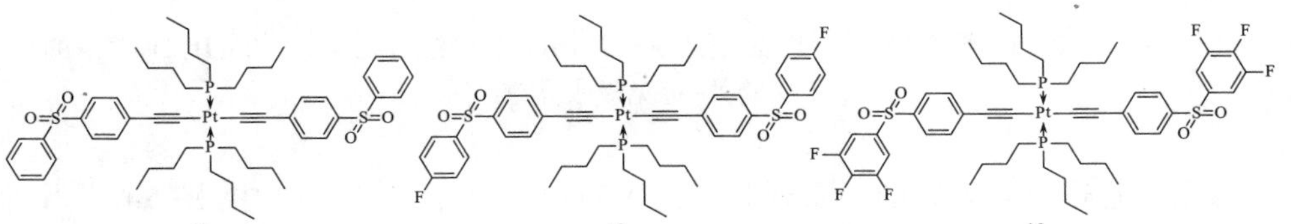

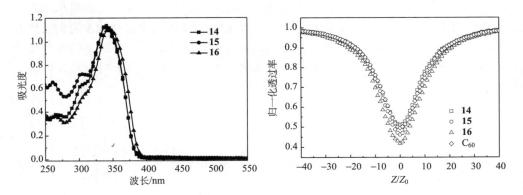

图 5-7 芳砜基团的对称 Pt(Ⅱ)芳炔配合物的化学结构式

图 5-8 芳砜基团的对称 Pt(Ⅱ)芳炔配合物的紫外-可见吸收光谱和 Z 扫描结果

2) 辅助配体的影响

除膦配体之外,含氮杂环化合物,如吡啶及其衍生物、二联吡啶和三联吡啶分子都可以用作合成金属有机 Pt(Ⅱ)芳炔配合物的辅助配体[51-53]。与给电子特性的膦配体相反,吡啶衍生物配体通常表现出吸电子特性,将这类辅助配体应用于 Pt(Ⅱ)芳炔配合物,将会带来不同的光物理特性。

Sun 等设计合成了几个系列的以三联吡啶和苯基-二联吡啶为辅助配体的 Pt(Ⅱ)芳炔配合物 **17**~**19**(图 5-9)[54]。它们均表现出具有 ^{3}MLCT 吸收特征的高 Φ_T 和广泛的瞬态吸收。另外,它们的光限幅性能 **17** > **18** > **19**,其中 **17** 与 **18** 的 σ_{ex}/σ_0

与 C_{60} 相当。另外，配合物 **17~19** 在宽波段光限幅方面也具有重要的潜力。Sun 课题组还开发了另一系列以三联吡啶为辅助配体的配合物 **20~23**（图 5-9）[55]，其光限幅性能略好于配合物 **17~19**。由于三线态寿命较长和激发态吸收截面积 σ_{ex} 较大，配合物 **23** 的光限幅性能最好。然而 **22** 的 σ_{ex} 值较小，因此表现出最弱的光限幅能力。这一系列材料光限幅性能顺序为 **23 > 20 > 21 > 22**。不幸的是，配合物 **24~28** 由于较大的基态吸收截面积 σ_o，其光限幅性能差于配合物 **17~19**[56]。同理，由于配合物 **29~31**[57]在 532 nm 处具有非常大的 σ_o，其光限幅性能较配合物 **24~28** 差。

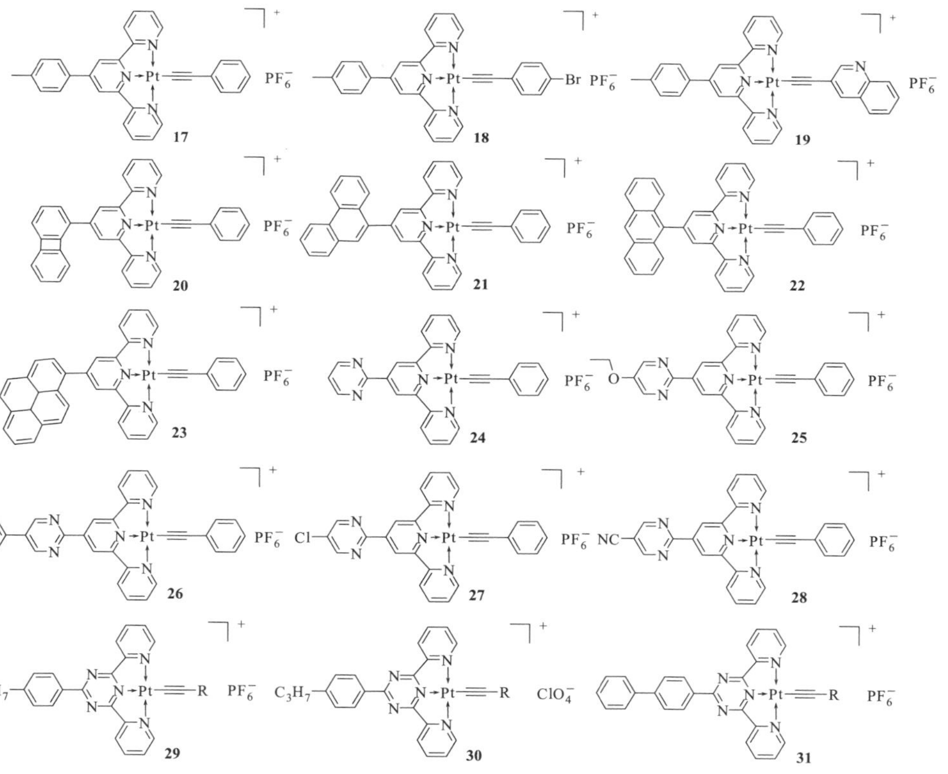

图 5-9　含吡啶衍生物类 Pt(Ⅱ) 芳炔配合物的化学结构

如图 5-10 所示，除三联吡啶衍生物外，4,6-二苯基-2,2′-二联吡啶也可以作为 Pt(Ⅱ) 配合物的辅助配体。在脉冲宽度为 4 ns 的 532 nm 激光脉冲下，当 T_o 为 90% 时，配合物 **32** 和 **33** 的透过率可分别降至 44% 和 51%，优于以二联吡啶为辅助配体的其他类似配合物。总的来说，配合物 **32** 的光限幅性能比 **33** 更好[58]。当向 4,6-二苯基-2,2′-二联吡啶中引入烷氧取代基后，即可得到配合物 **34~37**[59]。在与

配合物 **32** 和 **33** 同样的激光脉冲条件下，受低 $\varPhi_T$ 和大 σ_0 的影响，配合物 **37** 的光限幅性能最差，它们的光限幅活性顺序为 **34 > 35 ≈ 36 > 37**。研究表明，烷氧取代基对这些配合物的光限幅性能是有益的。

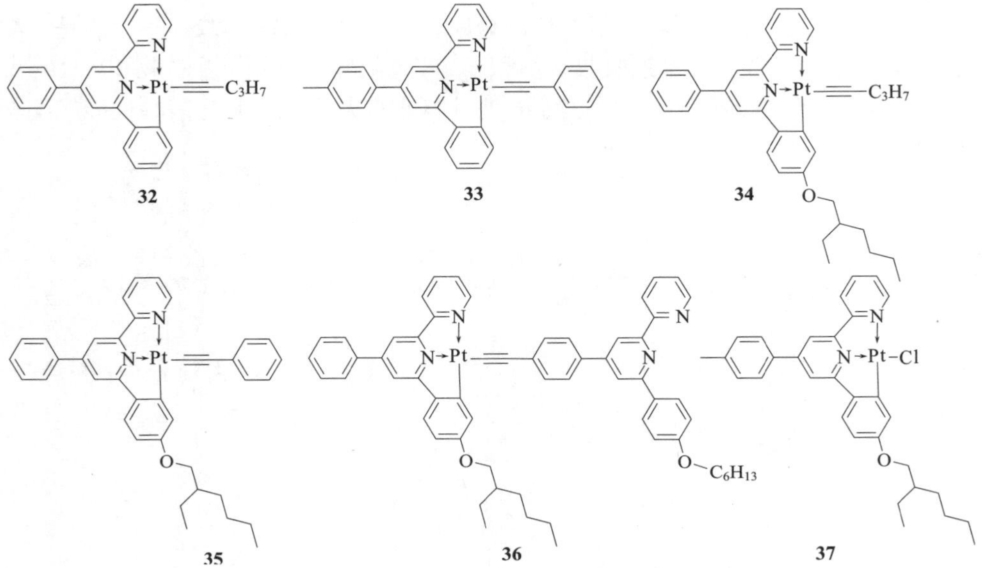

图 5-10　基于 4,6-二苯基-2,2′-二联吡啶配体的 Pt(Ⅱ)芳炔配合物的化学结构

综上可知，通过调控含吡啶衍生物的 Pt(Ⅱ)芳炔配合物的分子结构，其光物理和光限幅性能也会相应得到有效调控。但是，这类配合物作为 RSA 光限幅材料存在一定的缺陷：其 ^{3}MLCT 和配体到配体电荷转移态(^{3}LLCT)吸收往往比较明显，会导致配合物在 400~600 nm 可见光区产生明显的吸收带，不利于透明性的提高，使这类基于吡啶衍生物的 Pt(Ⅱ)芳炔配合物的光限幅材料在实现高光限幅活性和透明性综合优化方面远不及前一节中介绍的含膦配体的 Pt(Ⅱ)配合物。

3) 配体配位方式的影响

在含膦型 Pt(Ⅱ)芳炔配合物中，Pt(Ⅱ)中心既可以在分子的末端也可以在中间(图 5-4~图 5-7)。通过在相同的条件下对比配合物 **38** 和 **39** 的光限幅性能(图 5-11)[60]，可以研究配体配位方式对光限幅性能的影响。由于配合物 **39** 的 $\varPhi_F$(约 0.3)比 **38** 的(约 0.5)低，根据 RSA 机制，配合物 **39** 表现出优于 **38** 的光限幅响应。理论计算表明：配合物 **39** 中 Pt(Ⅱ)中心 d_π 轨道对其 HOMO 有更大的贡献，因此配合物 **39** 具有更强的 SOC 效应和较高的 $\varPhi_T$，从而有利于其光限幅性能。该研究表明中间配位方式更有助于提升配合物的光限幅性能。

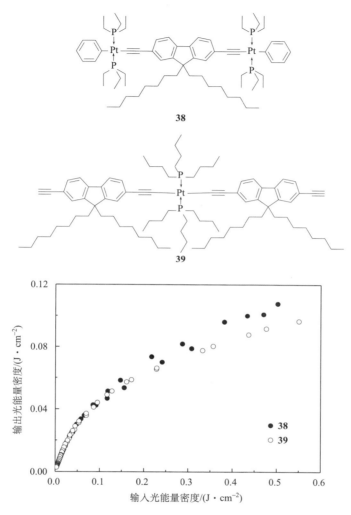

图 5-11 不同配位方式的芴基 Pt(Ⅱ)芳炔化合物的化学结构和输入-输出光能量密度曲线

4) 分子对称性的影响

在以含膦辅助配体合成的 Pt(Ⅱ)芳炔配合物中,配合物分子常常是含有两个结构相同的有机芳炔配体,形成一个反式对称分子结构。但是,具有两种不同芳炔配体的不对称 Pt(Ⅱ)芳炔配合物鲜有报道。近来,周桂江和黄维扬等通过调节有机配体的电子特性和采用对称或非对称配体结构[如 D-Pt-D、D-Pt-A 和 A-Pt-A(D 表示电子给体,A 表示电子受体)]成功开发了一系列新型 Pt(Ⅱ)芳炔配合物 **40**~**48**(图 5-12)[61]。这些配合物分子的最大吸收峰都处于紫外区,发射光谱同时出现荧光和磷光发射(图 5-13 和图 5-14)。值得注意的是,分子对称性和电子结构对这类配合物的光物理和光限幅性能可产生重要影响。对于对称的配合物 **40**～**44** 而言，用 532 nm 的 10 ns 激光脉冲进行 Z 扫描时，具有 D-Pt-D 结构的配合物 **40** 和 **41** 的光限幅性能要优于 A-Pt-A 型结构的配合物 **43** 和 **44** [图 5-15(a)]。以配合物 **42** 为参照，**40** 和 **41** 光限幅性能更优。这说明给电子特性配体的引入和共轭长度的增加都有利于配合物光限幅性能提升。类似的情况也发生在配合物 **43** 和 **44**。与配合物 **41** 的情况类似，由于 **43** 的共轭长度更大，其光限幅性能优于 **44**。

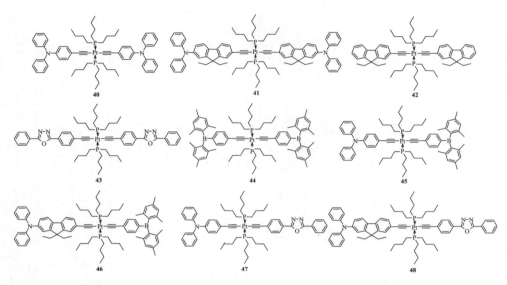

图 5-12　具有两种不同芳炔配体的 Pt(Ⅱ) 配合物的化学结构式

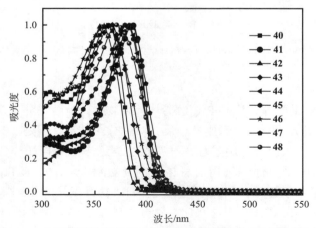

图 5-13　含不同芳炔配体的 Pt(Ⅱ) 配合物的紫外-可见吸收光谱

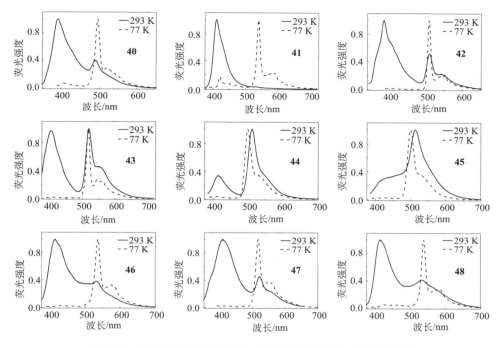

图 5-14 Pt(Ⅱ)芳炔配合物 **40**~**48** 的发射光谱(293 K 和 77 K)

除了上述对称 Pt(Ⅱ)芳炔配合物外，具有 D-Pt-A 结构的非对称配合物也表现出优异的光限幅性能。在 532 nm 激光下，其输入-输出光能量密度曲线表明：具有 D-Pt-A 非对称结构的配合物 **45**~**48** 的光限幅性能弱于含有 D-Pt-D 结构的母体配合物 **40** 和 **41**[图 5-15(b)和(c)]。具有 π 电子接受能力的有机硼基团可以增强配合物的 Φ_T，加上较低的共轭程度，因此含硼 Pt(Ⅱ)芳炔配合物表现出强于含噁二唑基团的配合物。

配合物 **40**~**48** 的光物理研究表明，这类分子在室温时均能产生长寿命的三线态发光。因此，在纳秒级激光脉冲条件下，光限幅效应主要是由三线态吸收所引起的。受配合物分子对称性和配体电子特性的影响，这一系列配合物分子具有不同的三线态特点，最终表现出截然不同的光限幅性能。时间依赖的密度泛函理论计算结果表明，具有 D-Pt-D 结构的分子 **40** 和 **41** 三线态主要表现出 LMCT 特征，然而具有 A-Pt-A 结构的 **43** 和 **44** 的三线态具有 MLCT 特点，具有 D-Pt-A 结构的非对称分子表现出配体到配体的电荷转移态特征(LLCT、给体到受体 D→A)。由于不同的三线态吸收性能不同，自然会呈现出不同光限幅行为。通过对比含 D-Pt-D、A-Pt-A 和 D-Pt-A 结构的分子，不难发现，光限幅性能按照 D-Pt-D > D-Pt-A > A-Pt-A 的顺序排列。除 **44** 和 **47** 外，所有配合物在 $T_0 = 92\%$ 时，都能表

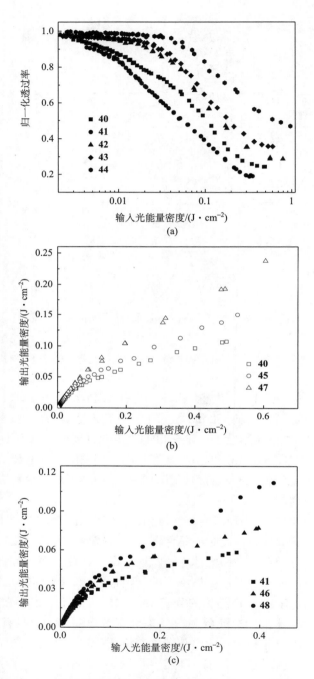

图 5-15 (a)配合物 **40**～**44** 的透明性与输入光能量密度的关系；(b)、(c)Pt(Ⅱ)芳炔配合物 **45**～**48** 与它们的母体的 OPL 性能对比

现出比 C_{60} 更好的光限幅性能。配合物 **40**~**48** 的 σ_{ex}/σ_o 值为 9~17,远高于 C_{60}(大约为 3),甚至可以比拟酞菁类金属配合物。配合物 **41** 的光限幅阈值(F_{th})大约为 0.05 J·cm^{-2}(T_o = 92%),比光限幅性能最好的 InPc 和 PbPc 的限幅阈值还要低(0.07 J·cm^{-2},T_o = 84%)。配合物 **40**~**48** 不仅表现出优异的光限幅性能,而且在可见光区域透明性很好,最大吸收波长都位于 400 nm 之前(图 5-13)。尽管通过增大共轭长度和引入含电子受体特性的有机配体对配合物的透明性不利,但是其光限幅性能的可调控性很容易满足实际应用的要求。因此,通过调控 Pt(Ⅱ)芳炔配合物分子的对称性以及有机配体的电子特性可实现优异的光限幅性能和透明性综合优化,这种策略必将为开发高效光限幅材料开辟一条宽阔的途径。

2. 第十一族 Au(Ⅰ)芳炔配合物

因为具有独特的光电性能,第十一族 Au(Ⅰ)芳炔配合物成为过渡金属炔基化合物化学的另一个研究热点[21-26]。 芴基 Au(Ⅰ)芳炔配合物也被用于光限幅研究(图 5-16)[60]。在 10 ns、532 nm 的脉冲激光,T_o = 92%条件下,Au(Ⅰ)配合物 **49** 的光限幅性能与 C_{60} 相当(图 5-16)。因为 **49** 的自旋-轨道耦合效应较弱,与相应的 Pt(Ⅱ)配合物 **38** 相比光限幅性能差。但是,其在可见光区域(λ_{max} = 361 nm 和 $\lambda_{cut-off}$ = 372 nm)优异的透明性并不妨碍 Au(Ⅰ)配合物成为另一类高性能的光限幅材料。由于配合物 **49** 良好的透明性,在相同实验条件下其 σ_{ex}/σ_o 值比 C_{60} 大 4 倍。

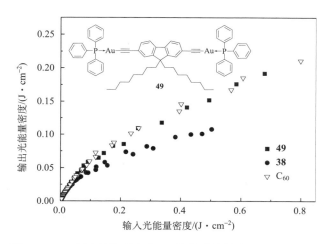

图 5-16 Au(Ⅰ)芳炔配合物 **49** 的化学结构式以及 OPL 性能

与 Pt(Ⅱ)芳炔配合物 **40**~**48** 类似,配体的电子特性也对 Au(Ⅰ)配合物的光限幅性能有重要的影响。通过采用不同电子特性的有机配体,周桂江课题组成功合成了一系列 Au(Ⅰ)芳炔配合物 **50**~**52**(图 5-17)[62]。因为中心配体不同的电子特性,配合物表现出不同的光物理性能(图 5-18)。由于在可见光区域没有吸收峰,

配合物 **50** 和 **51** 均能表现出优秀的透明性。但是配合物 **52** 的吸收峰主要分布在 400 nm 以后,导致其透明性相对较差。这些芳炔有机配体的富电子特性是联噻唑>吖啶酮>芴,但配合物的光限幅性能却出现 **50 > 51 > 52** 的顺序。这说明采用既不富电子也不缺电子的有机配体而合成的 Au(Ⅰ)芳炔配合物会具有更好的光限幅性能。**50** 和 **51** 的室温和 77 K 的发射光谱显示它们均有 T_1 态发光,光限幅效应由 T_1 态吸收引起,而 **52** 则是 S_1 态发光,其光限幅效应表现为 TPA 机制。在 T_0 = 90%时,532 nm 的激光脉冲下,对配合物 **50~52** 进行 Z 扫描。其中,**51** 表现出与 C_{60} 相似的光限幅性能,**50** 光限幅性能优于 C_{60},这些结果说明这类 Au(Ⅰ)芳炔配合物作为激光保护材料具有很大的潜力。

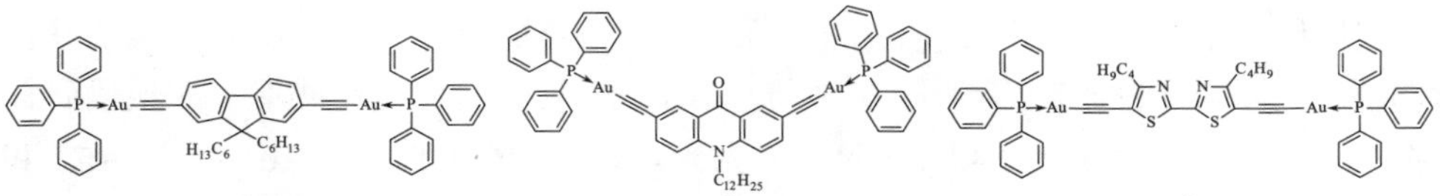

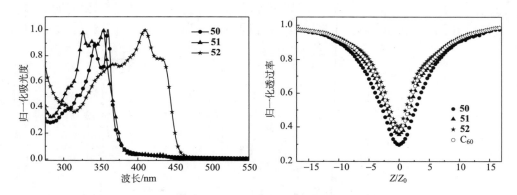

图 5-17　具有不同电子特性有机配体的 Au(Ⅰ)芳炔配合物 **50~52** 的化学结构式

图 5-18　Au(Ⅰ)芳炔配合物 **50~52** 的紫外-可见吸收光谱和 Z 扫描结果

3. 第十二族 Hg(Ⅱ)芳炔配合物

具有 d^{10} 构型的 Au(Ⅰ)和 Hg(Ⅱ)是互为等瓣离子和等电子体[63-66],因此根据其丰富的光物理性能,第十二族 Hg(Ⅱ)芳炔配合物也能用于光限幅研究。当向有机配体的骨架中引入 Hg(Ⅱ)离子后,Hg(Ⅱ)芳炔配合物也能检测到三线态发射[63-65]。如图 5-19 所示,在 10 ns 的 532 nm 激光脉冲条件下,芴基 Hg(Ⅱ)芳炔配合物 **53** 和 **54** 能表现出良好的 RSA 机制光限幅性能[60]。通过扩大共轭长度,T_0 = 92%时,**54** 能表现出优于 C_{60} 的光限幅性能(图 5-19)。另外,它们还能呈现出优秀的透明性(**53** 的 λ_{max} = 346 nm 和 $\lambda_{cut\text{-}off}$ = 355 nm;**54** 的 λ_{max} =

347 nm 和 $\lambda_{\text{cut-off}} = 359$ nm），因此这类 Hg(Ⅱ)配合物在光限幅材料领域有着广阔的应用前景。

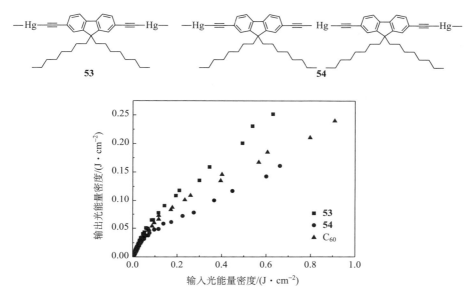

图 5-19　芴基 Hg(Ⅱ)芳炔配合物的化学结构式和 OPL 性能

4. 混合金属芳炔配合物

目前报道的应用于光限幅领域的金属芳炔配合物大多是单一类型金属中心。鉴于此，一系列源于母体配合物 **39** 和 **59** 的异核金属配合物 **55**～**58** 被成功制备并用于光限幅研究（图 5-20）[60]。Z 扫描曲线显示，这类异核配合物具有类似于母体的光限幅行为（图 5-21）。因此，中心金属离子对这类配合物的光限幅性能起决定性作用。如在第 86 页 "3) 配体配位方式的影响" 中提到的，Pt(Ⅱ)离子在两个配体中间比在分子末端的配位方式具有更高效的自旋-轨道耦合效应。因此，配合物 **55** 的 Φ_T 高于 **57** 的，因此 **57** 的 Φ_F 是 **55** 的 7.5 倍（**57** 为 3.0%，**55** 为 0.4%）。根据三线态吸收的 RSA 机制，配合物 **55** 能够表现出更强的光限幅响应（图 5-21）。同样，因为 Au(Ⅰ)金属离子位于分子结构的末端，所以配合物 **56** 和 **58** 具有与其母体相同的光限幅响应。它们的光物理性能研究表明，在分子末端引入金属离子不会显著地增强自旋-轨道耦合效应，最终都表现出与母体配合物类似的光限幅性能。

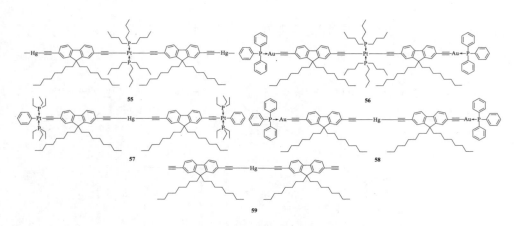

图 5-20 异核金属配合物 55~59 的化学结构式

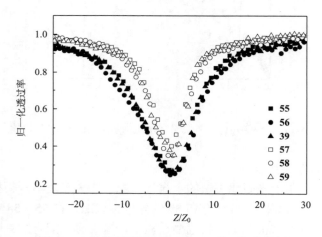

图 5-21 异核金属配合物 55~59 的 Z 扫描结果

5.3.2 大分子

除了小分子化合物外，由于良好的成膜性质，大分子过渡金属芳炔化合物也常应用于光限幅研究。这类聚合物也能表现出优异的光限幅性能，成为极具潜力的下一代光限幅材料。在这一节中，将重点论述过渡金属芳炔聚合物在光限幅领域的应用进展。

1. 线型刚性 Pt(Ⅱ)、Pd(Ⅱ) 和 Hg(Ⅱ) 芳炔聚合物

周桂江和黄维扬等开发了一系列含不同芳炔链节的 Pt(Ⅱ) 芳炔聚合物 **60~65**，并在 10 ns 的 532 nm 激光脉冲条件下研究了它们的光限幅性能（图 5-22）[48]。光物理数据表明，这些聚合物的光限幅效应主要源于配体中心（**60** 和 **61**）或分子内电荷转移态(ICT，62~65)的三线态的 RSA 行为。同时，根据 $T_0 = 82\%$ 的 Z 扫描结果可知(图 5-22)，所有聚合物均具有良好的光限幅效应，其中 **60、62** 和 **64** 表现出与 C_{60} 溶液相近的光限幅性能，**61、63** 和 **65** 性能甚至超过 C_{60}。值得注意的是，**61** 不仅具有突出的光限幅性能，而且还具有很好的透明性能($\lambda_{max} < 400$ nm)。因此，它比 **63** 和 **65** 有更好的光限幅性能与透明性的综合优化表现。在给电子和吸电子基团影响下，**62~65** 表现出较差的透明性。另外，传统的在分子骨架中增强 D-A 作用的方法不利于实现光限幅性能与透明性的综合优化。因此，选择合适的芳炔配体在设计合成材料时显得尤为重要。得益于 Pt(Ⅱ)聚炔骨架的 d 轨道和共轭配体的 π 轨道间的共轭作用，聚合物往往呈现出比 5.3.1 小节中提到的小分子更好的光限幅性能(图 5-23)。加之它们良好的成膜性能，这类金属芳炔聚合物很有潜力发展为下一代高性能光限幅材料。

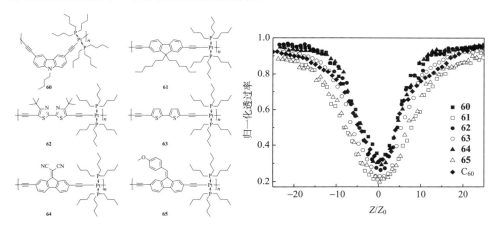

图 5-22　含不同芳炔链节的 Pt(Ⅱ)芳炔聚合物化学结构式及 Z 扫描结果

图 5-24 中列举了纯有机聚芳炔化合物的结构式 **66~68**，以验证金属中心的引入对光限幅性能的影响[48]。尽管 **66~68** 拥有较长的共轭结构和明显红移的最大吸收峰，但输入-输出光能量密度曲线表明含金属中心的 **60~62** 的光限幅性能明显优于 **66~68**。主要原因可归结为这些纯有机聚合物 **66~68** 很难产生三线态。这证实了引入 Pt(Ⅱ)金属中心诱导产生的自旋-轨道耦合效应在增强聚合物光限幅响应方面是一种行之有效的策略，而单独依靠增加共轭长度来实现光限幅性能与透明性的综合优化不可行。

受 **61** 极好的光限幅性能与透明性的鼓舞，周桂江和黄维扬等开发了一系列含有一种或者两种金属中心的芴基芳炔过渡金属聚合物 **69~74**(图 5-25)，并研究金属中心内在电子特性和不同金属中心组合对光限幅效应的影响[60]。根据图 5-26 可知，在 10 ns 的 532 nm 激光脉冲条件下，对于只含有一种金属中心的聚合物 **69~71**，

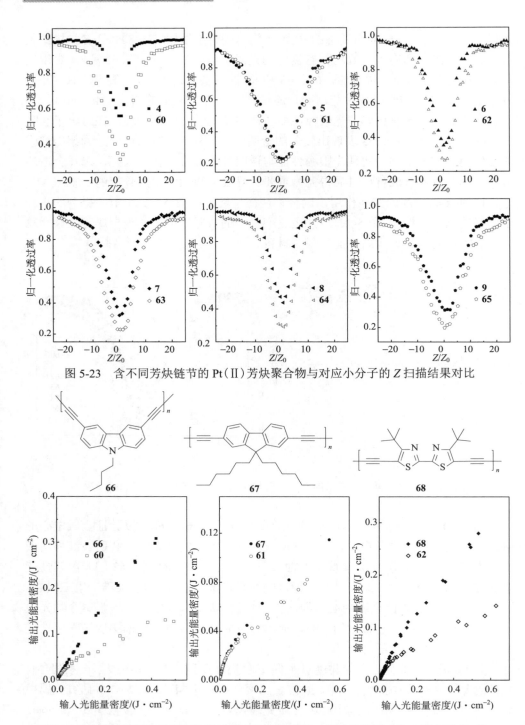

图 5-23　含不同芳炔链节的 Pt(Ⅱ) 芳炔聚合物与对应小分子的 Z 扫描结果对比

图 5-24　纯有机聚芳炔化合物的结构式及与相应的 Pt(Ⅱ) 芳炔聚合物光限幅性能对比

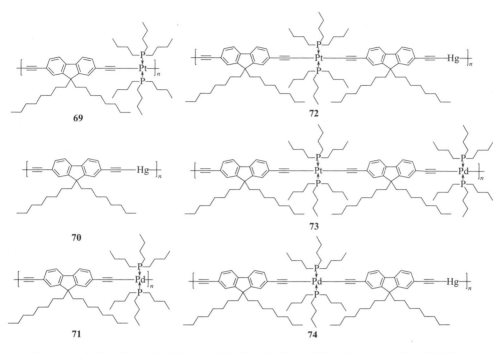

图 5-25 含有一种或两种金属中心的芴基芳炔过渡金属聚合物 69~74 的化学结构式

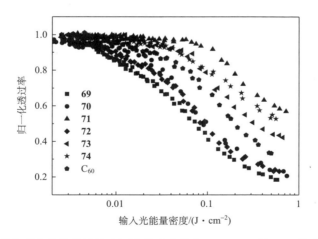

图 5-26 单核或多核芴基过渡金属聚炔配合物在 T_o = 92%时与 C_{60} 的透明性对比

其光限幅行为受金属中心性质影响显著。根据 TD-DFT 数据，聚合物 69 具有较高的 Φ_T 以及常温三线态发射，依据三线态 RSA 机制，其光限幅性能明显优于 70 和 71。ICT 特征的三线态发射致使聚合物 70 的光限幅性能优于 71，最终它们的光限幅性能顺序为：**69** > **70** > C_{60} ≫ **71**。在相同的有机配体条件下，金属中心对光限幅性能促进作用顺序为：Pt(Ⅱ) > Hg(Ⅱ) ≫ Pd(Ⅱ)。另外，芴基 Pt(Ⅱ)和 Hg(Ⅱ)芳炔聚合物的透明性优于 Pd(Ⅱ)聚炔配合物(**69**：λ_{max} = 399 nm 和 $\lambda_{cut\text{-}off}$ = 417 nm；**70**：λ_{max} = 355 nm 和 $\lambda_{cut\text{-}off}$ = 370 nm；**71**：λ_{max} = 412 nm 和 $\lambda_{cut\text{-}off}$ = 442 nm)。因此，这些结果为构筑高性能光限幅材料的金属离子选择提供了重要信息。

鉴于芴基 Pt(Ⅱ)和 Hg(Ⅱ)芳炔聚合物的高光限幅性能与高透明性，结合这两种金属中心的异核过渡金属芳炔聚合物，在综合优化光限幅性能与透明性方面成为另一个研究热点[60]。在 10 ns 的 532 nm 激光脉冲条件下，与母体过渡金属芳炔聚合物 **69** 和 **70** 相比，含有 Pd(Ⅱ)离子的共聚物 **73** 和 **74** 表现出较低的光限幅性能(图 5-26)。因为 Pt(Ⅱ)离子能诱导强烈的 SOC 效应，所以与 Pt(Ⅱ)离子结合的过渡金属芳炔聚合物 **72** 和 **73**(Φ_F 为 0.5%和 0.6%)具有更高的 Φ_T 和较低的 Φ_F，最终分别表现出比只有一种金属中心的聚合物 **70** 和 **71**(Φ_F 为 2.5%和 9.9%)更强的光限幅性能。另外，通过与 **69**、**71** 的 λ_{max} 和 $\lambda_{cut\text{-}off}$ 对比，**72** 和 **74** 均表现出蓝移现象(**72**：386 nm 和 411 nm；**74**：411 nm 和 435 nm)，证实了 Hg(Ⅱ)离子提升聚合物透明性的能力。此外，光物理和理论计算研究表明，在聚芳炔分子骨架中引入 Hg(Ⅱ)离子并不会对异核聚合物的 SOC 效应造成明显影响。因此，相对于不含 Hg(Ⅱ)中心的聚合物(**69** 和 **71**)，含 Hg(Ⅱ)离子的异核聚合物 **72** 和 **74** 能表现出相当的或者更好的光限幅性能。鉴于光限幅性能与透明性综合优化的重要性，Pd(Ⅱ)中心不适合用来制备异核过渡金属芳炔聚合物光限幅材料。

如前所述，过渡金属中心在影响金属有机芳炔聚合物光限幅性能方面扮演着重要角色。于是，具有不同金属中心含量的 Pt(Ⅱ)和 Hg(Ⅱ)芳炔聚合物也被制备来印证这一结论[60]。相对于聚合物 **69** 和 **70** 而言，纯有机聚合物 **77** 的光限幅效应较低(图 5-27)。众所周知，有机框架与金属离子相互作用会极大地影响 SOC 效应。因此，在聚合物 **75** 和 **76** 中，当配体的共轭长度增加时，会降低激发态中金属中心的贡献，从而产生明显集中于配体 $\pi \to \pi^*$ 电子跃迁过程，导致 SOC 效应和 Φ_T 的大幅降低[42]。相对于 **69** 和 **70** 的 Φ_F(0.6%和 2.5%)而言，聚合物 **75** 和 **76** 较高的 Φ_F(1.6%和 59.6%)也充分地证实了这个结论。另外，聚合物 **75** 和 **76** 的室温发射光谱观察不到三线态发射也可以为此佐证。但是，根据三线态 RSA 机制，较低的 Φ_T 会降低其非线性吸收，最后导致较差的光限幅性能。由于共轭作用的影响，纯有机聚合物 **77**(λ_{max} 为 419 nm)也能表现出与 **75** 和 **76** 相当的光限幅性能，但其透明性比聚合物 **70** 和 **71** 差(λ_{max} 为 399 nm 和 355 nm)。

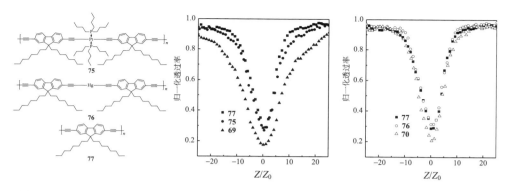

图 5-27　金属中心含量不同的 Pt(Ⅱ) 和 Hg(Ⅱ) 芴基芳炔聚合物的化学结构式及光限幅性能

实验表明，Hg(Ⅱ) 离子的共轭阻断作用是提升聚合物透明性的直接原因，这也符合金属芳炔聚合物三线态的能隙规律[67]。聚合物 **72** 的 Φ_F 低于其母体 Pt(Ⅱ) 聚合物 **69** 也支持上述结论。根据三线态 RSA 机制，较大的 Φ_T 可以补偿因为 Hg(Ⅱ) 阻断共轭造成的光限幅性能损失。最终，**72** 和 **69** 表现出接近的光限幅响应，同时其透明性也得到了提升(**72** 的 λ_{max} 为 386 nm；**69** 的 λ_{max} 为 399 nm，图 5-28)[60]。很明显，如果损失的共轭效应不能从其他方面得到弥补，那么这种共轭阻断策略对于光限幅性能不利。因此共轭长度对于光限幅性能的影响非常值得研究。在 Hg(Ⅱ)、Pt(Ⅱ) 和 Hg(Ⅱ)/Pt(Ⅱ) 三聚体中，三聚体 **54** 和 **78** 几乎呈现出与对应的聚合物 **70** 和 **69** 相同的光限幅性能，三聚体 **55** 与聚合物 **72** 的光限幅性能也几乎一样(图 5-28)[60]。因此可以看出，共轭效应对光限幅的贡献只在一定共轭长度范围内存在，过长的共轭对过渡金属芳炔聚合物光限幅性能不再具有明显的促进作用。因此可以设想，通过打断聚合物主链共轭提高其透明性，而共轭打断对光限幅性能的负面影响可由打断共轭带来的其他有利于光限幅的效应来补偿，这样应该能成功地在芳炔过渡金属聚合物中实现光限幅与透明性的综合优化。为实现这一目标，具有顺式结构的 Pt(Ⅱ) 聚合物 **79** 被设计合成来进一步综合优化光限幅性能与透明性(图 5-29)[68]。令人备受鼓舞的是，这个白色聚合物不仅表现出类似于 **69** 的光限幅活性[图 5-30(a)]，而且拥有非常好的透明性(λ_{max} 为 364 nm；$\lambda_{cut\text{-}off}$ 为 406 nm)，λ_{max} 出现显著的蓝移效应，表明这种顺式结构确实阻断了聚合物主链共轭。值得注意的是，当共轭被阻断后聚合物 **79** 的 Φ_T 显著提高，Φ_F 相对于 **69** 明显降低[图 5-30(b)]。根据在纳秒级激光脉冲下的三线态 RSA 机制，共轭打断对光限幅的损失能够成功地被增强的 Φ_T 所弥补，最终通过调控金属中心的构型在聚合物 **79** 中成功实现了卓越光限幅性能与优异透明性综合优化。

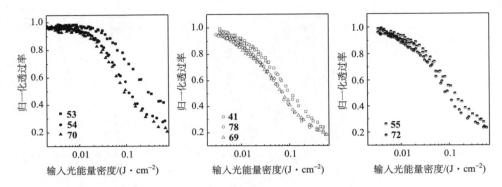

图 5-28 共轭长度对芴基金属聚炔化合物光限幅性能的影响

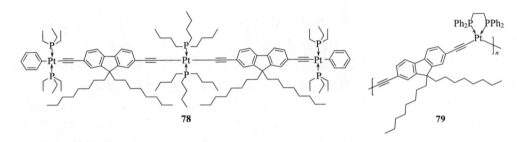

图 5-29 三聚体 78 和具有顺式结构的聚合物 79 的化学结构式

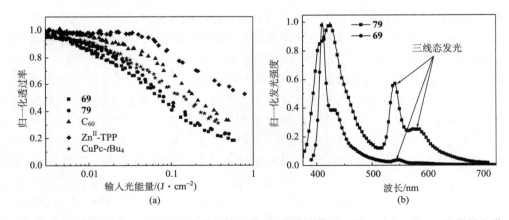

图 5-30 (a) 芴基芳炔过渡金属聚合物与传统光限幅材料性能的对比;(b) 69 和 79 的发射光谱

甚至在较高的 T_0 条件下,聚合物 **69**、**70**、**72** 和 **79** 的光限幅性能都优于传统的性能最好的光限幅材料,如 C_{60}、四苯基卟啉锌(Zn-TPP)和 CuPc-tBu$_4$。聚合物 **69**、**70**、**72** 和 **79** 都是白色的固体,最大吸收峰均落在 400 nm 之前(图 5-31),其优异的透明性与传统 C_{60}、Zn-TPP 及 CuPc-tBu$_4$ 形成鲜明对比,这些传统材料透明性很差,在可见光区域都有特别强的吸收。因此,聚合物 **69**、**70**、**72** 和 **79** 的优异光学透明性与传统材料相比极具竞争性。基于这些过渡金属芳炔聚合物优异的光限幅性能,这种成功地实现光限幅性能与透明性综合优化策略必将成为设计合成新一代高效光限幅材料的重要指南。

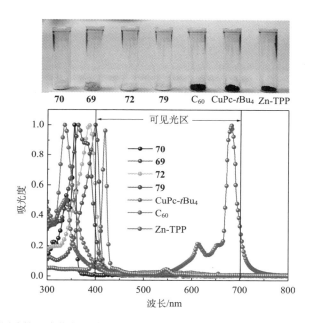

图 5-31 芴基金属聚炔配合物与传统光限幅材料颜色和紫外-可见吸收光谱的对比(见书末彩图)

2. 树枝状结构 Pt(Ⅱ)芳炔配合物

与线型的大分子相比,树枝状大分子具有确定的独特大分子结构。另外,其高枝化的球状结构使得其在各种高端的应用中极具竞争力[69]。例如,树枝状大分子能显著地提高溶解性并保持较低的黏度特性[70]。另外,功能分子被树枝状大分子的球形架构包裹能形成封装效应,可以实现各种不同的应用,如选择性催化和抑制猝灭等[71]。大量的封端基团在调控树枝状大分子性能方面也起到至关重要的作用,如疏水性、可连接性等。因此,近年来对树枝状大分子的研究呈繁荣之势。

Malmström 等成功地开发了一系列高达四代的树枝状大分子包裹的 Pt(Ⅱ)芳炔配合物 **13**(G1)和 **80**~**82**(G2~G4)(图 5-32)[72]。光物理性能以及光限幅性能研究表明,这类树枝状 Pt(Ⅱ)芳炔配合物是一种基于 RSA 机制的高效宽波段光限幅材料。有趣的是,随着树枝状取代基代数的增加,光限幅效应也逐渐提升,并且均优于它们的母体配合物 **2** 的光限幅性能。在同样的条件下(532 nm 激光脉冲)，Pt(Ⅱ)芳炔配合物 **2**、**13** 和 **80**~**82** 的饱和光输出能量分别为 9.0 μJ、7.6 μJ、7.1 μJ、6.3 μJ 和 6.6 μJ，当激光脉冲为 630 nm 时，则分别为 18.4 μJ、12.7 μJ、11.9 μJ、10.2 μJ 和 9.9 μJ。树枝状大分子作为光限幅材料的优势在于它们大的树枝状结构具有"基位隔离效应"，可有效避免三线态-三线态湮灭并抑制由氧气诱发的三线激发态猝灭。此外，这类树枝状 Pt(Ⅱ)芳炔配合物都表现出很好的透明性($\lambda_{\text{cut-off}} > 400$ nm)。因此，树枝状 Pt(Ⅱ)芳炔配合物将会是一类良好的可满足实用要求的光限幅材料。

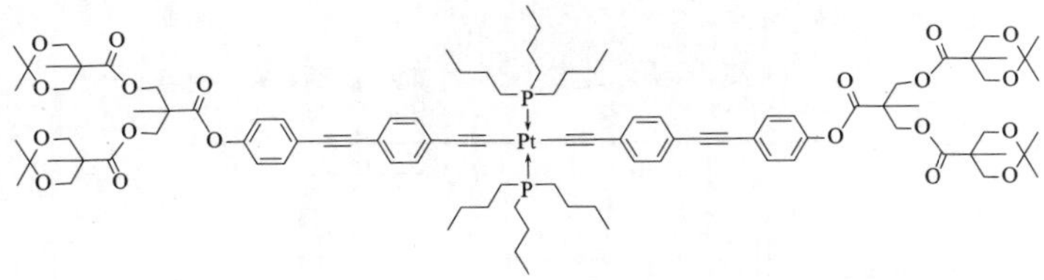

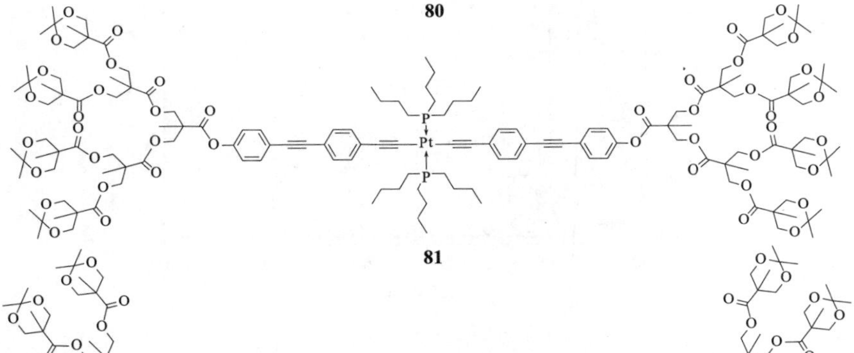

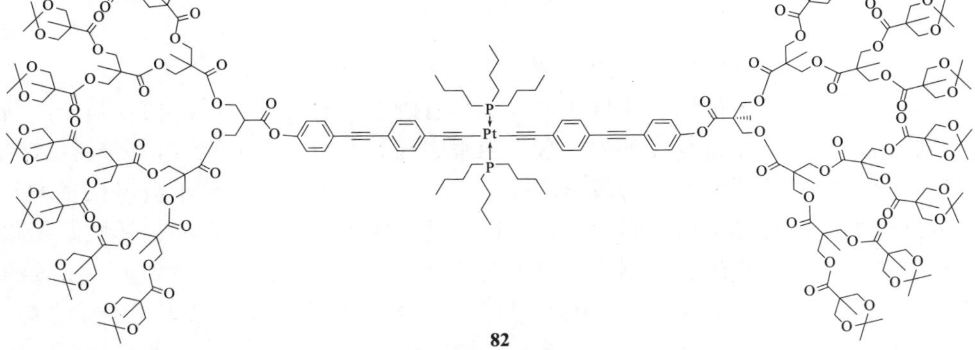

图 5-32　树枝状 Pt(Ⅱ)芳炔配合物的化学结构式

5.4 光限幅器件研究尝试

到目前为止，绝大多数光限幅材料的限幅性能都是在溶液中测定的，这不利于实际应用。为了便利地开发实际应用的激光防护器件，直接在固态下应用光限幅材料时更为方便，这将极大地简化器件制备[1,73]。近来，研究人员也尝试开展了不少基于金属有机芳炔配合物的原型激光防护器件的研究。到目前为止，主要采用以下两种方法制备：①物理分散（Ⅰ类）；②化学键合（Ⅱ类）[74,75]。在器件制备时，须避免光限幅材料的聚集（尤其在物理分散方法中），因为聚集不仅会影响光限幅性能，而且还会降低器件的透明性。

Malmström 等制备了一系列用 bis-MPA（10～13）或者甲基丙烯酸酯（**83**）封端的Pt(Ⅱ)芳炔配合物并研究了固态原始器件的光限幅性能（图 5-33）[76]。bis-MPA 基团提供了良好的溶解性并且与聚甲基丙烯酸甲酯（PMMA）基质有着极好的相容性，有助于提高材料的透明性。配合物 **83** 的甲基丙烯酸酯基团可提供与甲基丙烯酸甲酯（MMA）聚合的位点，以将具有光限幅活性的材料 **83** 键合到 PMMA 基质中（Ⅱ类）。将光限幅材料 **10**、**12** 和 **13** 与 MMA 混合后在偶氮二异丁腈引发、50℃条件下保持聚合 3 天而成Ⅰ类光限幅材料。所有光限幅材料在固态原型器件中的掺杂浓度为 50 mmol·L^{-1} 时，在大于 500 nm 的区域均能表现出良好的透明性（T_0 = 90%）。以 PMMA 为参比，它们的 T_0 可达到 98%～99%。总的来说，在纳秒级 532 nm 激光脉冲条件下，以配合物 **12** 和 **13** 制备的Ⅰ类光限幅原型器件与以配合物 **83** 制备的Ⅱ类光限幅原型器件的光限幅性能都随 Pt(Ⅱ)芳炔配合物掺杂浓度的增加而增强。当入射能量为 115 μJ 时，以 **12** 和 **13** 制备的Ⅰ类原型器件的饱和光输出能量分别为 3.9 μJ 和 3.5 μJ。然而，以 **83** 制备的Ⅱ类原型器件光限幅性能较差，在入射能量为 90 μJ 时，饱和光输出能量为 8.5 μJ。显然，Ⅰ类原型器件较Ⅱ类原型器件光限幅性能更好，这可归因于物理分散掺杂制备的Ⅰ类原型器件中光限幅活性分子自由度更大，较容易实现分子结构重排和松弛，而Ⅱ类原型器件中基质刚性太大限制了光限幅活性分子结构重排和松弛。此外，Ⅱ类原型器件存在化学交联基质较脆的问题，因此损伤阈值也较低。总的来说，Ⅰ类原型器件更适合实际应用。

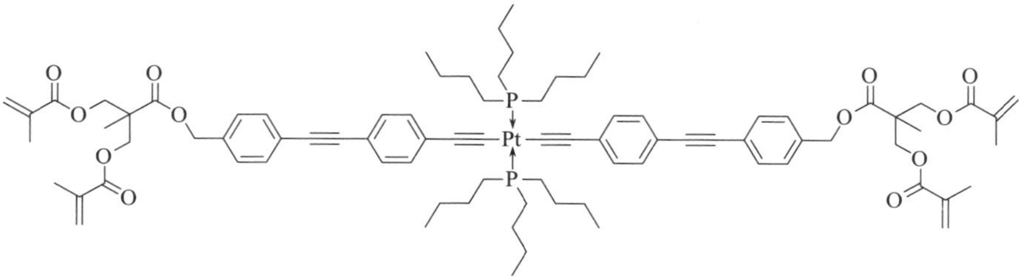

图 5-33 配合物 **83** 的化学结构式

向 Pt(Ⅱ)芳炔配合物部分中引入两个丙烯酸酯基团作为"化学手柄",光限幅材料 84 能很容易地与苯乙烯共聚。因此,以聚苯乙烯为基质,利用"化学手柄"的反应特性可很容易制备Ⅱ类光限幅原型器件(图 5-34)[77]。

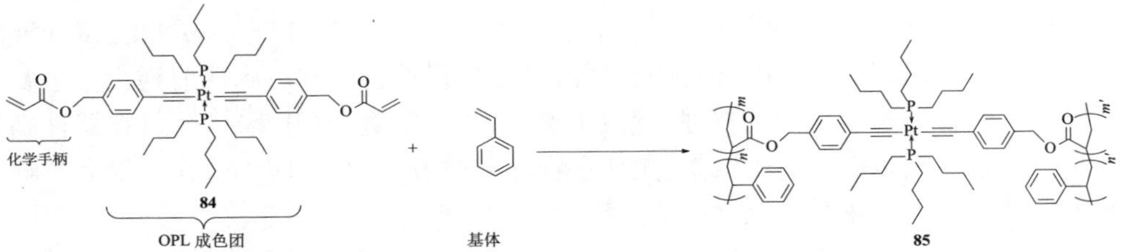

图 5-34　Ⅱ类 OPL 材料的制备方法

此外,通过原子转移自由基聚合(ATRP)的可控自由基聚合技术,在树枝状大分子末端修饰可利用 ATRP 引发官能团,通过 ATRP 法将 86 与 MMA 共聚而可得到Ⅱ类的有机玻璃 87,这也成为开发具有实用潜力的光限幅器件的新方法(图 5-35)。

鉴于上述结果,不难发现基底材料的性能在制备实用器件过程中非常重要。对于一种理想的基底材料,其必须拥有较高的光学质量和激光损害阈值。显然,低温溶胶-凝胶法制备的无机硅基材料具有较好的潜力,它可集高光学品质、良好的热稳定性和机械性能于一身。鉴于此,Eliasson 和 Parola 等制备了三乙氧基硅烷功能化的 Pt(Ⅱ)芳炔配合物 88 和 89(图 5-36),并成功地将其与硅基体系基质通过溶胶-凝胶法成功结合在一起,得到了固态掺杂性光限幅材料[78]。此溶胶-凝胶法涉及甲基三乙氧基硅烷(MTEOS)酸性水解、缩聚及功能化的 Pt(Ⅱ)芳炔配合物溶解等步骤,随着凝胶的老化和干燥形成所谓干凝胶(即硅基掺杂光限幅玻璃)。水解过程(原位或非原位水解)和 pH 条件对掺杂光限幅玻璃性能影响较大。制备此光限幅玻璃最优工艺条件是:前驱体 MTEOS 在 pH 为 2.5 的酸性乙醇溶液中水解,搅拌过夜后蒸发浓缩至前驱体初始体积,用 3-氨丙基三乙氧基硅烷的乙醇溶液中和;然后把要求浓度的功能化 Pt(Ⅱ)芳炔配合物的 THF 溶液加入其中,再加入 pH 为 2.6 的酸溶液,混合液搅拌 7 天以充分水解,Pt(Ⅱ)芳炔配合物与硅基基底缩合聚合时与干燥过程应避免光限幅活性材料沉降;老化完成后,将凝胶置于 70℃和 110℃的 PTFE 模具中干燥以得到理想的无机/有机混合玻璃并研究其光限幅性能。120 mmol·L^{-1} 浓度制备的掺杂玻璃 88 表现出高效的宽波段光学限制性能,在 480 nm、532 nm、580 nm 和 630 nm 激光脉冲波长下,其饱和光输出能量分别为 0.2 μJ、3.0 μJ、4.5 μJ 和 7.0 μJ,表现出比 13 以及 80～82 的 30 mmol·L^{-1} THF 溶液更好的光限幅性能。掺杂玻璃 **88** 的实验数据表明其限幅性能优于 50 mmol·L^{-1} **10** 和 **11** 的 THF 溶液，与 **12** 的光限幅性能相当。更重要的是，其光限幅性能甚至超过了以 **13** 制备的Ⅱ类原型器件，而且具有更高的激光损害阈值。尽管掺杂结构对光限幅性能的影响还需要进一步研究，但硅基无机/有机掺杂玻璃将开辟另一条通往制备简单固态器件的大道。

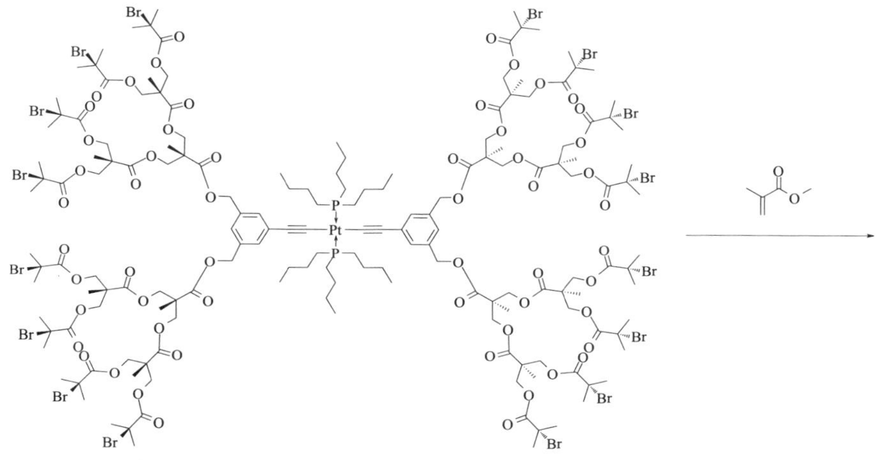

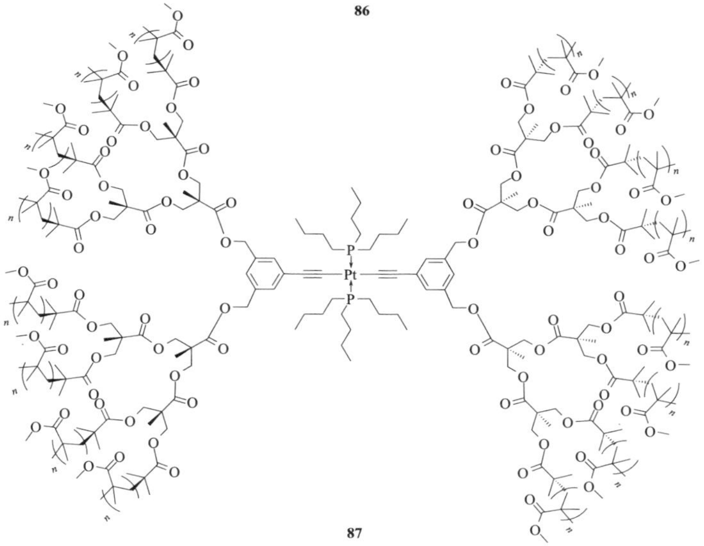

图 5-35　树枝状的 Pt(Ⅱ)芳炔配合物在 ATRP 引发作用下制备Ⅱ类光限幅玻璃

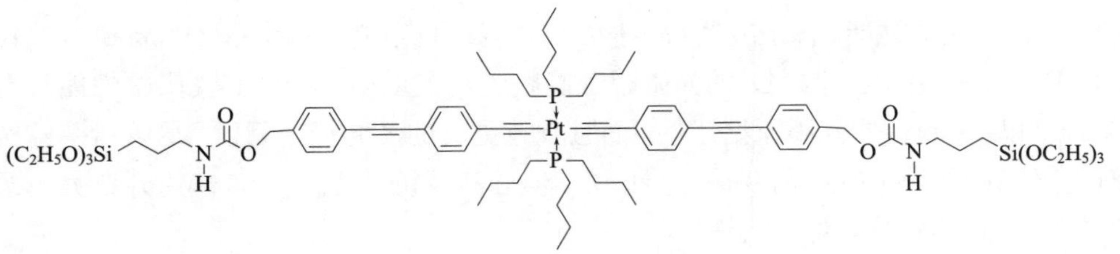

图 5-36 Pt(Ⅱ)芳炔配合物无机硅基Ⅱ类 OPL 玻璃 88 和 89 的化学结构

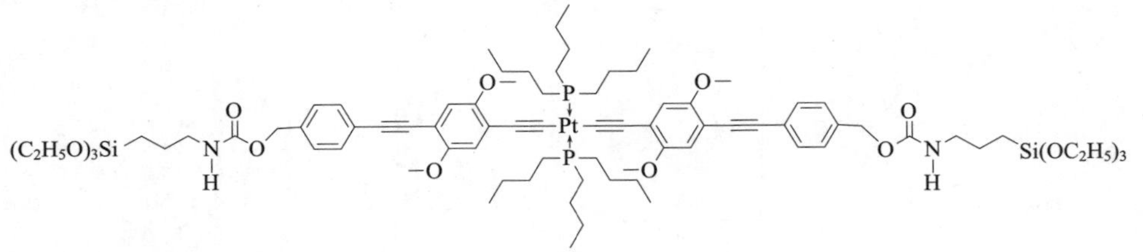

此外，当树枝状大分子 Pt(Ⅱ)芳炔配合物的表面含有合适的硅氧烷基时，外围硅氧烷基的极性可以为非极性的光限幅材料和无机硅烷基质提供良好的相容性。使用树枝状大分子 Pt(Ⅱ)芳炔配合物与硅烷基质发生交联聚合可以制备高质量的Ⅰ类和Ⅱ类光限幅玻璃(图 5-37)。Pt(Ⅱ)芳炔配合物-掺杂型有机/无机玻璃是制备固态光限幅器件的核心。基于以上结果，有机/无机掺杂的方法可在制备开发实用光限幅器件方面具有巨大的潜力[77]。

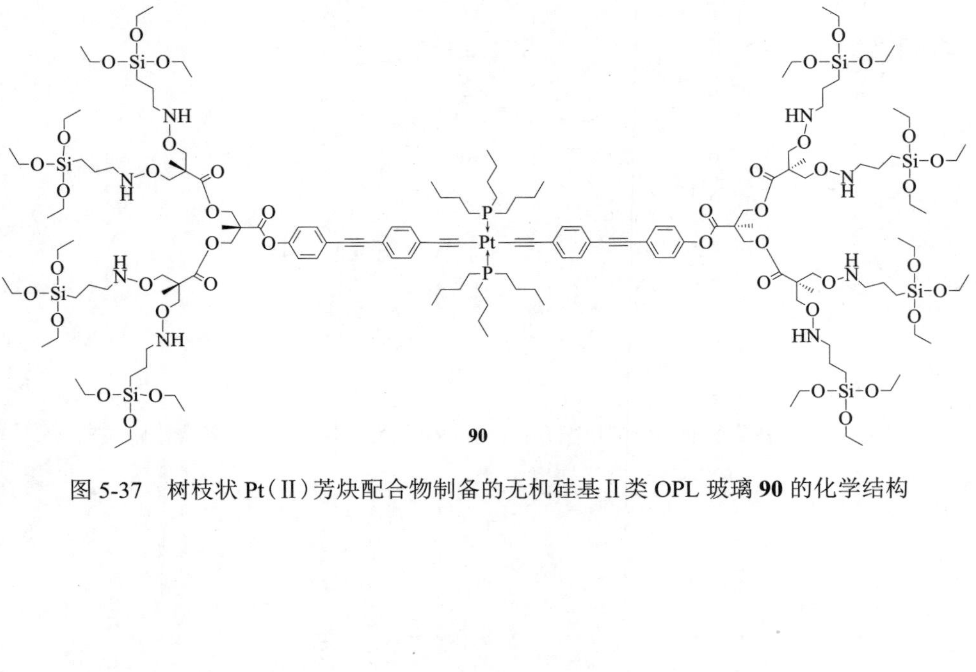

图 5-37 树枝状 Pt(Ⅱ)芳炔配合物制备的无机硅基Ⅱ类 OPL 玻璃 90 的化学结构

5.5 小结

在过去十多年中，使用金属有机芳炔化合物作为新一代 OPL 材料已经被详细研究，并且这类光限幅材料结构-活性-功能的关系也已得到较为清晰的认识。这些都将带给我们对于高性能光限幅材料的更多灵感。值得强调的是，向有机聚芳炔烃骨架中引入如 Pt(Ⅱ) 和 Hg(Ⅱ) 等重金属离子将是开发高性能材料的有效途径，可用于设计开发新型的具有良好的光限幅性能与透明性的光限幅材料。

众所周知，任何光限幅材料对可见光的吸收都使其不利于应用于人眼的激光防护，因为会造成一定程度的视觉损失。与平常传统的光限幅材料相比，这种基于 RSA 机制的金属芳炔配合物更适合用于人眼与光学传感器保护装置的开发（表 5-1）。金属芳炔配合物大部分都是白色粉末，在可见光区域有良好的光学透明性。加之优异的光物理性能，已经打开了通往下一代光限幅材料的大门。同时，它们成功突破了困扰光限幅材料多年的光限幅活性与透明性综合优化问题。此外，在应对光限幅领域中的一些巨大挑战方面，金属有机光限幅材料具有广阔的前景，如调控核心有机配体的电子特性，改变金属配合物的对称性和分子构型，使用不同种类的过渡金属离子（不同组合和位置），以及采用聚合或者树枝状化学结构等。在不久的将来，它们在实用器件的开发中必将展现出巨大的潜力[79]。

表 5-1　不同种类的 Pt(Ⅱ) 芳炔配合物与传统光限幅材料性能的对比

化合物	光限幅阈值[a] /(J·cm^{-2})	线性透过率 /%	样品厚度 /mm	σ_{ex}/σ_o[b]	参考文献
[tri-(n-hexyl) siloxy]InPc	0.07	84	10	16	[7]
[tri-(n-hexyl) siloxy]AlPc	0.26	84	10	10	[7]
[tri-(n-hexyl) siloxy]GaPc	0.12	84	10	14	[7]
bis[tri-(n-hexyl) siloxy]SnPc	0.08	84	10	18	[7]
PbPc(β-CP)$_4$	0.07	62	—	—	[80]
CuPcR$_8$[c]	0.30	68	10	4.18	[81]
(R)-TMBO-CuPc[d]	0.3	76	1	5	[82]
CuPc-tBu$_4$	0.10	—	—	—	[83]
CuPc-tBu$_4$	0.13	86	1	6.20	[60]
Br$_8$[OSi(Hex)$_3$]$_2$SiNPc	>1.0	80	2	2.68	[84]
α[1-yloxybenzoic acid]$_4$ZnPc	0.6	90	2	12.79	[85]
C$_{60}$	0.18	55	2	—	[86]
C$_{60}$	0.19	84	1	3.89	[60]
2	0.9	—	2	—	[46]

续表

化合物	光限幅阈值 [a] /(J·cm^{-2})	线性透过率 /%	样品厚度 /mm	σ_{ex}/σ_o [b]	参考文献
4	—	82	1	7.84	[48]
5	—	82	1	11.56	[48]
6	—	82	1	10.81	[48]
7	—	82	1	11.75	[48]
8	—	82	1	6.11	[48]
9	—	82	1	7.73	[48]
10	—	91	2	34.13	[49]
11	—	69	2	9.68	[49]
12	—	80	2	19.20	[49]
17	0.048[e]	70	2	3.57	[54]
18	0.14[e]	70	2	3.02	[54]
19	1.09[e]	70	2	2.30	[54]
20	0.25[e]	70	2	3.70	[55]
21	0.37[e]	70	2	3.70	[55]
22	0.49[e]	70	2	3.20	[55]
23	0.052[e]	70	2	4.80	[55]
24	>1.0	75	2	<2.77	[56]
25	>1.0	75	2	2.77	[56]
26	>1.0	75	2	2.77	[56]
27	>1.0	75	2	2.77	[56]
28	>1.0	75	2	2.08	[56]
29	>2.0	70	2	1.58	[57]
30	>2.0	70	2	1.29	[57]
31	>2.0	70	2	1.17	[57]
32	0.1	90	2	7.79	[58]
33	>2.0	90	2	6.39	[58]
34	0.8	80	2	5.55	[59]
35	0.9	80	2	5.11	[59]
36	1.0	80	2	5.11	[59]
37	>1.0	80	2	2.68	[59]
38	0.10	92	1	14.52	[60]
39	0.12	92	1	11.85	[60]
40	0.10	92	1	13.0	[61]
41	0.05	92	1	14.0	[61]

续表

化合物	光限幅阈值 [a] /(J·cm^{-2})	线性透过率 /%	样品厚度 /mm	σ_{ex}/σ_o [b]	参考文献
42	0.15	92	1	12.0	[61]
43	0.19	92	1	17.0	[61]
44	0.68	92	1	9.0	[61]
45	0.12	92	1	12.0	[61]
46	0.09	92	1	11.0	[61]
47	0.33	92	1	7.0	[61]
48	0.12	92	1	11.0	[61]
49	0.20	92	1	9.76	[60]
53	0.31	92	1	22.48	[60]
54	0.13	92	1	17.27	[60]
55	0.13	92	1	10.68	[60]
56	0.11	92	1	8.26	[60]
57	0.28	92	1	9.15	[60]
58	0.27	92	1	10.00	[60]
59	0.26	92	1	14.14	[60]
60	—	82	1	6.39	[48]
61	—	82	1	12.99	[48]
62	—	82	1	7.63	[48]
63	—	82	1	9.53	[48]
64	—	82	1	5.51	[48]
65	—	82	1	10.90	[48]
69	0.07	92	1	19.07	[60]
70	0.11	92	1	20.81	[60]
71	0.81	92	1	3.20	[60, 63-66]
72	0.08	92	1	18.32	[60, 63-66]
73	0.35	92	1	3.90	[60, 63-66]
74	0.75	92	1	3.40	[60, 63-66]
75	0.14	92	1	9.76	[60, 63-66]
76	0.19	92	1	13.72	[60, 63-66]
78	0.07	92	1	17.91	[60, 63-66]
79	0.08	92	1	18.62	[60, 63-66]

a. 光限幅阈值：输出光能量密度为输入光能量密度的 50%；

b. $\sigma_{ex}/\sigma_o = \ln T_{sat} / \ln T_o$，$\sigma_{ex}$ 为有效激发态吸收截面，σ_o 为基态吸收截面，T_{sat} 为在光能量密度饱和时的透过率；

c. R = 戊氧基；

d. 顺-四(2-甲氧基-1,1'-联萘-2-氧基)铜酞菁；

e. 输出光能量密度为输入光能量密度的 90%。

参 考 文 献

[1] Spangler C. Recent development in the design of organic materials for optical power limiting. J Mater Chem, 1999, 9: 2013-2020.
[2] Tutt L W, Boggess T F. A review of optical limiting mechanisms and devices using organics, fullerenes, semiconductors and other materials. Prog Quantum Electron, 1993, 17: 299-338.
[3] Sheik-Bahae M, Said A A, van Stryland E W. High-sensitivity, single-beam n_2 measurements. Opt Lett, 1989, 14: 955-957.
[4] Sheik-Bahae M, Said A A, Wei T H, et al. Sensitive measurement of optical nonlinearities using a single beam. IEEE J Quantum Electron, 1990, 26: 760-769.
[5] Cheng L T, Tam W, Stevenson S H, et al. Experimental investigations of organic molecular nonlinear optical polarizabilities. 1. Methods and results on benzene and stilbene derivatives. J Phys Chem, 1991, 95: 10631-10643.
[6] Long N J. Organometallic compounds for nonlinear optics: The search for en-light-enment! Angew Chem Int Ed, 1995, 34: 21-38.
[7] Perry J W, Mansour K, Marder S, et al. Approaches for optimizing and tuning the optical limiting response of phthalocyanine complexes. MRS Online Proceedings, 1994: 374.
[8] Powell C E, Humphrey M G. Nonlinear optical properties of transition metal acetylides and their derivatives. Coord Chem Rev, 2004, 248: 725-756.
[9] Fujikura Y, Sonogashira K, Hagihara N. Preparation and UV spectra of some oligomer-complexes composed of platinum group metals and conjugated poly-yne systems. Chem Lett, 1975, 4: 1067-1070.
[10] Sonogashira K, Kataoka S, Takahashi S, et al. Studies of poly-yne polymers containing transition metals in the main chain: III. Synthesis and characterization of a poly-yne polymer containing mixed metals in the main chain. J Organomet Chem, 1978, 160: 319-327.
[11] Sonogashira K, Takahashi S, Hagihara N. A new extended chain polymer, poly[*trans*-bis (tri-*n*-butylphosphine) platinum 1,4-butadiynediyl]. Macromolecules, 1977, 10: 879-880.
[12] Takahashi S, Kariya M, Yatake T, et al. Studies of poly-yne polymers containing transition metals in the main chain. 2. Synthesis of poly[*trans*-bis (tri-*n*-butylphosphine) platinum 1,4-butadiynediyl] and evidence of a rodlike structure. Macromolecules, 1978, 11: 1063-1066.
[13] Atherton Z, Faulkner C W, Ingham S L, et al. Rigid rod σ-acetylide complexes of iron, ruthenium and osmium. J Organomet Chem, 1993, 462: 265-270.
[14] Davies S J, Johnson B F, Khan M S, et al. Synthesis of monomeric and oligomeric bis (acetylide) complexes of platinum and rhodium. J Chem Soc, Chem Commun, 1991: 187-188.
[15] Davies S J, Johnson B F, Lewis J, et al. Synthesis of mononuclear and oligomeric ruthenium (II) acetylides. J Organomet Chem, 1991, 414: C51-C53.
[16] Johnson B F G, Kakkar A K, Khan M S, et al. Synthesis of novel rigid rod iron metal containing polyyne polymers. J Organomet Chem, 1991, 409: C12-C14.
[17] Abd-El-Aziz A S, Shipman P O, Boden B N, et al. Synthetic methodologies and properties of

organometallic and coordination macromolecules. Prog Polym Sci, 2010, 35: 714-836.
[18] Bunz U H F. Poly(aryleneethynylene)s: Syntheses, properties, structures, and applications. Chem Rev, 2000, 100: 471-473.
[19] Kingsborough R P, Swager T M. Transition metals in polymeric π-conjugated organic frameworks. Prog Inorg Chem, 2007: 123-231.
[20] Long N J, Williams C K. Metal alkynyl σ-complexes: Synthesis and materials. Angew Chem Int Ed, 2003, 42: 2586.
[21] Chao H Y, Lu W, Li Y, et al. Organic triplet emissions of arylacetylide moieties harnessed through coordination to [Au(PCy$_3$)]$^+$. Effect of molecular structure upon photoluminescent properties. J Am Chem Soc, 2002, 124: 14696-14706.
[22] Li P, Ahrens B, Choi K H, et al. Metal-metal and ligand-ligand interactions in gold poly-yne systems. CrystEngComm, 2002, 4: 405-412.
[23] Puddephatt R. Precious metal polymers: Platinum or gold atoms in the backbone. Chem Commun, 1998: 1055-1062.
[24] Puddephatt R J. Coordination polymers: Polymers, rings and oligomers containing gold(Ⅰ) centres. Coord Chem Rev, 2001, 216: 313-332.
[25] Wong W Y, Choi K H, Lu G L, et al. Binuclear gold(Ⅰ) and mercury(Ⅱ) derivatives of diethynylfluorenes. Organometallics, 2001, 20: 5446-5454.
[26] Yam W W, Lo K W, Wong M C W. Luminescent polynuclear metal acetylides. J Organomet Chem, 1999, 578: 3-30.
[27] Ren T. Diruthenium σ-alkynyl compounds: A new class of conjugated organometallics. Organometallics, 2005, 24: 4854-4870.
[28] Sudha Devi L, Al-Suti M K, Zhang N, et al. Synthesis and comparison of the optical properties of platinum(Ⅱ) poly-ynes with fused and non-fused oligothiophenes. Macromolecules, 2009, 42: 1131-1141.
[29] Szafert S, Gladysz J. Carbon in one dimension: Structural analysis of the higher conjugated polyynes. Chem Rev, 2003, 103: 4175-4206.
[30] Tao C H, Yam V W W. Branched carbon-rich luminescent multinuclear platinum(Ⅱ) and palladium(Ⅱ) alkynyl complexes with phosphine ligands. J Photochem Photobiol C, 2009, 10: 130-140.
[31] Wong W Y. Molecular design, synthesis and structure-property relationship of oligothiophene-derived metallaynes. Comments Inorg Chem, 2005, 26: 39-74.
[32] Wong W Y. Recent advances in luminescent transition metal polyyne polymers. J Inorg Organomet Polym Mater, 2005, 15: 197-219.
[33] Wong W Y. Luminescent organometallic poly(aryleneethynylene)s: Functional properties towards implications in molecular optoelectronics. Dalton Trans, 2007, 40: 4495-4510.
[34] Wong W Y. Metallopolyyne polymers as new functional materials for photovoltaic and solar cell applications. Macromol Chem Phys, 2008, 209: 14-24.
[35] Wong W Y, Harvey P D. Recent progress on the photonic properties of conjugated organometallic polymers built upon the *trans*-bis(*para*-ethynylbenzene)bis(phosphine)

platinum(Ⅱ) chromophore and related derivatives. Macromol Rapid Commun, 2010, 31: 671-713.

[36] Wong W Y, Ho C L. Organometallic photovoltaics: A new and versatile approach for harvesting solar energy using conjugated polymetallaynes. Acc Chem Res, 2010, 43: 1246-1256.

[37] Wong W Y, Ho C L. Di-, oligo- and polymetallaynes: Syntheses, photophysics, structures and applications. Coord Chem Rev, 2006, 250: 2627-2690.

[38] Silverman E E, Cardolaccia T, Zhao X, et al. The triplet state in Pt-acetylide oligomers, polymers and copolymers. Coord Chem Rev, 2005, 249: 1491-1500.

[39] Liu J, Lam J W Y, Tang B Z. Acetylenic polymers: Syntheses, structures, and functions. Chem Rev, 2009, 109: 5799-5867.

[40] Cooper T M, Hall B C, McLean D G, et al. Structure-optical property relationships in organometallic sydnones. J Phys Chem A, 2005, 109: 999-1007.

[41] Cooper T M, Krein D M, Burke A R, et al. Spectroscopic characterization of a series of platinum acetylide complexes having a localized triplet exciton. J Phys Chem A, 2006, 110: 4369-4375.

[42] Rogers J E, Cooper T M, Fleitz P A, et al. Photophysical characterization of a series of platinum(Ⅱ)-containing phenyl-ethynyl oligomers. J Phys Chem A, 2002, 106: 10108-10115.

[43] Wittmann H F, Friend R H, Khan M S, et al. Optical spectroscopy of platinum and palladium containing poly-ynes. J Chem Phys, 1994, 101: 2693-2698.

[44] McKay T, Bolger J, Staromlynska J, et al. Linear and nonlinear optical properties of platinum-ethynyl. J Chem Phys, 1998, 108: 5537-5541.

[45] Rogers J E, Hall B C, Hufnagle D C, et al. Effect of platinum on the photophysical properties of a series of phenyl-ethynyl oligomers. J Chem Phys, 2005, 122: 214708.

[46] Staromlynska J, McKay T, Bolger J, et al. Evidence for broadband optical limiting in a Pt∶ethynyl compound. J Opt Soc Am B, 1998, 15: 1731-1736.

[47] Staromlynska J, McKay T, Wilson P. Broadband optical limiting based on excited state absorption in Pt∶ethynyl. J Appl Phys, 2000, 88: 1726-1732.

[48] Zhou G J, Wong W Y, Cui D, et al. Large optical-limiting response in some solution-processable polyplatinaynes. Chem Mater, 2005, 17: 5209-5217.

[49] Westlund R, Glimsdal E, Lindgren M, et al. Click chemistry for photonic applications: Triazole-functionalized platinum(Ⅱ) acetylides for optical power limiting. J Mater Chem, 2008, 18: 166-175.

[50] An M, Yan X, Tian Z, et al. Optimized trade-offs between triplet emission and transparency in Pt(Ⅱ) acetylides through phenylsulfonyl units for achieving good optical power limiting performance. J Mater Chem C, 2016, 4: 5626-5633.

[51] Lu W, Mi B X, Chan M C, et al. Light-emitting tridentate cyclometalated platinum(Ⅱ) complexes containing σ-alkynyl auxiliaries: Tuning of photo- and electrophosphorescence. J Am Chem Soc, 2004, 126: 4958-4971.

[52] Wong K M C, Yam V W W. Luminescence platinum(Ⅱ) terpyridyl complexes: From fundamental studies to sensory functions. Coord Chem Rev, 2007, 251: 2477-2488.

[53] Yam V W W, Tang R P L, Wong K M C, et al. Synthesis, luminescence, electrochemistry, and

[53] ion-binding studies of platinum(II) terpyridyl acetylide complexes. Organometallics, 2001, 20: 4476-4482.
[54] Guo F, Sun W, Liu Y, et al. Synthesis, photophysics, and optical limiting of platinum(II) 4'-tolylterpyridyl arylacetylide complexes. Inorg Chem, 2005, 44: 4055-4065.
[55] Guo F, Sun W. Photophysics and optical limiting of platinum(II) 4-arylterpyridyl phenylacetylide complexes. J Phys Chem B, 2006, 110: 15029-15036.
[56] Ji Z, Li Y, Sun W. 4'-(5'''-R-pyrimidyl)-2,2':6',2''-terpyridyl (R= H, OEt, Ph, Cl, CN) platinum(II) phenylacetylide complexes: Synthesis and photophysics. Inorg Chem, 2008, 47: 7599-7607.
[57] Shao P, Li Y, Sun W. Platinum(II) 2,4-di(2'-pyridyl)-6-(p-tolyl)-1,3,5-triazine complexes: Synthesis and photophysics. Organometallics, 2008, 27: 2743-2749.
[58] Shao P, Li Y, Sun W. Cyclometalated platinum(II) complex with strong and broadband nonlinear optical response. J Phys Chem A, 2008, 112: 1172-1179.
[59] Shao P, Li Y, Azenkeng A, et al. Influence of alkoxyl substituent on 4,6-diphenyl-2,2'-bipyridine ligand on photophysics of cyclometalated platinum(II) complexes: Admixing intraligand charge transfer character in low-lying excited states. Inorg Chem, 2009, 48: 2407-2419.
[60] Zhou G J, Wong W Y, Ye C, et al. Optical power limiters based on colorless di-, oligo-, and polymetallaynes: Highly transparent materials for eye protection devices. Adv Funct Mater, 2007, 17: 963-975.
[61] Zhou G, Wong W Y, Poon S Y, et al. Symmetric versus unsymmetric platinum(II) bis(aryleneethynylene)s with distinct electronic structures for optical power limiting/optical transparency trade-off optimization. Adv Funct Mater, 2009, 19: 531-544.
[62] Liu B, Tian Z, Dang F, et al. Photophysical and optical power limiting behaviors of Au(I) acetylides with diethynyl aromatic ligands showing different electronic features. J Organomet Chem, 2016, 804: 80-86.
[63] Liu L, Poon S Y, Wong W Y. Evolution of lowest singlet and triplet excited states with transition metals in group 10~12 metallaynes containing biphenyl spacer. J Organomet Chem, 2005, 690: 5036-5048.
[64] Wong W Y. Mercury alkynyls as versatile templates for new organometallic materials and polymers. Coord Chem Rev, 2007, 251: 2400-2427.
[65] Wong W Y, Liu L, Shi J X. Triplet emission in soluble mercury(II) polyyne polymers. Angew Chem Int Ed, 2003, 42: 4064-4068.
[66] Wong W Y, Kaho Choi A, Lu G L, et al. Bis(alkynyl) mercury(II) complexes of oligothiophenes and bithiazoles. Organometallics, 2002, 21: 4475-4481.
[67] Wilson J S, Chawdhury N, Al-Mandhary M R, et al. The energy gap law for triplet states in Pt-containing conjugated polymers and monomers. J Am Chem Soc, 2001, 123: 9412-9417.
[68] Zhou G J, Wong W Y, Lin Z, et al. White metallopolyynes for optical limiting/transparency trade-off optimization. Angew Chem Int Ed, 2006, 45: 6189-6193.
[69] Grayson S M, Frechet J M. Convergent dendrons and dendrimers: From synthesis to applications.

Chem Rev, 2001, 101: 3819-3868.

[70] Tomalia D A, Naylor A M, Goddard W A. Starburst dendrimers: Molecular-level control of size, shape, surface chemistry, topology, and flexibility from atoms to macroscopic matter. Angew Chem Int Ed, 1990, 29: 138-175.

[71] Hecht S, Fréchet J M. Dendritic encapsulation of function: Applying nature's site isolation principle from biomimetics to materials science. Angew Chem Int Ed, 2001, 40: 74-91.

[72] Vestberg R, Westlund R, Eriksson A, et al. Dendron decorated platinum(II) acetylides for optical power limiting. Macromolecules, 2006, 39: 2238-2246.

[73] Hollins R C. Materials for optical limiters. Curr Opin Solid State Mater Sci, 1999, 4: 189-196.

[74] Mammeri F, Le Bourhis E, Rozes L, et al. Mechanical properties of hybrid organic-inorganic materials. J Mater Chem, 2005, 15: 3787-3811.

[75] Priimagi A, Cattaneo S, Ras R H, et al. Polymer-dye complexes: A facile method for high doping level and aggregation control of dye molecules. Chem Mater, 2005, 17: 5798-5802.

[76] Westlund R, Malmström E, Lopes C, et al. Efficient nonlinear absorbing platinum(II) acetylide chromophores in solid PMMA matrices. Adv Funct Mater, 2008, 18: 1939-1948.

[77] Westlund R, Malmström E, Hoffmann M, et al. Multi-functionalized platinum(II) acetylides for optical power limiting. Proc SPIE, 2006: 64010H-64011H.

[78] Zieba R, Desroches C, Chaput F, et al. Preparation of functional hybrid glass material from platinum(II) complexes for broadband nonlinear absorption of light. Adv Funct Mater, 2009, 19: 235-241.

[79] Bouit P A, Westlund R, Feneyrou P, et al. Dendron-decorated cyanine dyes for optical limiting applications in the range of telecommunication wavelengths. New J Chem, 2009, 33: 964-968.

[80] Shirk J S, Pong R G, Flom S R, et al. Lead phthalocyanine reverse saturable absorption optical limiters. Pure Appl Opt: J Eur Opt Soc Part A, 1996, 5: 701.

[81] Wen T, Lian I. Nanosecond measurements of nonlinear absorption and refraction in solutions of bis-phthalocyanines at 532 nm. Synth Met, 1996, 83: 111-116.

[82] Wang P, Zhang S, Wu P, et al. Optical limiting properties of optically active phthalocyanine derivatives. Chem Phys Lett, 2001, 340: 261-266.

[83] Zhu P, Wang P, Qiu W, et al. Optical limiting properties of phthalocyanine-fullerene derivatives. Appl Phys Lett, 2001, 78: 1319-1321.

[84] Li Y, Dini D, Calvete M J, et al. Photophysics and nonlinear optical properties of tetra- and octabrominated silicon naphthalocyanines. J Phys Chem A, 2008, 112: 472-480.

[85] Li Y, Pritchett T M, Huang J, et al. Photophysics and nonlinear absorption of peripheral-substituted zinc phthalocyanines. J Phys Chem A, 2008, 112: 7200-7207.

[86] Sun Y P, Riggs J E, Liu B. Optical limiting properties of [60]fullerene derivatives. Chem Mater, 1997, 9: 1268-1272.

(周桂江　赵　江　黄维扬)

第6章

金属有机光致/电致变色材料与性能

6.1 引言

变色材料(chromic materials)[1]是指受到外界条件刺激后可以发生明显颜色变化的材料或化学物质。变色现象普遍存在于自然界中,这种变化一般是由外界刺激因素引起的化学反应或物理效应导致的,过程可以是可逆的,也可能是不可逆的。变色材料属于功能性材料和智能材料的范畴,具有十分诱人的应用前景,并且已经实现了商业化应用,正积极地影响着我们的日常生活。它的应用涉及许多方面,包括信息处理、汽车工业、建筑行业、纺织服装、日常用品及国防军事等多个领域,如变色镜片、变色智能玻璃、变色涂料、温度指示计、热敏打印纸、可视化显示、变色服装等。

根据激发变色现象的外界刺激源的不同,可以将变色材料分为光致变色材料(photochromic materials)、电致变色材料(electrochromic materials)、热致变色材料(thermochromic materials)、溶剂致变色材料(solvatochromic materials)、力致变色材料(mechanochromic materials)等。本章将对金属有机光致和电致变色材料的设计、研究现状及应用加以概述。

6.2 金属有机光致变色材料

光致变色(photochromism)[2]是指一种化合物 **A** 在受到一定波长的光照射时,可进行特定的化学反应,转变成化合物 **B**;而在另一波长的光照射下或热的作用下,化合物 **B** 又能恢复到原来的结构 **A**。这个过程中由于化学反应导致了分子结构的改变,从而使得它们的吸收光谱发生显著的变化,通常从 **A** 到 **B** 的颜色变化过程是向长波方向移动(红移)。一般来说,这种光致转化过程是可逆的,并伴随着其他的物理性质及化学行为的改变，是促进光致变色材料实现应用的关键。

早在 1867 年，Fritzsche 就观察到橙色并四苯溶液在空气和日光的作用下出现褪色的现象，而在没有光照或受热时颜色会逐渐恢复[3]。但是光致变色一开始并未引起人们的足够重视，直至 Hirshberg 提出光致变色材料应用于光记录存储的可能性之后，并把这种现象命名为"photochromism"，光致变色材料的研究才开始得到人们的广泛注意[4,5]。发展至今，光致变色材料可以分为有机、无机、无机-有机杂化等不同类型，其中有机光致变色材料种类最为繁多、研究最为广泛。按照有机光致变色材料在光致变色过程中的化学反应机理的不同，可以大致将其分为以下几种[1,2]：①键的异裂，如螺吡喃(spiropyran)、螺噁嗪(spirooxazine)等；②键的均裂，如六苯基双咪唑等；③电子转移互变异构，如水杨醛缩苯胺类席夫碱化合物等；④顺反异构，如二苯乙烯、苄叉苯胺、偶氮化合物等；⑤氧化还原反应，如稠环芳香化合物等；⑥周环化反应，如俘精酸酐类、二芳基乙烯类化合物等。

这些常见的光致变色有机化合物体系的光化学过程往往都是通过单线激发态来实现的。与纯有机化合物相比较，金属配合物不仅具有有机配体特有的配体中心电子跃迁(IL)和不同配体间的电荷转移(LLCT)，通常还具有更为丰富多样的金属中心参与的电子跃迁模式。例如，金属离子/金属簇所特有的金属中心(MC)电子跃迁和多核金属间的价间电荷转移(IVCT)，以及配体参与的金属中心与配体之间的电荷转移跃迁(MLCT：金属→配体电荷转移；LMCT：配体→金属电荷转移)等等。同时，金属配位化合物的金属离子的重原子效应有利于促进系间窜越从而实现自旋禁阻的三线激发态，进一步可以实现三线态光化学历程以及敏化可见光激发的光致变色反应。鉴于金属配合物具有更丰富的光物理性质和电化学性质，将单一的有机光致变色分子作为配体，与金属离子通过配位组装合成配合物，利用金属与有机配体的电子相互作用，不仅可以实现光电调控的多重光致变色的光化学或物理行为，并使得整个配合物体系在光致变色的同时表现出新颖的多功能特性，还有利于提高光致变色体系的稳定性、抗疲劳性及光致变色产率等[6]。

6.2.1 含顺反异构结构单元的光致变色金属有机化合物

20 世纪 40 年代末，汞金属离子与二硫腙形成的配合物(图 6-1)具有可逆光致变色现象已经被观察到[7,8]，化合物 **1**(M = Hg)在阳光照射下很快地从橙黄色变成蓝色，并可以在暗处缓慢地变回原来的橙黄色。随后通过不同温度下异构化过程的红外光谱动力学研究，进一步证实了这类二硫腙配合物的光致变色过程包括了 C=N 双键的顺反异构以及 N 原子上的氢转移过程[9,10]，并且发现这种显著的光致变色效应不仅仅局限于金属汞的配合物，还可以在钯、铂、锌、镉、铅、铋等金属的配合物中观察到。

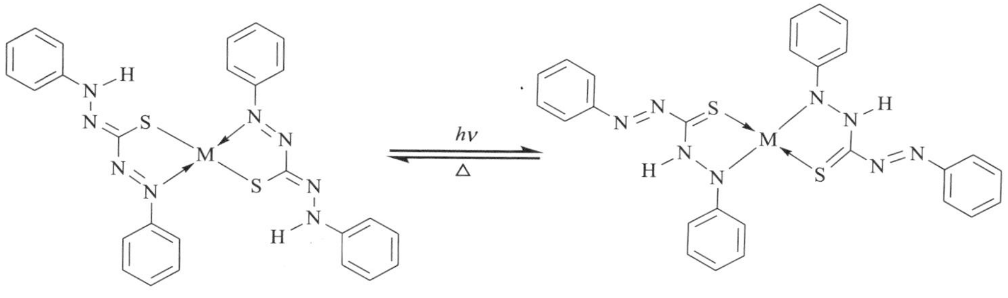

图 6-1　二硫腙金属配合物的光致异构反应示意图[10]

具有偶氮基团的有机化合物，作为顺反异构类光致变色化合物的一种典型代表，利用其作为结构单元，合成过渡金属配合物光致变色体系的研究一直备受人们的重视。利用偶氮单元中的氮原子所具有的配位能力，可以与过渡金属反应形成单齿 N 配位或邻位环金属化的 N^C 双齿配位模式。然而这两种配位模式在顺反异构化过程中存在着一定的局限和挑战：一方面，邻位环金属化的双齿配位模式导致 N=N 双键的转动受到限制，导致光致异构化几乎很难进行；另一方面，N—M 的单齿配位模式虽然可以避免环金属化带来的影响，但是这类化合物的光异构化过程往往伴随着配位键的断开，导致很难获得稳定的光异构化配合物。为了克服这些局限，人们巧妙地在偶氮体系中引入具有配位功能的有机基团，如含氮杂环的吡啶、联吡啶、卟啉等官能团，利用这些配位官能团与金属离子形成稳定的配位键，从而获得包含偶氮光致异构基团的稳定的金属配合物。

2000 年，Lees 及其合作者利用 4,4′-偶氮吡啶作为桥联配体，合成了一系列金属铼、钯、铂的四核单金属或异金属大环配合物，并系统地研究了这类化合物的光致顺反异构性能[11,12]。他们发现含铼和/或钯的四核金属化合物 3 在紫外光的照射下，偶氮配体会发生反式到顺式的光致异构化，同时伴随着大环配合物的分解和重新自组装，转变形成新的双核金属化合物 4（图 6-2）。这种光致异构化过程是可逆的，在黑暗中加热到 323 K 后，双核金属化合物 4 将完全变回原来的四核金属化合物 3。

随着对包含联吡啶[13]、三联吡啶[14,15]、二茂铁[16,17]、卟啉[18]、氰基[19]、炔基[20]等官能团的偶氮金属配合物的深入研究，人们发现了大量具有良好光异构性能的金属有机化合物。Aida 等[21]在 2006 年巧妙地设计合成了含二茂铁和卟啉的偶氮大环化合物 5[图 6-3(a)]，研究发现化合物 5 在紫外光或可见光的照射下可以发生可逆的顺反异构，这个过程中的结构变化就像剪刀的张开与合上的过程，并且主体配合物的光异构化构型变化还进一步转移诱导转子客体构型的机械扭曲，这一结果为实现可远程控制的分子行为系统提供新的思路。

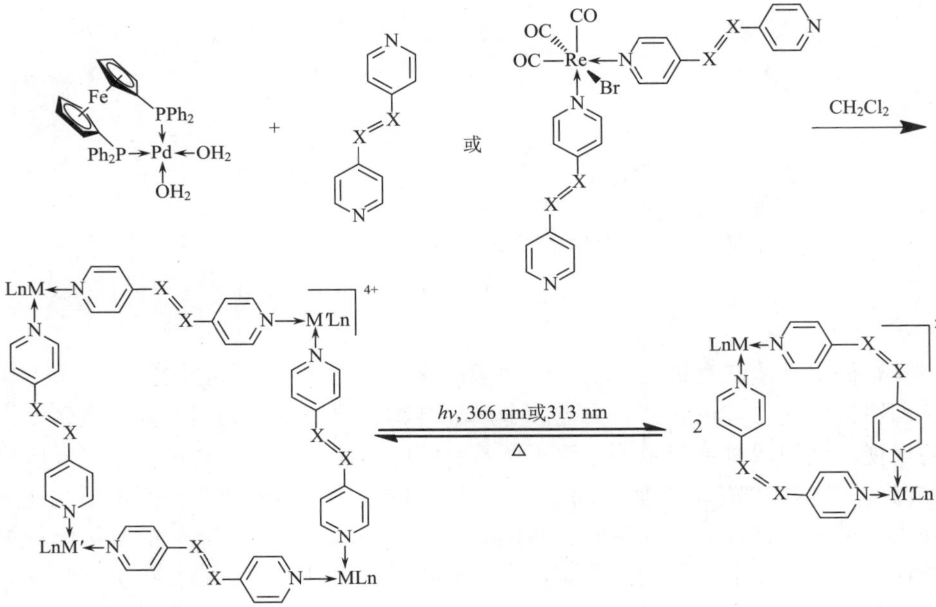

3　　4

3a ⇌ 4a　MLn=Pd(dppf), M′Ln=Re(CO)$_3$Br, X=N

3b ⇌ 4b　MLn = Pd(dppf), M′Ln = Re(CO)$_3$Br, X = C

3c ⇌ 4c　MLn = M′Ln = Pd(dppf), X = N

图 6-2　吡啶偶氮配体桥联的四核金属大环配合物的合成及光致异构化反应[12]

2009 年，日本的 Nishihara 和合作者报道了一类不对称的基于苯二硫醇-联吡啶的铂金属配合物。在苯二硫醇单元上进行偶氮功能化后，配合物呈现出与偶氮苯相反的光致顺反异构行为：波长为 405 nm 的光照射导致了反式到顺式的异构化，对应着苯二硫醇(π)到联吡啶(π^*)的配体间电荷转移(CT)吸收谱带；波长为 312 nm 的光照射可以实现顺式到反式的转化，对应着苯二硫醇和联吡啶基团的$\pi\rightarrow\pi^*$跃迁吸收谱带。而在联吡啶基团上引入偶氮官能团时，配合物表现出与偶氮苯相似的光致顺反异构行为，在 365 nm 或 405 nm 波长的光照射条件下，分别实现了反式到顺式和顺式到反式的光致异构化过程。同时在苯二硫醇和联吡啶结构基元上进行偶氮官能团的修饰，可以实现多重光致异构响应。通过选择合适波长的光照射可以选择性地调控特定的偶氮基团的顺反异构化过程，从而获得稳定的不同构型的三种异构体[图 6-3(b)][22]，最终实现整个光致变色配合物体系的多重光致异构反应。

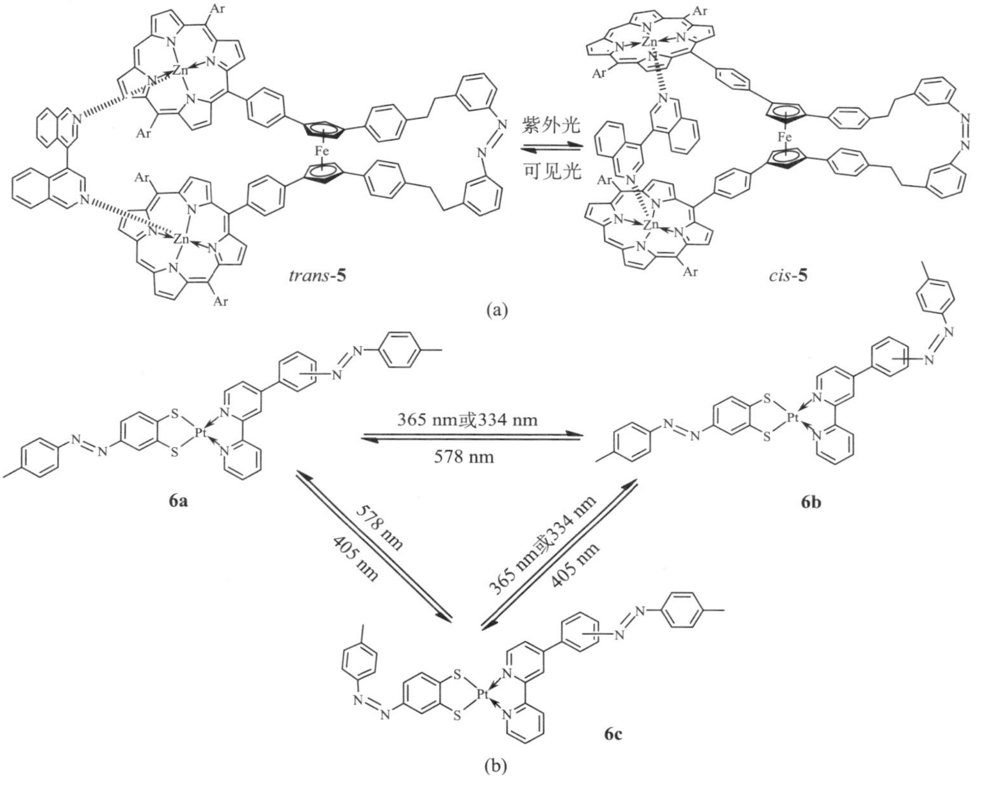

图 6-3 (a)含二茂铁-卟啉-偶氮官能团的金属配合物的可逆光致异构反应[21]；(b)不对称双偶氮铂配合物实现多重光致异构反应[22]

除了偶氮光异构官能团外，乙烯基团的金属配合物同样具有类似的光致异构反应[23]，Nishihara 等[24]和 Lees 等[25]于 2011 年分别报道了含乙烯基团的金属铼配合物 **7** 和金属铁配合物 **8**(图 6-4)。配合物 **7** 包含的四个乙烯官能团在紫外光的照射下可以实现部分的光致顺反异构化反应，其可逆的构型转化过程可以通过加热来实现。配合物 **8** 的丙酮溶液或固体材料，在可见光的照射条件下，会发生不可逆的光致异构化反应，配合物的颜色从黄色变成红色并伴随着显著的自旋转换。

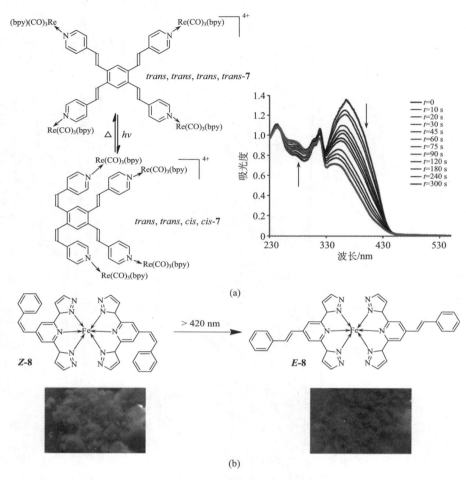

图 6-4 (a) 含乙烯顺反异构官能团的金属铼配合物[24]；(b) 金属铁配合物[25]

6.2.2 含二噻吩基乙烯的光致变色金属有机化合物

在紫外光的激发下，二芳杂环基乙烯化合物能够发生环化反应生成有色的闭环体，同时在可见光的照射下又能发生开环反应回到起始物，是一类非常重要的光致变色材料。二芳杂环基乙烯化合物具有良好的热稳定性和优秀的抗疲劳性，因此一直都受到人们的广泛重视[26,27]，特别是具有低芳香稳定能的噻吩硫杂环体系表现出更好的光致变色性能[28-30]。二噻吩基乙烯类金属有机配合物利用金属中心可以实现分子的能级、激发态、氧化还原性质等的可控调节，因此受到了普遍的关注[31]。

1999 年，Lehn 等[32]首次将吡啶修饰到二噻吩基乙烯的对位，合成了单核和双核的金属钌、铼、钨的配合物(图 6-5),并对这些配合物的光致变色性能进行系统研究。他们发现单核或双核金属钨和铼的配合物通过紫外光及可见光的照射可以实现可逆的光致变色闭环和开环过程。双核钌配合物虽然都可以与吡啶-二噻吩基乙烯有机配体的开环体或闭环体进行配位得到相应的配合物,但是开环体的双核钌配合物在紫外光的照射下却出现了降解,而闭合体的双核钌配合物反而是光稳定的,不能在可见光照射下生成相应的开环体配合物,但是可以实现信息写入的"锁定"。2003 年,田禾等[33]合成了不含氟的二噻吩基乙烯-吡啶配体,发现相对于金属钴、镍和铜的配合物,金属锌形成的配合物对具有光致变色性能的量子效率的提高具有较大的影响。Irie 等[34]也在吡啶修饰的二噻吩基乙烯金属配合物方面开展了一些相关研究工作。

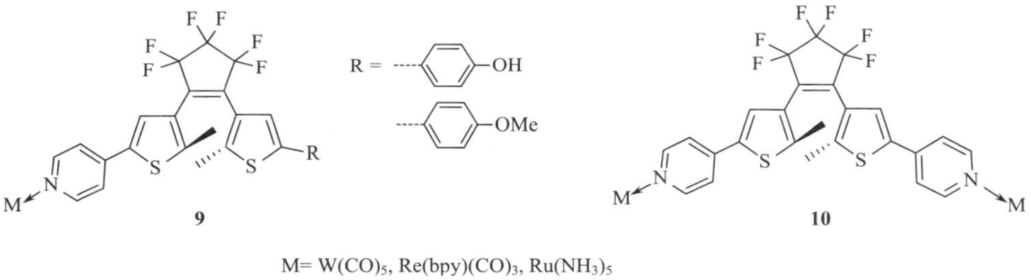

图 6-5　基于吡啶取代二噻吩基乙烯的单/双核金属配合物的结构示意图[32]

利用这种合成策略,许多研究组通过在二噻吩基乙烯结构体系上引入苯基吡啶、联吡啶、三联吡啶等官能团,进而以这种功能化修饰的二噻吩基乙烯结构体系作为桥联配体,在合成多核金属配合物光致变色体系方面进行了一系列的研究。Launay 等[35,36]和 Cola 等[37]将苯基吡啶引入到二噻吩基乙烯结构体系用于合成金属配合物;Munakata 等[38,39]合成了 2-吡啶取代二噻吩基乙烯体系,并获得金属铜配合物及银的多聚物;任咏华等首次将联吡啶引入到乙烯的位置,合成了大量的金属铼、铂及锌的配合物[40,41],以及在五元环烯上进行结构修饰获得含金属铂、金的配合物[42,43];Abruña 课题组[44,45]用三联吡啶来修饰二噻吩基乙烯体系,合成了一系列三联吡啶基二噻吩基乙烯金属配合物;田禾等[46]将卟啉引入到乙烯位,合成了具有良好抗疲劳性的含不同金属的二噻吩基乙烯配合物体系;Rigaut 等[47]则是在炔基取代的二噻吩基乙烯体系中引入[ClRu(dppe)$_2$]$^-$砌块,从而实现利用光致闭环-开环过程来调控金属离子间的电子通信。针对这些二噻吩基乙烯桥联的金属配合物体系开展的光致变色、光谱、电化学等性质的系统表征,人们发现这些金属配合物都表现出良好的光致变色性能,并且光致二噻吩基乙烯基团的光致闭环-开环过程还可以作为一种"分子开关",实现了金属有机配合物的光、电等性质的开关调控。

Branda 等[48]在 2001 年将噁唑啉引入二噻吩基乙烯体系,利用噁唑环上的氮原子与亚铜离子配位得到包含两个光致变色二噻吩基乙烯体系的手性配合物。有意思的是,这类亚铜配合物在 313 nm 的紫外光照射下会导致 Cu—N 配位键的断地,分解后令人意外地得到了单一构型的二噻吩基乙烯配体的闭环化合物,该结果虽然未能实现光致变色材料的应用,但是却为制备光学纯的有机化合物提供了一个非常有意义的思路。随后,为了获得具有多个光致变色结构单元的金属配合物体系,Branda 等[49]采用二酰脒锌金属配合物桥联两个二噻吩乙烯结构单元,制备了具有双光致变色基元的金属锌配合物。如图 6-6 所示,光环化研究表明该配合物通过光致变色基团的闭环-开环反应能够可控地调节二酰脒锌配合物桥联结构基元的荧光特性。同时还发现紫外光照射至光稳态时,只能得到单个二噻吩乙烯闭环状态,而无法得到两个二噻吩乙烯全闭环状态,他们认为当其中一个二噻吩乙烯结构单元在紫外光照条件下发生闭环反应后,进一步的光辐射激发导致了能量从开环二噻吩乙烯结构单元到闭环二噻吩乙烯结构单元的转移,阻碍第二个二噻吩乙烯单元闭环化反应的发生。

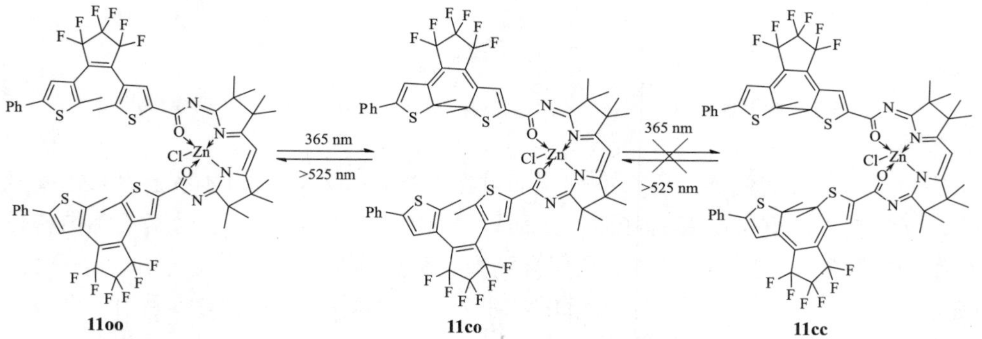

图 6-6　二酰脒锌配合物桥联的双二噻吩基乙烯体系的光致开环-闭环反应[49]

任咏华及其合作者采用"头碰头"的结构模式,在连接两个噻吩的五元环烯上进行结构修饰,合成了金属金、钯桥联的含氮杂环卡宾-二噻吩基乙烯类金属有机配合物[50],以及通过铂炔桥联的噻吩-二噻吩基乙烯类金属有机配合物[51],这些配合物的结构如图 6-7 所示。研究结果表明,这种采用"头碰头"模式桥联的双二噻吩基乙烯金属配合物体系,虽然都可以实现可逆的光致变色,但是达到光稳态时,还是只能获得单边闭环态的相应金属配合物。他们同样认为是由于光激发后,能量能迅速地由未闭环的二噻吩基乙烯单元转移到闭环的二噻吩基乙烯单元上,从而导致无法得到两个二噻吩基乙烯单元全部闭环的产物。

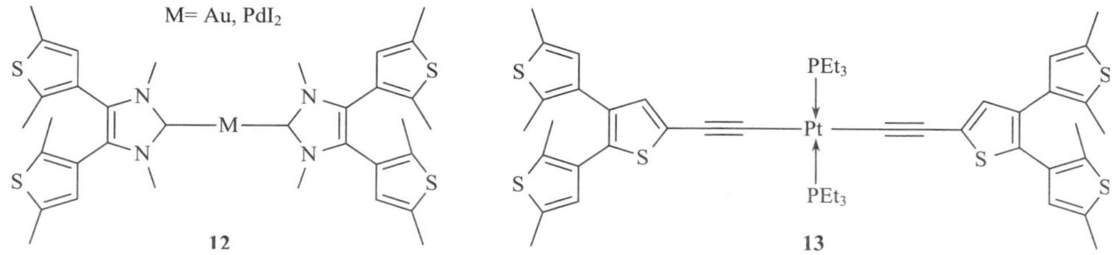

图6-7 金属卡宾和顺式铂炔桥联的双二噻吩乙烯金属配合物体系

2009年，Branda和Wolf等[52]合成了由反式铂炔桥联的"肩并肩"型双二噻吩基乙烯金属配合物(图6-8)，他们发现与之前报道的双二噻吩乙烯金属配合物有不同的光致异构化，研究结果证实了该反式铂配合物在紫外光照射条件下可以实现分步光致闭环反应。当达到光稳态后，他们通过核磁表征手段确定了体系中同时存在着单闭环和全闭环的两种配合物 **14co** 和 **14cc**，这两种配合物的摩尔比约为 **14co**：**14cc** = 1：4。通过光谱分析和理论计算，系统地分析了分步光致闭环反应得到全闭环配合物的过程和原理。结果表明，金属铂的重原子效应导致配合物

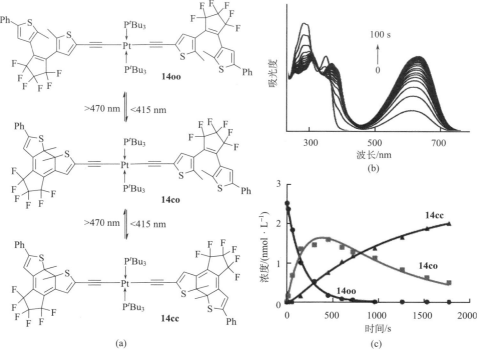

图6-8 反式铂炔桥联的双二噻吩基乙烯金属配合物体系的光环化反应(a)及在365 nm光照射下化合物的吸收光谱随时间变化曲线(b)、浓度随时间变化曲线(c)[52]

14co 的三线激发态能量离域在闭环的共轭二噻吩单元上，因此三线态主导的光化学过程可以有效地阻碍二噻吩基乙烯单元之间的能量转移，从而有效地促进了第二个二噻吩基乙烯单元的闭环化反应，成功实现配合物 **14co** 到全闭环配合物 **14cc** 的光致闭环反应。

近几年，Rigaut 等[53]、Guerchais 等[54]和陈忠宁等[55]分别以 $Ru(dppe)_2Cl_2$ 砌块、联吡啶二乙烯锌配合物以及金属(Au、Ru、Pt)炔砌块为桥联，合成了一系列包含两个二噻吩基乙烯结构单元的过渡金属配合物。这些过渡金属配合物在紫外光的照射条件下，都可以实现两个二噻吩基乙烯结构单元的分步闭环化反应，并且相应的闭环配合物可以通过特定波长的可见光照射分步发生开环化反应恢复到初始的开环化金属配合物，展现出丰富的颜色变化、分步开闭环性能，其中多核金属配合物还表现出优良的开关调控金属间电子通信。

在一个配合物体系中结合更多的二噻吩基乙烯结构单元可能实现更多的颜色变化和多重的光致变色性能。2002～2004 年，田禾课题组[56,57]合成了一系列含有二噻吩基乙烯结构单元的不对称酞菁有机配体[图 6-9(a)]，进而获得一系列金属

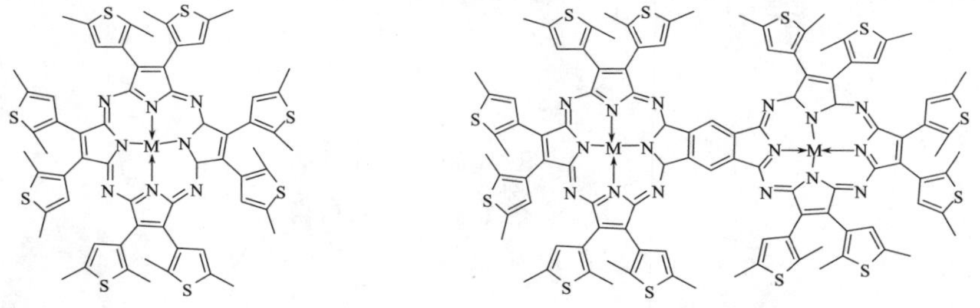

15　　16

(a)

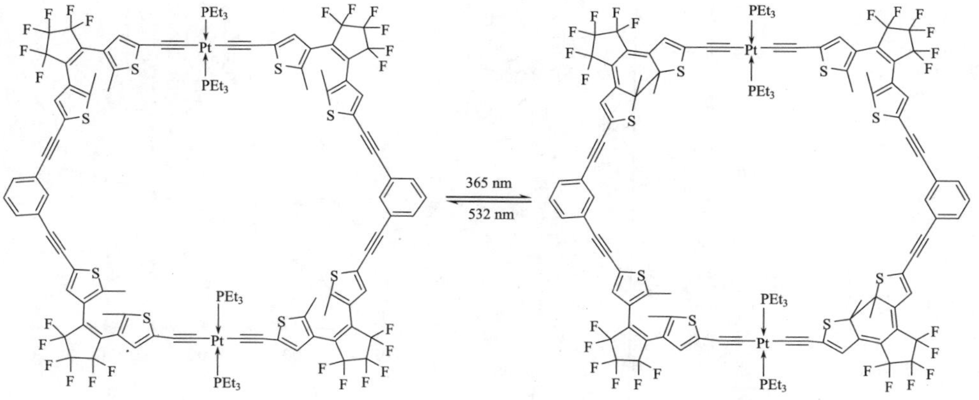

17oooo　　17ococ

(b)

图 6-9　含多个二噻吩基乙烯结构单元的金属酞菁配合物(a)和环状铂配合物(b)

镁、锌或汞配位的光致变色金属有机配合物。这些配合物均含有不同个数的二噻吩基乙烯结构单元，而且都具有优良的光致变色性质，在波长为 365 nm 的紫外光照射下，会发生闭环化反应，并导致开环配合物原本具有的荧光的猝灭，可应用于光信息存储。但是，由于分子内能量转移猝灭了酞菁的激发态而导致其荧光发生极大变化的同时，这些配合物包含的多个二噻吩基乙烯结构单元并不能实现全部闭环化反应。Ko 等[58]在 2005 年报道了反式铂炔和苯二炔基桥联的含四个二噻吩基乙烯结构单元的大环金属有机配合物[图 6-9(b)]。该配合物在紫外光照射下，同样不能实现全闭环配合物，也只能发生部分闭环化反应。

Abruña 等[59]、Bozec 等[60]和陈忠宁等[61]研究小组相继在可以实现分步闭环化反应的、具有多个二噻吩基乙烯结构单元的金属配合物的设计和合成方面开展了一系列的研究。陈忠宁等[61]利用 Au(Ⅰ)-炔砌块作为桥联基团，合成了含三个二噻吩基乙烯结构单元和两个 Au(Ⅰ)-炔砌块的金属配合物 **18**(图 6-10)。研究结果表明，该配合物是一种具有丰富颜色和变色特性的光致变色材料，在不同波长的光的照射条件下，该金属配合物可以发生分步闭环反应，最终可以获得全闭环的

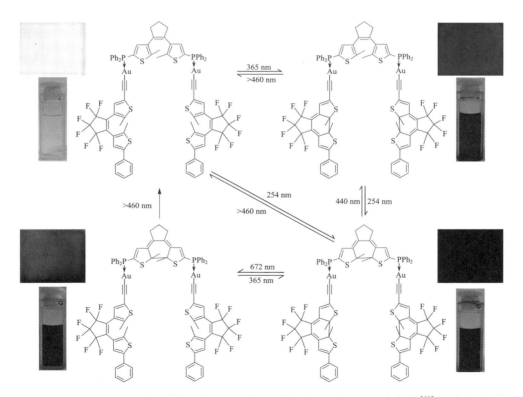

图 6-10　含三个二噻吩基乙烯的双核金配合物 **18** 的多重、分步光致变色性能[61]（见书末彩图）

产物,并且这些光致闭环或开环过程都伴随着非常显著的颜色变化。该结果证实了引入 Au(Ⅰ)到多个二噻吩基乙烯结构体系中,能有效抑制能量在分子开关间的传递,从而实现分步光致变色现象[62]。

6.2.3 含螺形结构基元的光致变色金属有机化合物

具有螺形结构的有机光致变色体系已经被人们广泛研究[63,64],其变色机理是紫外光激发无色的螺形化合物后,导致螺碳氧键的异裂,从而生成吸收在长波区域的有色开环化合物。1998 年,Hurst 首次报道了含有螺噁嗪的金属钌配合物 **19**[65],并利用激光脉冲和瞬态吸收光谱观察到了该配合物的光致开环反应,吸收光谱证明了在暗处可以实现完全可逆的闭环过程(图 6-11)。任咏华课题组在 2000 年报道了利用吡啶修饰的螺噁嗪有机配体合成了具有光致变色效应的金属铼配合物 **20**[66],又在 2004 年[67]和 2008 年[68]分别报道了含联吡啶-螺噁嗪的金属铼配合物 **21** 和金属锌配合物 **22**。他们对这些螺噁嗪配合物的晶体结构、光物理性质、光致变色性质、热褪色动力学和光化学量子效率等进行了系统的研究工作,发现这类配合物的发光性质可以通过光致变色反应而得到可控调节。Frank 等[69,70]从 2003 年开始报道了一系列基于螺噁嗪的过渡金属配合物,这些配合物都表现出良好的、可逆的光致变色性能,并且光致异构过程还可以实现配合物磁性质的有效调控。

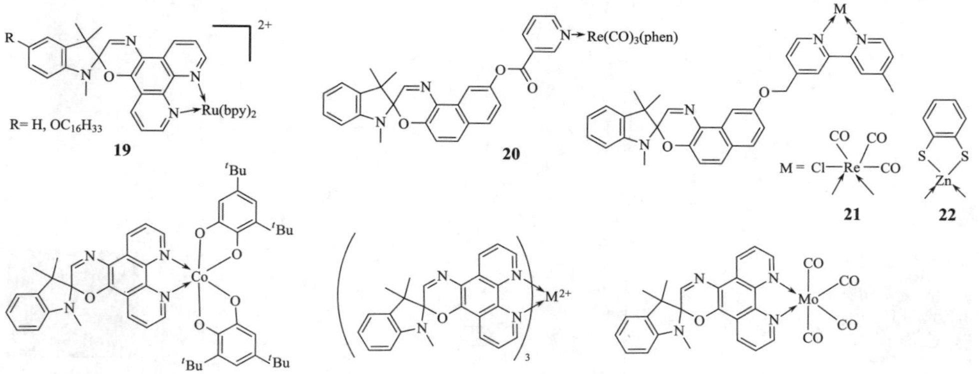

图 6-11 螺噁嗪金属钌配合物的结构示意图

为了拓宽具有螺形结构的有机光致变色体系在固态和一般环境条件下的应用,Izzet 和 Mialane 等[71]在 2013 年首次设计了一类嫁接了螺吡喃分子的钨氧簇合物,并系统研究了它们在溶液状态和固态状态下的光致变色效应(图 6-12)。该类化合物是利用有机硅或有机锡修饰的钨氧簇合物与螺吡喃衍生物通过

Sonogashira 偶合反应获得的。螺吡喃有机配体嫁接到钨氧簇合物后并没有影响其光致变色性能，相反地，这种螺吡喃-钨氧簇合物杂化材料表现出高效的固态光致变色效应：闭环化合物在 365 nm 的紫外光照射下形成开环产物，颜色从米黄色逐渐变成深紫色；开环化合物可以在暗处或黄色光的照射条件下恢复到闭环化合物。然而该化合物的抗疲劳性能较差，整个转化过程中紫外吸收强度会降低 75% 左右。随后的研究[72]还发现，与单独的螺吡喃有机化合物相比较，这种杂化材料的荧光也得到了明显的增强，可以实现荧光调控性能。

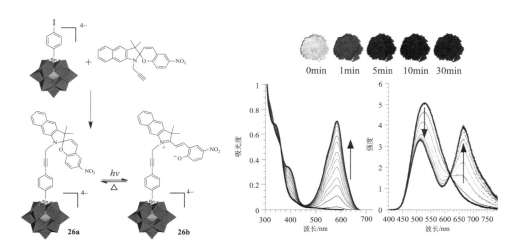

图 6-12　钨氧簇合物-螺吡喃杂化配合物的固态光致变色性能[71]

为了进一步提高螺形结构光致变色体系的抗疲劳性，唐本忠研究组[73,74]设计合成了一类基于罗丹明 B-水杨醛腙的金属（锌、镉、铜或镍）配合物（图 6-13）。研究发现，罗丹明 B-水杨醛腙形成金属配合物之后，在紫外光的照射条件下，不管是在溶液中还是在固体基质上，金属配合物都会发生显著的颜色改变以及荧光变化。这些配合物的光致变色过程是可逆的，并且具有非常好的抗疲劳性能。他们还发现金属配合物的形成，可以有效地克服罗丹明有机衍生物的开环产物仅有毫秒寿命的瓶颈，使得金属配合物的光致开环状态的寿命得到极大的延长，并且这种开环金属配合物的寿命还可以通过改变金属离子、温度、溶剂、取代基进行调控。在进一步的应用研究中，他们发现可以将金属锌配合物分散到泊洛沙姆 407 中制成薄膜，从而实现文字的影印：在紫外光的照射下，文字可以快速地显现；移除紫外光源后，文字颜色又会逐渐消失。更有意思的是，该金属锌配合物薄膜对不同强度的紫外光具有不同程度的变色响应，薄膜随着紫外光强度的增强导致光致变色的着色程度增大，可以作为传感器应用于肉眼检测紫外光强度。

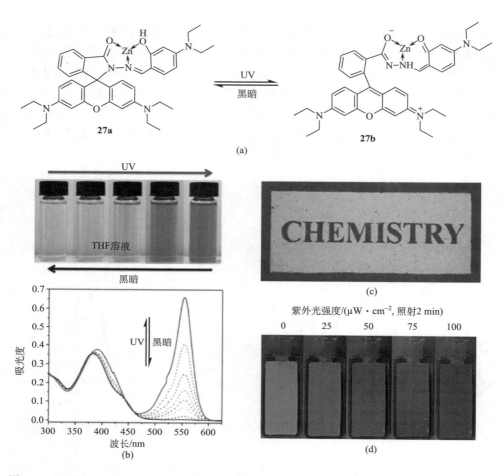

图 6-13 罗丹明 B-水杨醛腙金属锌配合物：(a)光致开闭环过程；(b)在 THF 溶液中的光致显色及吸收光谱变化过程；(c)在紫外光(UV)照射下，配合物-泊洛沙姆 407 混合薄膜可以实现文字影印；(d)配合物-泊洛沙姆 407 混合薄膜对不同强度紫外光的不同显色效果[73](见书末彩图)

6.2.4 具有光致变色效应的金属有机配位聚合物

近几年来，陆续发展起来的光致变色金属有机框架化合物（配位聚合物），由于其特有的微观结构排列方式、稳定性以及在传感、光开关、可擦写印刷等方面的潜在应用，逐渐吸引了人们的关注[75-78]。设计合成具有光致变色效应的金属有机配位聚合物的一个简单策略就是直接在有机桥联配体中引入具有光致变色性能的结构基元，如偶氮苯[79-81]、二噻吩乙烯[82-84]、萘四羧酸二酰亚胺[76,77,85]等具有光致变色响应的有机官能团。

2015 年，周宏才等[84]报道了利用吡啶修饰的二噻吩基乙烯作为光致变色功能基元，以含四个苯基羧酸取代基的苯或卟啉作为第二有机配体，与金属锌离子反应合成了具有显著光致变色效应的金属有机配位框架化合物(图6-14)，同时还发现该化合物具有光致可控的单线态氧生成以及光催化氧化等性质。2016年，他们又报道了类似的基于金属锆的金属有机配位框架化合物，该化合物同样具有可逆的、稳定的光致变色效应，并且在活细胞中的测试表明该化合物可控的单线态氧生成有利于提高光动力治疗疗效[86]。

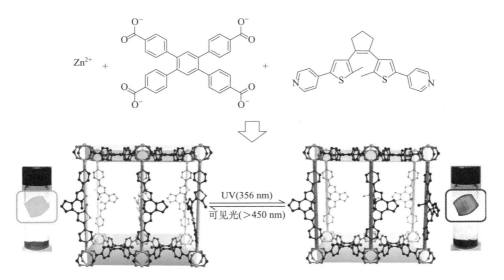

图 6-14　具有光致变色性能的金属有机配位框架化合物[84]

Banerjee 等[76]在 2015 年报道了由金属镁和萘二酰亚胺类配体[图 6-15(a)]构筑的金属有机配位框架化合物。该化合物具有快速的、可逆的光致变色和溶剂变色性能。随后，他们又合成了基于金属钙和锶的金属有机配位框架化合物[图 6-15(b)][77]，光照实验表明这些金属有机配位框架化合物都具有稳定的、显著的可逆光致变色性能[图 6-15(c)]。因此，他们进一步将其应用于无墨水及可擦写的印刷技术之中。他们首先将金属有机配位框架化合物分散到乙醇中，然后采用滴落涂布法将悬浊液转移到纤维素滤纸上。真空干燥之后，他们发现配位聚合物材料依然牢固地黏附在纸张上面，并且几乎不改变纸张原有的柔韧性能和机械性能[图 6-15(d)]。利用合适的漏字板模具，并在太阳光下照射 60 s 的条件下，该负载金属有机配位框架化合物的纸张可以快速、清晰地实现预设文字或图案的影印[图 6-15(e)、(f)]，并且该影印的内容可以保持大约 24 h，之后纸张恢复到原来的颜色，并可以实现循环使用。

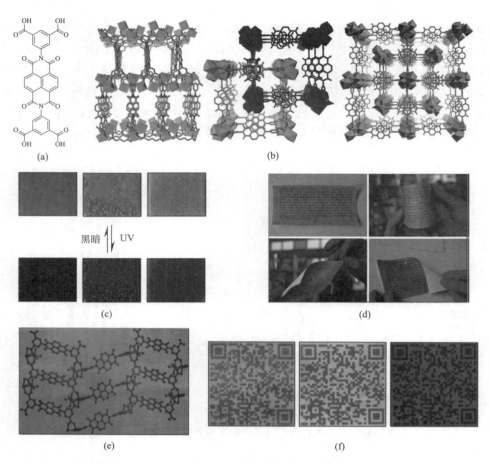

图 6-15 基于萘二酰亚胺类配体的光致变色金属有机配位框架化合物：(a)萘二酰亚胺二(苯二羧酸)配体结构图；(b)金属有机框架化合物的晶体结构图，从左到右分别为金属镁、钙和锶的对应化合物；(c)金属有机框架化合物的光致变色现象，从左到右分别为金属镁、钙和锶的对应化合物；(d)金属镁框架化合物涂抹的纸张的机械变形测试；(e)金属镁框架化合物涂抹的滤纸上显示其球棍模型结构示意图，纸张大小为(14.9×8.1) cm^2；(f)利用涂抹金属有机框架化合物的纸张影印二维码，从左到右分别为金属镁、钙和锶的对应化合物[76,77](见书末彩图)

除了在金属有机配位框架化合物的有机桥联配体中嫁接具有光致变色响应的有机官能团外，人们还发现利用金属杂多酸盐这一类经典的无机光致变色材料，也可以获得具有良好光致变色性能的无机-有机杂化体系。最近，卢灿忠等[85]报道了以硅钨酸作为模板剂，合成了第一个具有可见光响应的镧系金属有机框架化合物。他们发现杂多酸阴离子与具有大 π 共轭体系的萘二酰亚胺基元存在着多种阴离子-π 相互作用和 C—H···O 氢键相互作用，从而导致了快速的可逆的蓝光

(460~465 nm)激发的光致变色现象(图 6-16)。

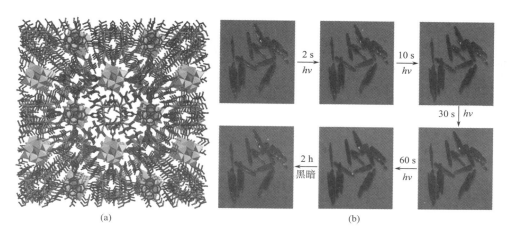

图 6-16 以硅钨酸作为模板剂合成的无机-有机杂化光致变色材料：(a)晶体结构，其中多面体代表了硅钨酸；(b)各条件下光致变色性能[85](见书末彩图)

6.3 金属有机电致变色材料

电致变色(electrochromism)[87]一般是指在一定的外加电场驱动下，物质对光线的吸收、透过或反射等光学性质发生改变，从而引起了物质本身的颜色和/或透明度发生了明显的、可逆的变化。电致变色过程都伴随着电子转移反应，即电化学诱导的氧化还原反应。当电流终止后，很多电致变色材料的颜色变化是持久的，有的甚至可以延长到几天或几周，而仅需要小量的电荷甚至不需要另外附加电流，就可以稳定地保留其变化后的光谱态，避免副反应或短路导致的颜色改变[2,87]。鉴于其所具有的低压驱动、过程可逆和变色持久等特征，电致变色材料被广泛应用于低能耗显示、护目镜、防眩目后视镜、智能节能玻璃及军事伪装等多个领域。

电致变色现象这一概念由 Platt[88]在 1961 年首次提出。Deb[89]在 1969 年首次使用无定形 WO_3 薄膜作为电致变色材料，金作为阴极，导电玻璃作为阳极，制备了具有夹心结构的电致变色器件，并随后提出了基于"氧离子空位"色心的电致变色机理[90]。此后，相继有大量的无机、有机电致变色材料被研究和报道，新材料的合成和器件的制备已经成为一个日益活跃的研究领域。20 世纪 80 年代，Lampert[91]和 Granqvist 等[92,93]提出了以电致变色膜为基础的一种新型节能窗(smart/intelligent/switching window)，成为电致变色研究的另一个里程碑，促使电致变色智能玻璃广泛应用于许多领域，从德国 Stadtsparkasse 银行的可控制外墙到英国伦敦的地标性建筑瑞士再保险总部的玻璃幕墙、法拉利 Superamerica 敞篷跑车的挡风玻璃和顶棚玻璃，以及波音 787 客机客舱窗玻璃，均采用了电致变色技术。

按照电致变色材料的类型，可以将其分类为：①无机电致变色材料，包括过渡金属氧化物、普鲁士蓝体系等；②有机电致变色材料，包括紫精、导电聚合物等；③金属有机化合物，包括金属有机配位络合物及金属有机配位聚合物。其中，金属配合物/聚合物通常具有丰富多样的电子跃迁形式，包括金属中心电荷转移、配体中心电荷转移(IL)、金属中心与配体之间的电荷转移，以及不同配体间的电荷转移和多核金属间的价间电荷转移等等。这就使得金属配合物/聚合物可以获得多重稳定的氧化还原过程，从而呈现出多样化的电致变色性质，备受研究学者的青睐[87,94]。

6.3.1 单核金属配合物电致变色材料

酞菁是由四个异吲哚单元组成的平面大环共轭体系，可以被看作是四氮杂卟啉的衍生物，是一种具有 18 电子大共轭体系的化合物，可以与很多金属元素进行配位形成金属配合物。其中过渡金属离子一般处于酞菁环的中心，形成单层酞菁配合物；而稀土金属离子一般居于两个酞菁环之间，形成夹心状配合物，如图 6-17 所示。金属酞菁配合物具有很强的配位着色能力及多种颜色的变化，是一类研究较为广泛的金属配合物电致变色材料。

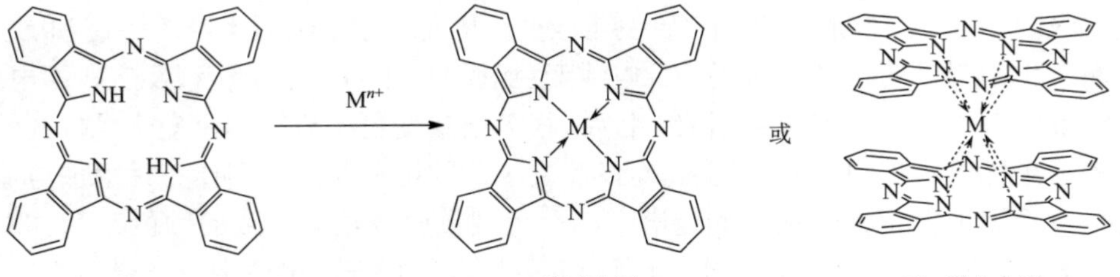

图 6-17 酞菁与过渡金属或稀土金属形成单层酞菁配合物或夹心状二酞菁配合物

在 1970 年，Moskalev 和 Kirin[95]首次报道了利用稀土金属镥的酞菁配合物 $[Lu(Pc)_2]$ 真空升华制备具有电致变色的薄膜（图 6-18）。随着对$[Lu(Pc)_2]$电致变色性质的深入研究[96,97]，发现新制备的$[Lu(Pc)_2]$薄膜是亮绿色的，通过电化学氧化或还原可以得到另外的四种颜色状态。

$$[Pc_2Lu]^{3-} \underset{+e}{\overset{-e}{\rightleftharpoons}} [Pc_2Lu]^{2-} \underset{+e}{\overset{-e}{\rightleftharpoons}} [Pc_2Lu]^{-} \underset{+e}{\overset{-e}{\rightleftharpoons}} [Pc_2Lu] \underset{+e}{\overset{-e}{\rightleftharpoons}} [Pc_2Lu]^{+}$$

红色　　　　紫色　　　　蓝色　　　　亮绿色　　　　黄褐色

图 6-18 稀土金属镥酞菁配合物的四个氧化还原过程和五种颜色状态

Moskalev 等[98-100]报道了稀土金属钕、铒、铕、钍以及金属镓的酞菁配合物；Collins 和 Schiffrin[96]则对金属铜、钴、钼和锡的酞菁配合物的电致变色性能进行了研究。这些研究结果表明，除了纯酞菁有机化合物和酞菁铜配合物在电化学扫描范围内没有发现电致变色现象，其他的酞菁金属配合物都具有一定的电致变色效应。此外，人们对其他的金属酞菁配合物也展开了系统研究工作，发现许多具有电致发光性能的其他金属酞菁配合物，大大促进了金属酞菁配合物的合成和电致发光性质的研究和发展[87,94]。

除了改变酞菁配合物的中心金属离子外，通过酞菁配体上的取代基修饰同样可以对金属酞菁配合物的电致发光性质进行调控，最近几年这方面的工作也取得了许多创新性的进展，许多对称、不对称的具有各类取代基的酞菁金属配合物被研究和报道。例如，2014 年 Dumoulin 等[101]合成了具有 A_7B 不对称结构的双层夹心稀土金属铕酞菁配合物（图 6-19）；Mas-Torrent 和 Veciana[102]在 2016 年报道了过渡金属钇的不对称双层夹心酞菁配合物，该配合物在溶液以及自组装单层分子膜(self-assembled monolayer, SAM)上都存在三种低电位稳定的氧化还原态的电致变色性质（$[Pc_2Y]^- \leftarrow [Pc_2Y] \rightarrow [Pc_2Y]^+$：蓝色 ← 绿色 → 红色）。

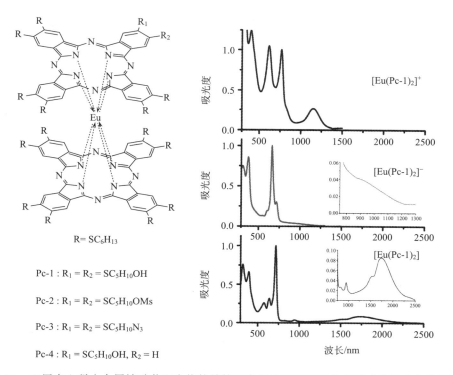

图 6-19 双层夹心稀土金属铕酞菁配合物的结构示意图及其不同氧化态形式的吸收光谱图[101]

Elliott 等[103,104]从 20 世纪 80 年代就开始对金属钌联吡啶配合物(RuL_3^{2+})的电化学、吸收光谱以及电致变色性质进行了系统的研究工作(图 6-20)。他们发现通过改变联吡啶上的取代基可以有效地调控金属联吡啶配合物的氧化还原态：联吡啶和烷基取代联吡啶的金属钌配合物只能观测到三对稳定的可逆氧化还原峰；而在联吡啶上引入吸电子取代基团后,可以显著地稳定金属钌配合物的低氧化态,使其具有更多稳定可逆的还原态(对于羧酸乙酯取代基的配合物,可以观察到七对稳定可逆的氧化还原峰),使得合成的配合物具有多重颜色变化的电致变色效应。此后, 基于多吡啶有机配体的金属配合物作为一类非常重要的电致变色金属配合物, 被人们广泛探索和研究[105-107]。

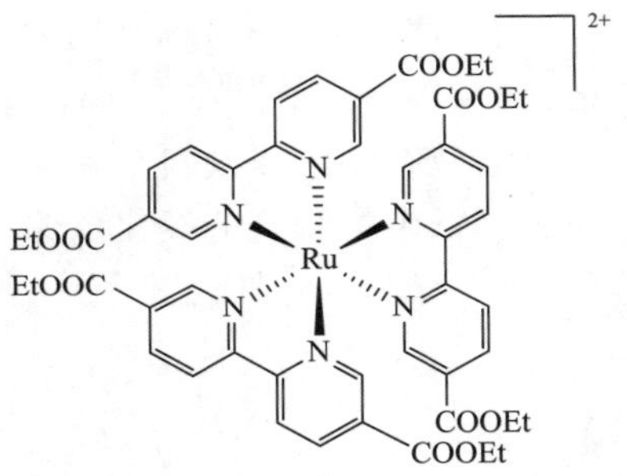

氧化态	电位/V	溶液颜色
2+	1.53~ −0.66	橙色
1+	−0.66~ −0.75	紫色
0	−0.75~ −0.91	蓝色
1−	−0.91~ −1.37	蓝绿色
2−	−1.37~ −1.57	棕色
3−	−1.57~ −1.82	红色
4−	−1.82~ −2.50	桃红色

图 6-20　金属钌联吡啶配合物(RuL_3^{2+})的结构示意图及其溶液中观察到的不同氧化态的电位范围和颜色[104]

最早被应用于近红外光谱区域电致变色研究的金属配合物是基于二硫纶(dithiolene)的配合物,这类配合物具有显著的、氧化还原依赖的近红外区域的吸收[94,108]。金属二硫纶配合物一般具有平面型结构,金属和二硫纶配体之间形成离域的大 π 键共轭体系,具有两个稳定的可逆氧化还原过程及三种稳定的氧化态(中性、单价阴离子和二价阴离子)。中性和单价阴离子形式的金属二硫纶配合物具有强的近红外吸收,并且二硫纶上不同的取代基对配合物的近红外吸收峰的位置具有非常显著的影响。这类配合物具有良好的热稳定性和光化学稳定性,以及强烈的电致变色效应,已报道的中性金属二硫纶配合物的近红外吸收最大吸收波长可达 1000 nm、摩尔消光系数高达 80000 L·mol^{-1}·cm^{-1},这类配合物被单电子还原形成单价阴离子型配合物后,其近红外吸收的最大吸收波长会发生红移,最大可位移到 1400 nm[108,109]。

6.3.2　多核金属配合物电致变色材料

配体桥联的混合价金属配合物通常可以在近红外光谱区域显示强的价间电荷

转移(IVCT)吸收,并且它们的最大吸收波长和摩尔消光系数可以通过桥联配体、端基配体或溶剂进行调节,往往具有多重的电致变色现象,并兼具操作电压低、响应时间短、对比率好、记忆时间长等优点。至今,多核金属配合物电致变色材料已被人们广泛研究,人们设计了各种不同类型的桥联配体,并应用于合成大量的多核金属配合物[19,110-112]。

早在 1990 年,Boxer 等[113]已经开始对金属钌双核配合物[(NH$_3$)$_5$Ru]$_2$L^{5+} (L = 吡嗪或 4,4'-联吡啶)的电致变色性质进行研究。他们发现通过改变桥联配体可以调节两个金属钌的价间电荷转移,进而改变配合物在可见-近红外光谱区域的电致变色性能。

2003 年,Bignozzi 等[114]合成了一系列氰基桥联的双核金属配合物{[M—CN—Ru^{III}(NH$_3$)$_4$(pyCOOH)]$^{-/3+}$, M = Ru^{II}(bpy)$_2$(CN)、Ru^{II}(py)$_4$(CN)、Ru^{II}(CN)$_5$ 或 Fe^{II}(CN)$_5$}(图 6-21),并系统研究了这些配合物在溶液中的氧化还原性质。研究结果表明这些具有混合价的双核金属配合物中存在明显的价间电荷转移,使得这些配合物在溶液中呈现出绿色(**28a**)或蓝色(**28b**~**28d**)。这些双核金属配合物在被单电子还原之后,价间电荷转移会被猝灭,因此配合物的颜色主要由金属中心到配体的电荷转移所决定,导致溶液的颜色变成红色或紫红色。利用吡啶配体上具有的—COOH 基团作为锚定基团,他们还将这一系列双核金属配合物吸附到透明的二氧化钛或二氧化锡薄膜电极上。光谱电化学的研究结果显示在-0.5~+0.5 V(vs. SCE)的电位范围内,这些配合物表现出非常明显的颜色变化、毫秒级别的颜色转换时间以及良好的稳定性(大于 1.2 万次循环的电化学扫描)。

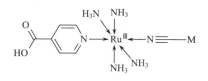
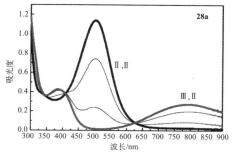

M = Ru^{II}(bpy)$_2$(CN), **28a**; Ru^{II}(py)$_4$(CN), **28b**;
Ru^{II}(CN)$_5$, **28c**; Fe^{II}(CN)$_5$, **28d**

图 6-21 氰基桥联的双核金属配合物的结构及其电致变色过程中吸收光谱的变化[114]

McCleverty 和 Ward 等[115-118]合成了一系列具有[Mo(Tp*)(O)Cl]$_2$(μ-O—Ph—E—Ph—O)$^{n+}$ (n = 0、1、2;E 代表连接两个苯酚的不同共轭基团)结构的金属钼配合物(图 6-22),这类配合物中的钼金属中心可以逐步被氧化:Mo^{V}—Mo^{V} → Mo^{V}—Mo^{VI} → Mo^{VI}—Mo^{VI}。当存在一个或两个 Mo^{VI} 金属中心的时候,配合物具有

一个低能量的、强度大的近红外吸收,该吸收谱带可以归属于配体到金属中心的电荷转移,而且取决于两个苯酚间的桥联基团,该吸收峰的最大波长范围为800~1500 nm,摩尔消光系数最高可以达到50000 L·mol^{-1}·cm^{-1}。

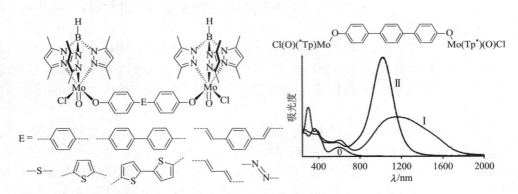

图 6-22 双核金属钼配合物[Mo(Tp*)(O)Cl]$_2$(μ-O—Ph—E—Ph—O)$^{n+}$的结构及其不同氧化态的吸收光谱[118]

Ward 等[119-122]设计合成了一系列醌类有机配体桥联的金属配合物(图 6-23)。这些配合物具有多重的氧化态形式,而且不同的氧化态呈现出明显不同的可见和近红外吸收,从而使这类配合物表现出优秀的近红外电致变色性能。这些研究大

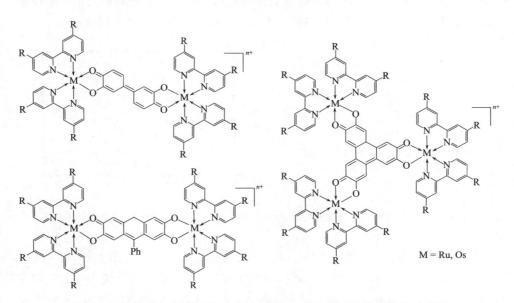

图 6-23 醌类有机桥联配体形成的双核、三核金属配合物的结构示意图

大促进了其他类醌配体及其金属配合物的近红外电致变色的研究[123-125]。

最近，Kato 等[126]报道了一类具有多重电致变色性能的二核金属铂配合物（图 6-24）。通过三种氧化态（+2 价、+2.33 价和+3 价）的单晶结构测定，他们发现混合价配合物是由二核金属配合物聚合形成的三聚体，其中金属铂具有+2.33 价平均氧化态，六个金属铂链中具有显著的价间电荷转移。Winter 等[127,128]合成了一系列四核金属钌的环状配合物，红外光谱和紫外-可见-近红外光谱电化学研究证实了这类化合物丰富的氧化还原过程和显著的电致变色行为。

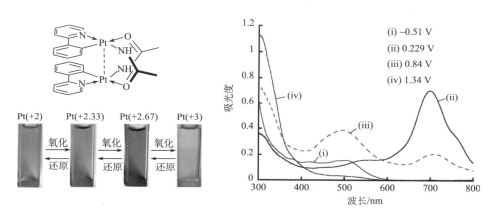

图 6-24　二核金属铂配合物的电致变色性能研究[126]

6.3.3　金属有机聚合物电致变色材料

Higuchi 和 Kurth 等[129,130]对过渡金属-三联吡啶聚合物的合成和电致变色性能进行了开拓性和系统性的研究工作。他们利用双(三联吡啶)类配体与金属离子进行配位自组装，合成了一系列同核或异核的过渡金属-三联吡啶聚合物[图 6-25(a)]。这类聚合物在水、醇和乙酸等溶剂中具有较好的溶剂性，但是却几乎不溶于乙腈有机溶剂。因此，他们采用旋涂的方法在 ITO 电极表面制作聚合物的薄膜，然后在乙腈溶液中进行这些聚合物薄膜的电致变色性能测试。这类过渡金属-三联吡啶聚合物薄膜在氧化还原过程中，由于氧化态的改变导致了金属中心到配体的电荷转移随之发生减弱或增强，从而具有稳定的、可逆的电致变色性能，特别是甲氧基修饰的三联吡啶金属有机聚合物具有更高的稳定性和更低的转换电位。在进一步深入研究中，他们发现通过金属离子置换的方法，可以实现异核金属共聚合物的合成[图 6-25(a)][131,132]。其中，Co/Fe 共聚合物的溶液在 0.77 V 和 0.10 V 时出现了两对可逆的氧化还原峰，分别归属于铁和钴金属中心的氧化还原过程。旋涂法制备的 Co/Fe 共聚合物薄膜在施加电位为 0 V、0.6 V 和 1.0 V 的情况下，薄膜的颜色会发生显著的变化，依次从红色到蓝色再到无色[图 6-25(b)]。这种多重的颜色变化可以解释为：初始观察到的红色是结合了 Fe(Ⅱ) 和 Co(Ⅱ) 中心金属离子的 MLCT 吸收谱带；当电位升高到 0.6 V 时，Co(Ⅱ) 被氧化成 Co(Ⅲ) 导致其主导的 MLCT 吸收消失，仅显色为 Fe(Ⅱ) 金属离子中心的 MLCT 吸收；当 Fe(Ⅱ) 离子也进一步被氧化为 Fe(Ⅲ) 离子后，铁离子中心的 MLCT 同样被猝灭，使得共聚合物薄膜的颜色最终变成无色。他们还将共聚合物组装在固态器件中，测试结果表明 Fe/Ru 共聚合物制备的固态器件在施加电位为 0 V、1.8 V 和 2.5 V 时，分别呈现红色、橙色和浅绿色。与采用旋涂法制备的 Fe/Ru 共聚合物薄膜的氧化还原电位(0.77 V 和 0.92 V，分别归属于铁和钌金属中心)相比，由于器件中存在的电阻影响导致固态电致变色器件要求更高的施加电压。采用如图 6-25(c) 所示的固态器件结构，他们还进一步组装基于 Fe/Ru 共聚薄膜的双层薄膜固态电致变色器件，发现在−2.5～+2.5 V 的电位范围内，这种双层共聚薄膜固态器件呈现出五种不同的显色效果[图 6-25(d)]。他们还发现这种固态器件可以很方便地进行放大，他们报道的最大的固态电致变色器件可以达到 10 in①。

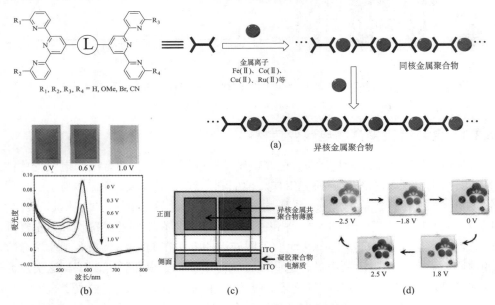

图 6-25　(a)同核或异核过渡金属-三联吡啶聚合物的自组装；(b)旋涂法制备的 Fe/Co 共聚合物薄膜在不同电位下的薄膜颜色和吸收光谱图；(c)双层薄膜固态电致变色器件结构图；(d)Fe/Co 共聚合物制备的双层薄膜固态器件的五种电致变色显色效果[131,132](见书末彩图)

---

① in：英寸，1 in=2.54 cm。

Higuchi 等[133]在 2014 年报道了具有三维结构的金属铁聚合物,他们在自组装过程中使用了不同比例的双(三联吡啶)和三(三联吡啶)配体。这种三维的聚合物薄膜在初始状态由于存在着 MLCT 跃迁吸收,都表现出蓝色;被氧化之后,MLCT 逐渐被猝灭,导致薄膜颜色逐渐变浅。此外,与纯粹的双(三联吡啶)形成的一维金属有机聚合物薄膜相比较,这些三维聚合物薄膜的电致变色所需的转换时间明显降低,透过率的变化明显增大,并且着色效率也显著增强。近年来,通过改变连接三联吡啶的有机基团,利用溶液自组装反应或层层自组装等手段,人们研究和报道了许多基于三联吡啶的电致变色金属有机聚合物材料[134,135]。

在 2003 年,Abruña 等[136]报道了以烷基桥联的二(邻菲咯啉)作为配体合成了一维的金属铜聚合物[图 6-26(a)],他们发现该聚合物薄膜在 ITO 电极上随着电位的增加,会导致 MLCT 的减弱和薄膜颜色的褪色,但是这个过程还伴随着聚合物的分解和重新溶解到溶液中,是个不可逆的过程。之后,Higuchi 等[137]以芴作为连接基团的二(邻菲咯啉)有机化合物作为桥联配体,与金属铜离子自组装反应成功获得一类新的一维金属铜聚合物[图 6-26(b)]。将该聚合物旋涂在玻碳电极上,并在乙腈溶液中进行电化学氧化还原性质的研究,实验结果表明该聚合物薄膜具有良好的可逆电致变色性能,通过氧化还原反应可以实现薄膜颜色在绿色和无色之间的转换。同年,他们还报道了通过席夫碱缩合反应合成包含吡啶偶氮官能团的金属有机聚合物[图 6-26(c)],这种通过缩聚反应合成聚合物的方法可以有效克服金属有机聚合物存在的溶解性差的难题。研究结果证实了这类聚合物薄膜具有可逆的、颜色变化显著的电致变色性能。

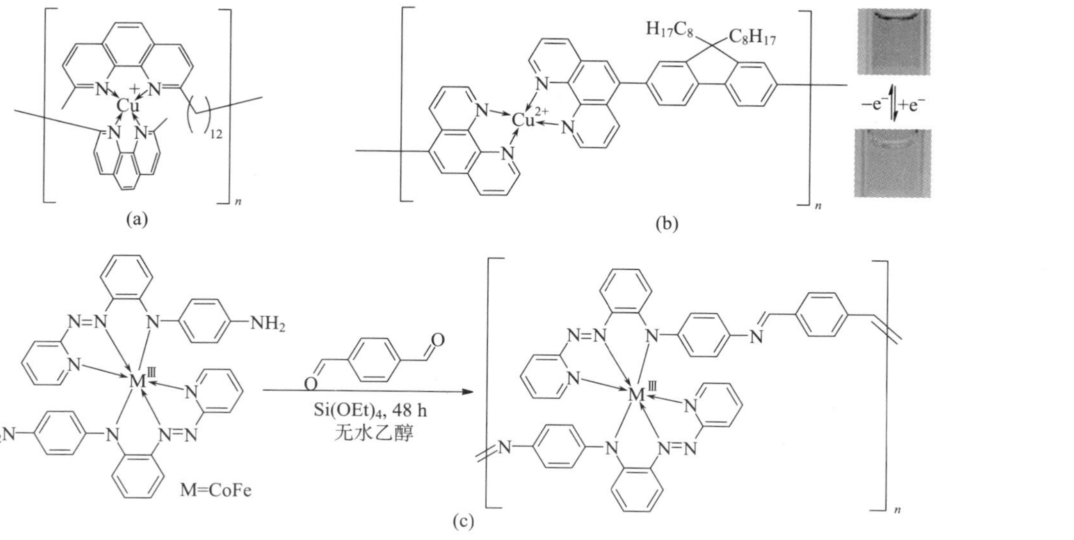

图 6-26 (a)基于烷基桥联的二(邻菲咯啉)配体合成的一维金属铜聚合物的结构[136];(b)基于芴基桥联的二(邻菲咯啉)的一维金属铜聚合物及其电致变色现象[137];(c)通过席夫碱缩合反应合成金属有机聚合物[137]

金属有机聚合物电致变色材料的合成除了采用自组装方法外，还可以采用电化学聚合的方法，在电极或器件上直接制备聚合物薄膜。人们利用具有乙烯或烯烃[138,139]、苯胺[140,141]、苯酚[142,143]、吡咯[144]、咔唑[145,146]、三苯胺[147,148]、噻吩及其衍生物[149]和卟啉[150]等具有电聚合活性的取代基团修饰多吡啶类有机配体，进而合成金属有机配合物的单体，最后通过电化学聚合的合成方法，制备了一系列电聚合金属有机聚合物电致变色薄膜材料。

钟羽武及其合作者开展了一系列基于三联吡啶金属有机聚合物电致变色材料的研究工作，他们在 2011 年通过含乙烯取代基的环金属化双核钌配合物电聚合获得金属有机电致变色聚合物材料[图 6-27(a)][151]。电致变色性能研究结果表明，该聚合物薄膜由于环金属化从而存在很强的金属-配体轨道耦合，在氧化还原过程中 MLCT 和 IVCT 会发生显著变化，导致该聚合物薄膜可以呈现三重颜色变化，并且具有良好的近红外电致变色性能：响应时间 5~6 s，操作电压低(0.01 V、0.4 V 和 1.0 V)，记忆时间最长可达 6 h，在 1165 nm 波长处的对比度达到 40%，以及着色效率为 250 $cm^2 \cdot C^{-1}$。后续开展的研究工作[152]表明，通过额外引入具有氧化还原活性的三苯胺官能团，可以实现聚合物薄膜的多重电致变色性能，该三苯胺修饰的聚合物薄膜体系具有四步清晰的氧化还原过程及五种近红外电致变色现象 [图 6-27(b)]。

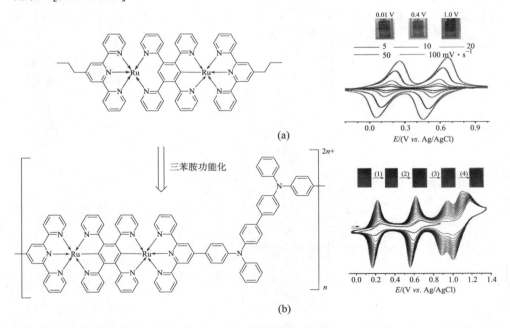

图 6-27　基于乙烯取代基电聚合的金属钌电致变色聚合物材料(a)，通过引入具有氧化还原活性的三苯胺官能团，实现多重响应氧化还原过程及电致变色性能(b)[151,152]（见书末彩图）

利用噻吩进行电聚合的研究非常广泛,最近 Holliday 和 Jones 等[153]就报道了基于噻吩修饰的三联吡啶的过渡金属铁配合物可以通过电化学聚合的方法制备聚合物薄膜材料(图 6-28)。该聚合物薄膜附着在 ITO 电极表面,在 596 nm 处有强的 MLCT 吸收谱带,在施加一定的电压后,表现出显著的可逆电致变色效应:透过率的变化可以达到 40%、着色效率高达 3823 $cm^2 \cdot C^{-1}$、响应时间为 1 s。对于噻吩衍生物的电聚合电致变色材料的设计方面,Taouil 等[154]在 2014 年报道了首例通过硒酚电聚合的基于三联吡啶配体的金属有机聚合物电致变色材料,研究结果显示该聚合物薄膜同样具有显著的可逆电致变色性质。

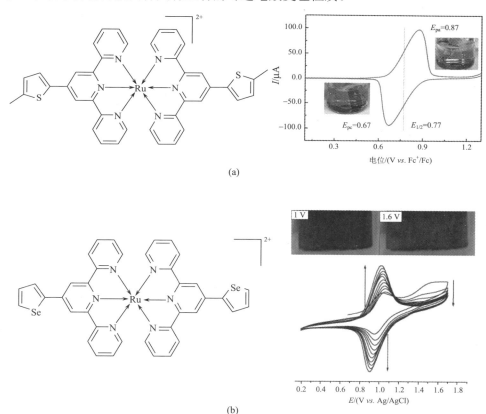

图 6-28 基于噻吩[153](a) 和硒酚[154](b) 电聚合的金属有机聚合物电致变色材料及其电致变色性能

6.4 小结

金属有机配合物中包含如金属离子、配位有机配体及辅助配体等多重结构组分，使得其在结构设计、合成及功能化方面具有非常突出的优越性。通过将各种特定的功能组分逐步结合到金属配合物中，可以实现多重的功能化应用。与此同时，金属有机配合物通过金属中心参与的多样化电子跃迁和氧化还原过程，展现出丰富独特的光物理和电化学性质，使其在光致和电致变色材料的应用中表现出强劲的发展势头。金属有机光致和电致变色材料的研究，已经取得了一系列优异的研究成果，在分子结构设计和变色机理等方面也展开了广泛的研究。我们应该以此为契机，在开发新型功能化有机配体和功能配合物、系统理解中心金属离子在光致和电致变色过程中的作用机制等方面进行深入的系统研究，以期获得性能更好的多功能光致和/或电致变色材料，并实现它们在现实生活中的应用。

参 考 文 献

[1] Bamfield P. Chromic Phenomena: Technological Applications of Colour Chemistry. 2 ed. Cambridge: The Royal Society of Chemistry, 2010: 9-140.

[2] 樊美公, 姚建年, 佟振合. 分子光化学与光功能材料科学. 北京: 科学出版社, 2009.

[3] Fritzsche J. Photochromism of tetracene. Comptes Rendus Acad Sci Paris, 1867, 69: 1035.

[4] Hirshberg Y, Fischer E. Multiple reversible color changes initiated by irradiation at low temperature. J Chem Phys, 1953, 21: 1619-1620.

[5] Hirshberg Y. Reversible formation and eradication of colored by irradiation at low temperatures: A photochemical memory model. J Am Chem Soc, 1956, 78: 2304-2312.

[6] Wong H L, Yeung M C L, Yam V W W. Transition metal-based photofunctional materials: Recent advances and potential applications//Mingos D M P. 50 Years of Structure and Bonding: The Anniversary Volume. Cham: Springer International Publishing, 2016: 201-289.

[7] Irving H, Andrew G, Risdon E J. Studies with dithizone. Part Ⅰ. The determination of traces of mercury. J Chem Soc, 1949: 541-547.

[8] Webb J L A, Bhatia I S, Corwin A H, et al. Reactions with heavy metals and their bearing on poisoning and antidote action. J Am Chem Soc, 1950, 72: 91-95.

[9] Meriwether L S, Breitner E C, Sloan C L. The photochromism of metal dithizonates. J Am Chem Soc, 1965, 87: 4441-4448.

[10] Meriwether L S, Breitner E C, Colthup N B. Kinetic and infrared study of photochromism of metal dithizonates. J Am Chem Soc, 1965, 87: 4448-4454.

[11] Sun S S, Lees A J. Self-assembly triangular and square rhenium（Ⅰ）tricarbonyl complexes: A comprehensive study of their preparation, electrochemistry, photophysics, photochemistry, and host-guest properties. J Am Chem Soc, 2000, 122: 8956-8967.

[12] Sun S S, Anspach J A, Lees A J. Self-assembly of transition-metal-based macrocycles linked by photoisomerizable ligands: Examples of photoinduced conversion of tetranuclear-dinuclear squares. Inorg Chem, 2002, 41: 1862-1869.

[13] Kume S, Murata M, Ozeki T, et al. Reversible photoelectronic signal conversion based on

photoisomerization-controlled coordination change of azobenzene-bipyridine ligands to copper. J Am Chem Soc, 2005, 127: 490-491.
[14] Yutaka T, Kurihara M, Kubo K, et al. Novel photoisomerization behavior of Rh binuclear complexes involving an azobenzene-bridged bis(terpyridine) ligand. Strong effects of counterion and solvent and the induction of redox potential shift. Inorg Chem, 2000, 39: 3438-3439.
[15] Yutaka T, Mori I, Kurihara M, et al. Photoisomerization behavior of azobenzene-conjugated Co^{II}, Co^{III}, and Fe^{II} bis(terpyridine) complexes. Inorg Chem, 2003, 42: 6306-6313.
[16] Kurihara M, Matsuda T, Hirooka A, et al. Novel photoisomerization of azoferrocene with a low-energy MLCT band and significant change of the redox behavior between the *cis*- and *trans*-isomers. J Am Chem Soc, 2000, 122: 12373-12374.
[17] Muraoka T, Kinbara K, Kobayashi Y, et al. Light-driven open-close motion of chiral molecular scissors. J Am Chem Soc, 2003, 125: 5612-5613.
[18] Tsuchiya S. Intramolecular electron transfer of diporphyrins comprised of electron-deficient porphyrin and electron-rich porphyrin with photocontrolled isomerization. J Am Chem Soc, 1999, 121: 48-53.
[19] Mosher P J, Yap G P A, Crutchley R J. A donor-acceptor-donor bridging ligand in a class III mixed-valence complex. Inorg Chem, 2001, 40: 1189-1195.
[20] Tang H S, Zhu N, Yam V W W. Tetranuclear macrocyclic gold(I) alkynyl phosphine complex containing azobenzene functionalities: A dual-input molecular logic with photoswithcing behaviour controllable via silver(I) coordination/decoordination. Organometallics, 2007, 26: 22-25.
[21] Muraoka T, Kinbara K, Aida T. Mechanical twisting of a guest by a photoresponsive host. Nature, 2006, 440: 512-515.
[22] Sakamoto R, Kume S, Sugimoto M, et al. *Trans-cis* photoisomerization of azobenzene-conjugated dithiolato-bipyridine platinum(II) complexes: Extension of photoresponse to longer wavelengths and photocontrollable tristability. Chem Eur J, 2009, 15: 1429-1439.
[23] Sakamoto R, Murata M, Nishihara H. Visible-light photochromism of bis(ferrocenylethynyl) ethenes switches electronic communication between ferrocene sites. Angew Chem Int Ed, 2006, 45: 4793-4795.
[24] Hasegawa Y, Takahashi K, Kume S, et al. Complete solid state photoisomerization of bis(dipyrazolylstyrylpyridine)iron(ii) to change magnetic properties. Chem Commun, 2011, 47: 6846-6848.
[25] Lin J L, Chen C W, Sun S S, et al. Photoswitching tetranuclear rhenium(I) tricarbonyl diimine complexes with a stilbene-like bridging ligand. Chem Commun, 2011, 47: 6030-6032.
[26] Irie M, Kobatake S, Horichi M. Reversible surface morphology changes of a photochromic diarylethene single crystal by photoirradiation. Science, 2001, 291: 1769-1772.
[27] Kobatake S, Matsumoto Y, Irie M. Conformational control of photochromic reactivity in a diarylethene single crystal. Angew Chem Int Ed, 2005, 44: 2148-2151.
[28] Tian H, Yang S. Recent progresses on diarylethene based photochromic switches. Chem Soc

Rev, 2004, 33: 85-97.
[29] Nakatsuji S. Recent progress toward the exploitation of organic radical compounds with photo-responsive magnetic properties. Chem Soc Rev, 2004, 33: 348-353.
[30] Raymo F M, Tomasu M. Electron and energy transfer modulation with photochromic switches. Chem Soc Rev, 2005, 34: 327-336.
[31] Harvey E C, Feringa B L, Vos J G, et al. Transition metal functionalized photo- and redox-switchable diarylethene based molecular switches. Coord Chem Rev, 2015, 282-283: 77-86.
[32] Fernandez-Acebes A, Lehn J M. Optical switching and fluorescence modulation properties of photochromic metal complexes derived from dithienylethene ligands. Chem Eur J, 1999, 5: 3285-3292.
[33] Tian H, Qin B, Yao R, et al. A single photochromic molecular switch with four optical outputs probing four inputs. Adv Matter, 2003, 15: 2104-2107.
[34] Matsuda K, Takayama K, Irie M. Photochromism of metal complexes composed of diarylethene ligands and Zn(II), Mn(II), and Cu(II) hexafluoroacetylacetonates. Inorg Chem, 2004, 43: 482-489.
[35] Fraysse S, Coudret C, Launay J P. Synthesis and properties of dinuclear complexes with a photochromic bridge: An intervalence electron transfer switching "on" and "off". Eur J Inorg Chem, 2000, 7: 1581-1590.
[36] Carella A, Coudret C, Guirado G, et al. Electron-triggered motions in technomimetic molecules. Dalton Trans, 2007, 14: 177-186.
[37] Jukes R T F, Adamo V, Hartl F, et al. Photochromic dithienylethene derivatives containing Ru(II) or Os(II) metal units. Sensitized photocyclization from a triplet state. Inorg Chem, 2004, 43: 2779-2792.
[38] Munakata M, Han J, Nabei A, et al. Reversible photochromism of novel silver(I) coordination complexes with 1,2-bis[2'-methyl-5'-(2''-pyridyl)-3'-thienyl] perfluorocyclopentene in crystalline phase. Inorg Chim Acta, 2006, 359: 4281-4288.
[39] Munakata M, Han J, Nabei A, et al. Syntheses, structures and photochromism of two novel copper(II) complexes with 1,2-bis[2'-methyl-5'-(2''-pyridyl)-3'-thienyl] perfluorocyclopentene. Polyhedron, 2006, 25: 3519-3525.
[40] Yam V W W, Ko C C, Zhu N. Photochromic and luminescence switching properties of a versatile diarylethene-containing 1,10-phenanthroline ligand and its rhenium(I) complex. J Am Chem Soc, 2004, 126: 12734-12735.
[41] Ngan T W, Ko C C, Zhu N, et al. Synthesis, luminescence switching and electrochemical studies of photochromic dithienyl-1,10-phenanthroline zinc(II) bis(thiolate) complexes. Inorg Chem, 2007, 46: 1144-1152.
[42] Lee J K W, Ko C C, Wong K M, et al. A photochromic platinum(II) bis(alkynyl) complex containing a versatile 5,6-dithienyl-1,10-phenanthroline. Organometallics, 2007, 26: 12-15.
[43] Chan M H Y, Wong H L, Yam V W W. Synthesis and photochromic studies of dithienylethene-containing cyclometalated alkynylplatinum(II) 1,3-bis(N-alkylbenzimidazol-2'-yl)benzene complexes.

Inorg Chem, 2016, 55: 5570-5577.

[44] Zhong Y W, Vila N, Henderson J C, et al. Dinuclear transition-metal terpyridine complexes with a dithienylcyclo-pentene bridge directed toward molecular electronic applications. Inorg Chem, 2007, 46: 10470-10472.

[45] Zhong Y W, Vila N, Henderson J C, et al. Dithienylcyclopentenes-containing transition metal bisterpyridine complexes directed toward molecular electronic applications. Inorg Chem, 2009, 48: 991-999.

[46] Chen B, Wang M, Wu Y, et al. Reversible near-infrared fluorescence switch by novel photochromic unsymmetrical-phthalocyanine hybrids based on bisthienylethene. Chem Commun, 2002, (10): 1060-1061.

[47] Liu Y, Lagrost C, Costuas K, et al. A multifunctional organometallic switch with carbon-rich ruthenium and diarylethene units. Chem Commun, 2008, (46): 6117-6119.

[48] Murguly E, Norsten T B, Branda N R. Nondestructive data processing based on chiroptical 1,2-dithienylethene photochromes. Angew Chem Int Ed, 2001, 40: 1752-1755.

[49] Zhao H, Al-Atar U, Pace T C S, et al. High-contrast fluorescence switching using a photoresponsive dithienylethene coordination compound. J Photoch Photobio A, 2008, 200: 74-82.

[50] Yam V W W, Lee J K W, Ko C C, et al. Photochromic diarylethene-containing ionic liquids and N-heterocyclic carbenes. J Am Chem Soc, 2009, 131: 912-913.

[51] Wong H L, Tao C H, Zhu N, et al. Photochromic alkynes as versatile building blocks for metal alkynyl systems: Design, synthesis, and photochromic studies of diarylethene-containing platinum(II) phosphine alkynyl complexes. Inorg Chem, 2010, 50: 471-481.

[52] Roberts M N, Carling C J, Nagle J K, et al. Successful bifunctional photoswitching and electronic communication of two platinum(II) acetylide bridged dithienylethenes. J Am Chem Soc, 2009, 131: 16644-16645.

[53] Hervault Y M, Ndiaye C M, Norel L, et al. Controlling the stepwise closing of identical DTE photochromic units with electrochemical and optical stimuli. Org Lett, 2012, 14: 4454-4457.

[54] Ordronneau L, Aubert V, Métivier R, et al. Tunable double photochromism of a family of bis-DTE bipyridine ligands and their dipolar Zn complexes. Phys Chem Chem Phys, 2012, 14: 2599-2605.

[55] Li B, Wang J Y, Wen H M, et al. Redox-modulated stepwise photochromism in a ruthenium complex with dual dithienylethene-acetylides. J Am Chem Soc, 2012, 134: 16059-16067.

[56] Tian H, Chen B, Tu H, et al. Novel bisthienylethene-based photochromic tetraazaporphyrin with photoregulating luminescence. Adv Mater, 2002, 14: 918-923.

[57] Luo Q F, Chen B Z, Wang M, et al. Mono-bisthienylethene ring-fused versus multi-bisthienylethene ring-fused photochromic hybrids. Adv Funct Mater, 2003, 13: 233-239.

[58] Jung I, Choi H, Kim E, et al. Synthesis and photochromic reactivity of macromolecules incorporating four dithienylethene units. Tetrahedron, 2005, 61: 12256-12263.

[59] Zhong Y W, Vilà N, Henderson J C, et al. Transition-metal tris-bipyridines containing three dithienylcyclopentenes: Synthesis, photochromic, and electrochromic properties. Inorg Chem,

2009, 48: 7080-7085.

[60] Nitadori H, Ordronneau L, Boixel J, et al. Photoswitching of the second-order nonlinearity of a tetrahedral octupolar multi DTE-based copper（Ⅰ） complex. Chem Commun, 2012, 48: 10395-10397.

[61] Li B, Wu Y H, Wen H M, et al. Gold（Ⅰ）-coordination triggered multistep and multiple photochromic reactions in multi-dithienylethene（DTE）systems. Inorg Chem, 2012, 51: 1933-1942.

[62] Arnaud F, Denis J. How metals can help multiphotochromism: An *ab initio* study. J Phys Chem C, 2016, 120: 11140-11150.

[63] Berkovic G, Krongauz V, Weiss V. Spiropyrans and spirooxazines for memories and switches. Chem Rev, 2000, 100: 1741-1754.

[64] Minkin V I. Photo-, thermo-, solvato-, and electrochromic spiroheterocyclic compounds. Chem Rev, 2004, 104: 2751-2776.

[65] Khairutdinov R F, Giertz K, Hurst J K, et al. Photochromism of spirooxazines in homogeneous solution and phospholipid liposomes. J Am Chem Soc, 1998, 120: 12707-12713.

[66] Yam V W W, Ko C C, Wu L X, et al. Syntheses, crystal structure, and photochromic properties of rhenium（Ⅰ）complexes containing the spironaphthoxazine moiety. Organometallics, 2000, 19: 1820-1822.

[67] Ko C C, Wu L X, Wong K M C, et al. Synthesis, characterization and photochromic studies of spirooxazine-containing 2,2′-bipyridine ligands and their rhenium（Ⅰ）tricarbonyl complexes. Chem Eur J, 2004, 10: 766-776.

[68] Bao Z, Ng K Y, Yam V W W, et al. Syntheses, characterization, and photochromic studies of spirooxazine-containing 2,2′-bipyridine ligands and their zinc（Ⅱ）thiolate complexes. Inorg Chem, 2008, 47: 8912-8920.

[69] Kopelman R A, Snyder S M, Frank N L. Tunable photochromism of spirooxazines via metal coordination. J Am Chem Soc, 2003, 125: 13684-13685.

[70] Paquette M M, Patrick B O, Frank N L. Determining the magnitude and direction of photoinduced ligand field switching in photochromic metal-organic complexes: Molybdenum-tetracarbonyl spirooxazine complexes. J Am Chem Soc, 2011, 133: 10081-10093.

[71] Parrot A, Izzet G, Chamoreau L M, et al. Photochromic properties of polyoxotungstates with grafted spiropyran molecules. Inorg Chem, 2013, 52: 11156-11163.

[72] Parrot A, Bernard A, Jacquart A, et al. Photochromism and dual-color fluorescence in a polyoxometalate-benzospiropyran molecular switch. Angew Chem Int Ed, 2017, 56: 4872-4876.

[73] Li K, Xiang Y, Wang X, et al. Reversible photochromic system based on rhodamine B salicylaldehyde hydrazone metal complex. J Am Chem Soc, 2014, 136: 1643-1649.

[74] Li K, Xiang Y, Tong A, et al. Readily accessible rhodamine B-based photoresponsive material. Sci China Chem, 2014, 57: 248-251.

[75] Yao X, Li T, Wang J, et al. Recent progress in photoswitchable supramolecular self-assembling systems. Adv Optical Mater, 2016, 4: 1322-1349.

[76] Mallick A, Garai B, Addicoat M A, et al. Solid state organic amine detection in a photochromic

porous metal organic framework. Chem Sci, 2015, 6: 1420-1425.

[77] Garai B, Mallick A, Banerjee R. Photochromic metal-organic frameworks for inkless and erasable printing. Chem Sci, 2016, 7: 2195-2200.

[78] Li H Y, Wei Y L, Dong X Y, et al. Novel Tb-MOF embedded with viologen species for multi-photofunctionality: Photochromism, photomodulated fluorescence, and luminescent pH sensing. Chem Mater, 2015, 27: 1327-1331.

[79] Murase T, Sato S, Fujita M. Switching the interior hydrophobicity of a self-assembled spherical complex through the photoisomerization of confined azobenzene chromophores. Angew Chem Int Ed, 2007, 46: 5133.

[80] Park J, Sun L B, Chen Y P, et al. Azobenzene-functionalized metal-organic polyhedra for the optically responsive capture and release of guest molecules. Angew Chem Int Ed, 2014, 53: 5842-5846.

[81] Lyndon R, Konstas K, Ladewig B P, et al. Dynamic photo-switching in metal-organic frameworks as a route to low-energy carbon dioxide capture and release. Angew Chem Int Ed, 2013, 52: 3695-3698.

[82] Han M, Michel R, He B, et al. Light-triggered guest uptake and release by a photochromic coordination cage. Angew Chem Int Ed, 2013, 52: 1319.

[83] Luo F, Fan C B, Luo M B, et al. Photoswitching CO_2 capture and release in a photochromic diarylethene metal-organic framework. Angew Chem Int Ed, 2014, 53: 9298-9301.

[84] Park J, Feng D, Yuan S, et al. Photochromic metal-organic frameworks: Reversible control of singlet oxygen generation. Angew Chem Int Ed, 2015, 54: 430-435.

[85] Zhang H L, Liao J Z, Yang W, et al. A novel naphthalenediimide-based lanthanide-organic framework with polyoxometalate templates exhibiting reversible photochromism. Dalton Trans, 2017, 46: 4898-4901.

[86] Park J, Jiang Q, Feng D, et al. Controlled generation of singlet oxygen in living cells with tunable ratios of the photochromic switch in metal-organic frameworks. Angew Chem Int Ed, 2016, 55: 7188-7193.

[87] Mortimer R J, Rosseinsky D R, Monk P M S. Electrochromic materials and devices. Weinheim: Wiley-VCH Verlag GmbH & Co. KGaA, 2015.

[88] Platt J R. Electrochromism, a possible change of color producible in dyes by an electric field. J Chem Phys, 1961, 34: 862-863.

[89] Deb S K. A novel electrophotographic system. Appl Opt, 1969, 8: 192-195.

[90] Deb S K. Optical and photoelectric properties and color centers in thin films of tungsten oxide. Philos Mag, 1973, 27: 801-822.

[91] Lampert C M. Electrochromic materials and devices for energy efficient windows. Sol Energy Mater, 1984, 11: 1-27.

[92] Svensson J S E M, Granqvist C G. Electrochromic coatings for "smart windows". Sol Energy Mater, 1985, 12: 391-402.

[93] Svensson J S E M, Granqvist C G. Electrochromic coatings for smart windows: Crystalline and amorphous WO_3 films. Thin Solid Films, 1985, 126: 31-36.

[94] Mortimer R J, Rowley N M. Metal complexes as dyes for optical data storage and electrochromic materials//Ward M D, McCleverty J A, Meyer T J. Comprehensive Coordination Chemistry Ⅱ: From Biology to Nanotechnology, Vol. 9. Oxford: Elsevier, 2004.

[95] Moskalev P N, Kirin I S. Effects of electrode potential on the absorption spectrum of a rare-earth diphthalocyanine layer. Opt Spectros, 1970, 29: 220.

[96] Collins G C S, Schiffrin D J. The electrochromic properties of lutetium and other phthalocyanines. J Electroanal Chem and Interf Electrochem, 1982, 139: 335-369.

[97] Collins G C S, Schiffrin D J. The properties of electrochromic film electrodes of lanthanide diphthalocyanines in ethylene glycol. J Electrochem Soc, 1985, 132: 1835-1842.

[98] Moskalev P N, Shapkin G N. Electrochemical properties of diphthalocyanines of lanthanides. Soviet Electrochemistry, 1978, 14: 486-488.

[99] Moskalev P N, Shapkin G N, Darovskikh A N. Synthesis and properties of electrochemically oxidized diphthalocyanines of rare-earth elements and americium. Zh Neorg Khim, 1979, 24: 340-346.

[100] Moskalev P N, Sibilev A I, Sedov V P. Investigation of the electrochemical redox processes in lanthanide diphthalocyanine films. Soviet Electro, 1988, 24: 1219-1222.

[101] Alpugan S, Isci U, Albrieux F, et al. Expeditious selective access to functionalized platforms of A7B-type heteroleptic lanthanide double-decker complexes of phthalocyanine. Chem Commun, 2014, 50: 7466-7468.

[102] Alcon I, Gonidec M, Ajayakumar M R, et al. A surface confined yttrium(Ⅲ) bis-phthalocyaninato complex: A colourful switch controlled by electrons. Chem Sci, 2016, 7: 4940-4944.

[103] Elliott C M. Electrochemistry and near infrared spectroscopy of tris(4,4′-dicarboxyethyl-2, 2′-bipyridine)ruthenium(Ⅱ). J Chem Soc, Chem Commun, 1980, 6: 261-262.

[104] Elliott C M, Hershenhart E J. Electrochemistry and near infrared spectroscopy of tris(4,4′-dicarboxyethyl-2,2′-bipyridine)ruthenium(Ⅱ). J Am Chem Soc, 1982, 104: 7519-7526.

[105] Juris A, Balzani V, Barigelletti F, et al. Ru(Ⅱ) polypyridine complexes: Photophysics, photochemistry, eletrochemistry, and chemiluminescence. Coord Chem Rev, 1988, 84: 85-277.

[106] Williams R M, Cola L D, Hartl F, et al. Photophysical, electrochemical and electrochromic properties of copper-bis(4,4′-dimethyl-6,6′-diphenyl-2,2′-bipyridine) complexes. Coord Chem Rev, 2002, 230: 253-261.

[107] Peloquin D M, Schmedake T A. Recent advances in hexacoordinate silicon with pyridine-containing ligands: Chemistry and emerging applications. Coord Chem Rev, 2016, 323: 107-119.

[108] Kirk M L, McNaughton R L, Helton M E. The electronic structure and spectroscopy of metallo-dithiolene complexes. Prog Inorg Chem, 2004, 52: 111-212.

[109] Deplano P, Mercuri M L, Pintus G, et al. New symmetrical and unsymmetrical nickel-dithiolene complexes useful as near-IR dyes and precursors of sulfur-rich donors. Comments on Inorg Chem, 2001, 22: 353-374.

[110] Chisholm M H, Patmore N J. Studies of electronic coupling and mixed valency in metal-metal quadruply bonded complexes linked by dicarboxylate and closely related ligands. Acc Chem Res, 2007, 40: 19-27.

[111] Zhong Y W, Gong Z L, Shao J Y, et al. Electronic coupling in cyclometalated ruthenium complexes. Coord Chem Rev, 2016, 312: 22-40.

[112] Jeon I R, Sun L, Negru B, et al. Solid-state redox switching of magnetic exchange and electronic conductivity in a benzoquinoid-bridged Mn^{II} chain compound. J Am Chem Soc, 2016, 138: 6583-6590.

[113] Oh D H, Boxer S G. Electrochromism in the near-infrared absorption spectra of bridged ruthenium mixed-valence complexes. J Am Chem Soc, 1990, 112: 8161-8162.

[114] Biancardo M, Schwab P F H, Argazzi R, et al. Electrochromic devices based on binuclear mixed valence compounds adsorbed on nanocrystalline semiconductors. Inorg Chem, 2003, 42: 3966-3968.

[115] Lee S M, Marcaccio M, McCleverty J A, et al. Dinuclear complexes containing ferrocenyl and oxomolybdenum(V) groups linked by conjugated bridges: A new class of electrochromic near-infrared dye. Chem Mater, 1998, 10: 3272-3274.

[116] Harden N C, Humphrey E R, Jeffrey J C, et al. Dinuclear oxomolybdenum(V) complexes which show strong electrochemical interactions across bis-phenolate bridging ligands: A combined spectroelectrochemical and computational study. J Chem Soc, Dalton Trans, 1999, 15: 2417-2426.

[117] McDonagh A M, Bayly S R, Riley D J, et al. A variable optical attenuator operating in the near-infrared region based on an electrochromic molybdenum complex. Chem Mater, 2000, 12: 2523-2524.

[118] Bayly S R, Humphrey E R, de Chair H, et al. Electronic and magnetic metal-metal interactions in dinuclear oxomolybdenum(V) complexes across bis-phenolate bridging ligands with different spacers between the phenolate termini: Ligand-centred *vs.* metal-centred redox activity. J Chem Soc, Dalton Trans, 2001, (9): 1401-1414.

[119] Barthram A M, Cleary R L, Kowallick R, et al. A new redox-tunable near-IR dye based on a trinuclear ruthenium(II) complex of hexahydroxytriphenylene. Chem Commun, 1998, 24: 2695-2696.

[120] Barthram A M, Reeves Z R, Jeffery J C, et al. Polynuclear osmium-dioxolene complexes: Comparison of electrochemical and spectroelectrochemical properties with those of their ruthenium analogues. J Chem Soc, Dalton Trans, 2000, (18): 3162-3169.

[121] Meacham A P, Druce K L, Bell Z R, et al. Mono- and dinuclear ruthenium carbonyl complexes with redox-active dioxolene ligands: Electrochemical and spectroscopic studies and the properties of the mixed-valence complexes. Inorg Chem, 2003, 42: 7887-7896.

[122] Grange C S, Meijer A J H M, Ward M D. Trinuclear ruthenium dioxolene complexes based on the bridging ligand hexahydroxytriphenylene: Electrochemistry, spectroscopy, and near-infrared electrochromic behaviour associated with a reversible seven-membered redox chain. Dalton Trans, 2010, 39: 200-211.

[123] Jose D A, Shukla A D, Kumar D K, et al. Synthesis, characterization, physicochemical, and photophysical studies of redox switchable NIR dye derived from a ruthenium-dioxolene-porphyrin system. Inorg Chem, 2005, 44: 2414-2425.

[124] Sarkar B, Schweinfurth D, Deibel N, et al. Functional metal complexes based on bridging "imino"-quinonoid ligands. Coord Chem Rev, 2015, 293-294: 250-262.

[125] Ward M D. Near-infrared electrochromic materials for optical attenuation based on transition-metal coordination complexes. J Solid State Electrochem, 2005, 9: 778-787.

[126] Yoshida M, Yashiro N, Shitama H, et al. A redox-active dinuclear platinum complex exhibiting multicolored electrochromism and luminescence. Chem Eur J, 2016, 22: 491-495.

[127] Fink D, Weibert B, Winter R F. Redox-active tetraruthenium metallacycles: Reversible release of up to eight electrons resulting in strong electrochromism. Chem Commun, 2016, 52: 6103-6106.

[128] Scheerer S, Linseis M, Wuttke E, et al. Redox-active tetraruthenium macrocycles built from 1,4-divinylphenylene-bridged diruthenium complexes. Chem Eur J, 2016, 22: 9574-9590.

[129] Han F S, Higuchi M, Kurth D G. Metallo-supramolecular polymers based on functionalized bis-terpyridines as novel electrochromic materials. Adv Mater, 2007, 19: 3928-3931.

[130] Han F S, Higuchi M, Kurth D G. Metallosupramolecular polyelectrolytes self-assembled from various pyridine ring-substituted bisterpyridines and metal ions: Photophysical, electrochemical, and electrochromic properties. J Am Chem Soc, 2008, 130: 2073-2081.

[131] Higuchi M. Electrochromic organic-metallic hybrid polymers: Fundamentals and device applications. Polym J, 2009, 41: 511-520.

[132] Higuchi M, Akasaka Y, Ikeda T, et al. Electrochromic solid-state devices using organic-metallic hybrid polymers. J Inorg Organomet Polym, 2009, 19: 74-78.

[133] Hu C W, Sato T, Zhang J, et al. Three-dimensional Fe(Ⅱ)-based metallo-supramolecular polymers with electrochromic properties of quick switching, large contrast, and high coloration efficiency. ACS Appl Mater Interf, 2014, 6: 9118-9125.

[134] Tieke B. Coordinative supramolecular assembly of electrochromic thin films. Curr Opin Colloid Interf Sci, 2011, 16: 499-507.

[135] Schwarz G, Haßlauer I, Kurth D G. From terpyridine-based assemblies to metallo-supramolecular polyelectrolytes (MEPEs). Adv Colloid Interfac, 2014, 207: 107-120.

[136] Bernhard S, Goldsmith J I, Takada K, et al. Iron(Ⅱ) and copper(Ⅰ) coordination polymers: Electrochromic materials with and without chiroptical properties. Inorg Chem, 2003, 42: 4389-4393.

[137] Hossain M D, Sato T, Higuchi M. A green copper-based metallo-supramolecular polymer: Synthesis, structure, and electrochromic properties. Chem Asian J, 2013, 8: 76-79.

[138] Leasure R M, Ou W, Moss J A, et al. Spatial electrochromism in metallopolymeric films of ruthenium polypyridyl complexes. Chem Mater, 1996, 8: 264-273.

[139] Cui B B, Yao C J, Yao J, et al. Electropolymerized films as a molecular platform for volatile memory devices with two near-infrared outputs and long retention time. Chem Sci, 2014, 5: 932-941.

[140] Ellis C D, Margerum L D, Murray R W, et al. Oxidative electropolymerization of polypyridyl complexes of ruthenium. Inorg Chem, 1983, 22: 1283-1291.

[141] Qiu D, Bao X, Zhao Q, et al. Electrochromic and proton-induced phosphorescence properties of Pt(II) chlorides with arylamine functionalized cyclometalating ligands. J Mater Chem C, 2013, 1: 695-704.

[142] Hanabusa K, Nakamura A, Koyama T, et al. Electropolymerization and characterization of terpyridinyl iron(II) and ruthenium(II) complexes. Polym Int, 1994, 25: 231-238.

[143] Reddinger J L, Reynolds J R. Site specific electropolymerization to form transition-metal-containing, electroactive polythiophenes. Chem Mater, 1998, 10: 1236-1243.

[144] Deronzier A, Moutet J C. Polypyrrole films containing metal complexes: Synthesis and applications. Coord Chem Rev, 1996, 147: 339-371.

[145] Zhu Y, Gu C, Tang S, et al. A new kind of peripheral carbazole substituted ruthenium(II) complexes for electrochemical deposition organic light-emitting diodes. J Mater Chem, 2009, 19: 3941-3949.

[146] Qiu D, Bao X, Feng Y, et al. Electrochromic films with high optical contrast prepared by oxidative electropolymerization of a novel multi-functionalized cyclometalating ligand and its neutral-charged Pt(II) complexes. Electrochim Acta, 2012, 60: 339-346.

[147] Qiu D, Bao X, Zhao Q, et al. Near-IR electrochromic film prepared by oxidative electropolymerization of the cyclometalated Pt(II) chloride with a triphenylamine group. Inorg Chem, 2015, 54: 8264-8270.

[148] Cui B B, Mao Z, Chen Y, et al. Tuning of resistive memory switching in electropolymerized metallopolymeric films. Chem Sci, 2015, 6: 1308-1315.

[149] Friebe C, Hager M D, Winter A, et al. Metal-containing polymers via electropolymerization. Adv Mater, 2012, 24: 332-345.

[150] Li H, Guarr T F. Reversible electrochromism in polymeric metal phthalocyanine thin films. J Electroanal Chem and Interfac Electrochem, 1991, 297: 169-183.

[151] Yao C J, Zhong Y W, Nie H J, et al. Near-IR electrochromism in electropolymerized films of a biscyclometalated ruthenium complex bridged by 1,2,4,5-tetra(2-pyridyl)benzene. J Am Chem Soc, 2011, 133: 20720-20723.

[152] Yao C J, Zhong Y W, Yao J. Five-stage near-infrared electrochromism in electropolymerized films composed of alternating cyclometalated bisruthenium and bis-triarylamine segments. Inorg Chem, 2013, 52: 10000-10008.

[153] Liang Y, Strohecker D, Lynch V, et al. A thiophene-containing conductive metallopolymer using an Fe(II) bis(terpyridine) core for electrochromic materials. ACS Appl Mater Inter, 2016, 8: 34568-34580.

[154] Et Taouil A, Husson J, Guyard L. Synthesis and characterization of electrochromic [Ru(terpy)$_2$ selenophene]-based polymer film. J Electroanal Chem, 2014, 728: 81-85.

(戴枫荣　黄维扬)

第7章

金属有机传感材料与性能

7.1 引言

化学传感器能够高选择性地与传感分子或目标分析物发生物理、化学反应,并将之转换成可测信号(如光发射、光吸收、电流等)实现检测。近年来,有机荧光化学传感器因其具备便于制备、响应速度快、灵敏度高、选择性好等诸多优点,在化学、生物学、医学及环境科学等领域占据举足轻重的地位。到目前为止,研究人员开发了一系列新型荧光化学探针,包括有机荧光染料[1-5]、半导体量子点[6-10]、稀土上转换发光纳米材料[11-15],以及金属有机配合物。其中,金属有机配合物因其优异的光物理性质在传感领域受到了越来越多的关注。本章将重点介绍金属有机传感材料的设计策略、光诱导能量转移和电子转移原理,最后介绍金属有机传感材料的应用实例。

7.2 金属有机传感材料的优势

最近20年来,金属有机配合物由于其优异的光物理性质在有机化学传感领域引起研究人员广泛的研究兴趣[16-18]。金属有机配合物有以下几个特点:①斯托克斯位移大,可以很容易区分激发峰和发射峰;②较长的发光寿命(几百纳秒到几十微秒)可以通过时间分辨技术有效避免背景荧光和散射的干扰,这对实现高效、准确的检测意义重大;③金属有机配合物具有高的发光效率,大大提高了检测灵敏度;④具有较高的抗光漂白性,有利于长期的观察。因此,越来越多的金属有机配合物,如Ir(III)、Pt(II)、Ru(II)、Os(II)、Re(I)、Cu(I)和Au(I)金属有机配合物,已经成功应用于化学传感领域。

金属有机配合物的激发态性质非常复杂[19,20],主要包括金属-配体电荷转移态、配体-配体电荷转移态、配体内电荷转移态、配体-金属电荷转移态、金属-金属-配体电荷转移态、配体-金属-金属电荷转移态和金属-配体-配体电荷转移态。微环境的变化和分子间相互作用都能改变其激发态性质,从而改变金属有机配合物的发射变化,包括发射波长、强度和寿命。

7.3 金属有机传感材料的设计

通常,化学传感器(荧光探针)包含至少两个单元:接受单元和信号单元。接受单元可以选择性地结合分析物。信号单元可以通过光学或其他性质的变化报告受体和分析物之间的相互作用。对于金属有机材料荧光探针,金属配合物作为信号单元,将化学信息(分析物结合过程)转化为光信号。目前,将接受单元与信号单元连接的方法有以下两种:①通过非共价键将接受单元与信号单元连接起来[图 7-1(a)]。

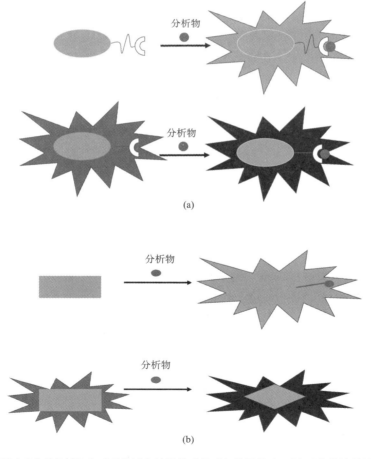

图 7-1 (a)通过"非共价键"与"共价键"连接接受单元与信号单元;(b)"化学计量法"型传感器

通过这种方法，可以容易地设计、制备发光"turn-on"或"turn-off"型的化学传感器。②通过共价键将接受单元与信号单元连接[图 7-1(a)]。通过这种方法，不仅可以设计、制备发光"turn-on"或"turn-off"型的荧光探针，而且可以设计、制备比率型荧光探针。此外，实现金属有机材料荧光探针的另一种方法是基于金属配合物和分析物之间的不可逆化学反应，这种方法可以称为"化学计量法"[图 7-1(b)]。

在设计金属有机材料化学传感器的时候，所有影响发光过程的因素都能进行利用。

7.3.1 光诱导电子转移

光诱导电子转移(photoinduced electron transfer，PET)通常用来构建荧光猝灭或荧光增强的化学传感器。经典的 PET 探针包含两部分：接受单元和信号单元。接受单元通常是电子给体(如含氨基的基团)，而信号单元通常为电子受体。传感器处于自由态时，通过吸收激发光子，信号单元的最高占据分子轨道(HOMO)电子可以跃迁到最低未占分子轨道(LUMO)。如果接受单元的 HOMO 能级高于信号单元，则接受单元的 HOMO 电子将跃迁到激发态信号单元的 HOMO 能级上[图 7-2(a)]，这就阻挡了占据信号单元 LUMO 能级上的激发态电子向 HOMO 的发射跃迁[图 7-2(b)]。这种荧光猝灭效应被称为光诱导电子转移。

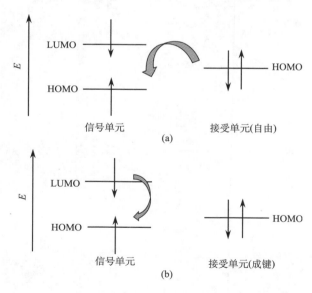

图 7-2 光诱导电子转移过程的轨道原理解释

7.3.2 光诱导分子内电荷转移

当给电子基团和吸电子基团都共轭到一个荧光基团中形成电子给体-共轭桥-电子受体(D-π-A)分子，分子内的电荷转移(intramolecular charge transfer，ICT)就控制 D-π-A 分子的激发态。分子内电荷转移是一个能改变分子内整个电荷分布的过程。分子内电荷转移的共轭荧光团通常具有大的斯托克斯位移、可见光激发、金属配位诱导发射波长位移等特点。调节共轭荧光团的供电子/吸电子能力，通过改变光诱导分子内电荷转移激发态，可以诱导材料的激发波长/发射波长的红移[图 7-3(a)]或蓝移[图 7-3(b)]，这为设计比率探针提供了一种有效方法。至今为止，许多报道过的化学传感器都与 ICT 有关。

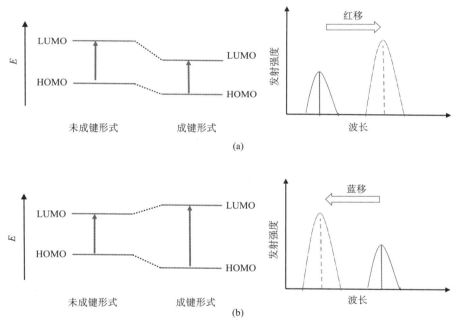

图 7-3 光诱导电荷转移过程的轨道原理解释

7.3.3 荧光共振能量转移

荧光共振能量转移即 Förster 共振能量转移(FRET)，是一种非辐射过程，其共振能量转移通过非辐射"偶极-偶极耦合"实现，在这个过程中电子激发能从给体荧光分子向 100 Å 内的受体荧光分子转移(图 7-4)。给体的发射光谱应与受体的吸收光谱具有一定的重叠性，较高的重叠将使 FRET 过程更加有效。这样，给体分子激发后可发生能量转移，所发射的能量被受体分子吸收，发射出不同于荧光给体的荧光波长或者实现荧光猝灭。构建基于FRET的化学传感器需要具体以下三个条件：①可与分析物发生作用的荧光给体和荧光受体；②具备与分析物特异性识别的分子对；③给体的发射光谱与受体的吸收高度地重合。

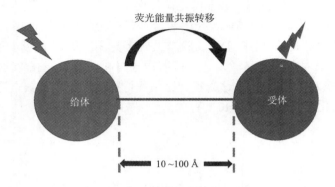

图7-4　荧光共振能量转移示意图

7.3.4　其他设计策略

对于 d^8 和 d^{10} 结构的重金属配合物，存在分子间金属与金属(如 Pt···Pt 和 Au···Au)的相互作用，可以显著影响配合物的激发态性能，如形成 ^{3}MMLCT 或 ^{3}LMMCT 激发态。如果配合物与分析物的结合影响金属-金属的相互作用，则可以改变其发射性质。利用这种机理，可以设计出一些新型的磷光化学传感器。此外，对于某些金属配合物而言，分析物的结合可以改变配体键的强度，导致发射强度的变化。金属配合物的磷光发射对环境敏感，如果金属配合物与分析物的结合会改变局部环境并导致磷光发射的变化，也可以实现检测。这种机理经常用于设计生物分子的磷光探针。

7.4　阳离子检测

7.4.1　汞离子检测

汞离子是最危险且普遍存在的污染物之一。汞离子中毒能引发多种神经类疾病，如前脑损伤、认知和运动障碍、视力和听力损伤，甚至导致死亡。因此，监测汞离子成为重要的研究目标。目前，已经成功开发了实现汞离子检测的金属有机传感器。目前报道的检测机理多为利用汞离子和硫原子之间的特异性结合来调节传感器的激发态性质(图7-5)。配合物 **1** 可作为汞离子的高选择性比率化学传感器,配合物中辅助配体含有硫原子,汞离子的存在会诱导辅助配体从配合物解离,从而改变其发光颜色[21]。汞离子的另一个"turn-off"型化学传感配合物 **2** 是基于汞离子和硫氰酸盐基团中硫原子之间的特殊化学反应[22]。对于配合物 **3**,向其乙腈溶液中加入汞离子会使其磷光发射明显蓝移,这可以归因于汞离子诱导配合物 **3** 快速分解从而形成新的溶剂配合物。重要的是,细胞成像实验已经证明,配合物 **3** 可以穿透细胞膜,并且可以容易地检测细胞内汞离子浓度的变化[23]。

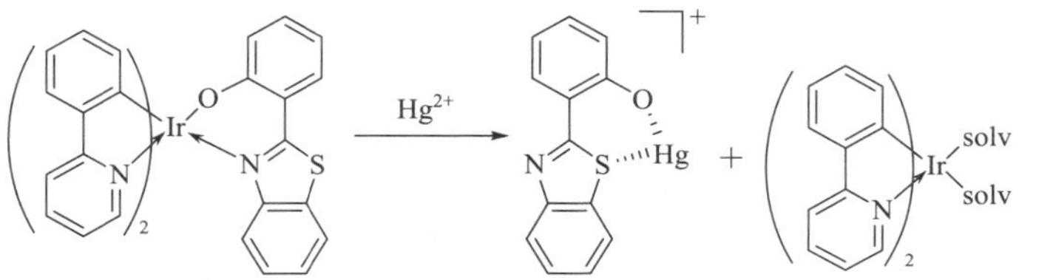

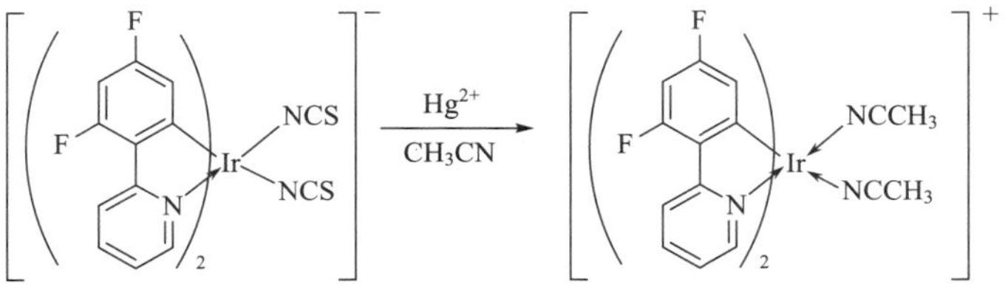

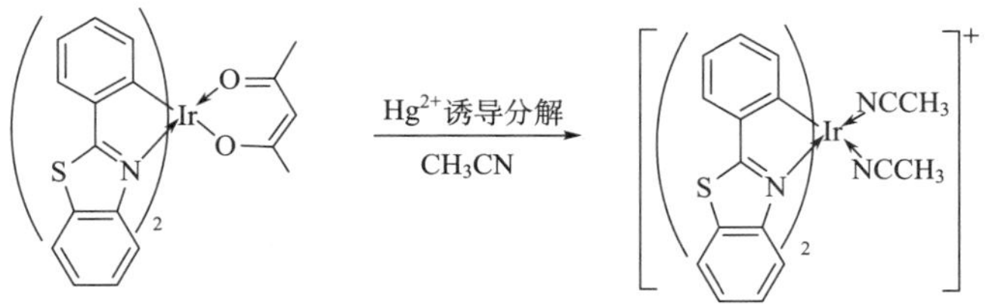

图 7-5　汞离子金属有机传感器的化学结构与检测机理

solv 指溶剂配体

7.4.2　铜离子检测

铜离子在人体内含量排在第三位,在锌离子和铁离子之后,它在许多细胞过程中起着至关重要的作用,如人类神经系统、基因表达、蛋白质的功能和结构增强等，生物体内缺乏铜离子可能会导致许多疾病。相反，铜离子含量过多也会导致一些疾病，如威尔逊病、胃肠道疾病和肾脏损伤等。因此，铜离子的检测和识别近年来引起了人们相当多的关注，并且已经开发了许多用于铜离子检测的金属有机传感器。麻省理工学院 Lippard 开发了第一个用于铜离子检测的金属有机传感器[24]。配合物 **4** 具有双发射性质，其在溶液中以红光发射为主(图 7-6)。在溶液中加入铜离子会导致红色发射猝灭，而绿色发射几乎不变。该传感器显示出对铜离子的极好的可逆性和选择性。利用共聚焦显微镜，通过使用绿色和红色通道获得的比率信号可以实现细胞内铜离子的检测。利用铜离子氧化芳香族硫和胺的能力，配合物 **5** 被开发为铜离子高选择性的荧光探针[25](图 7-6)。其检测机理是基于铜离子诱导氧化过程中电子供体过程的变化及其对光诱导电子转移的限制，恢复了配合物自身的发射光。

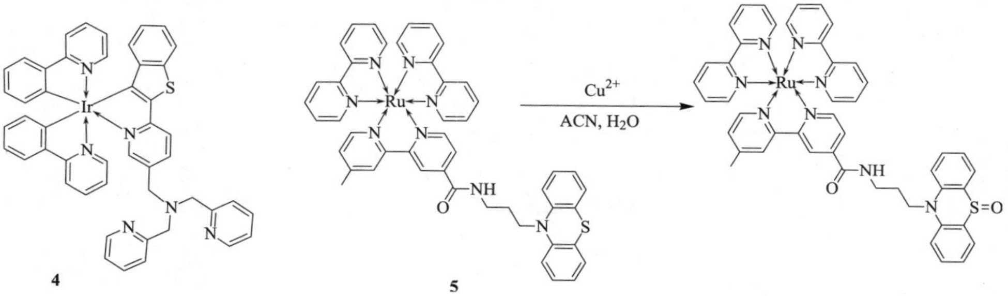

图 7-6 铜离子荧光探针的化学结构与检测机理

7.4.3 锌离子检测

锌离子是人体中含量第二丰富的金属离子，它在许多生理过程中起着至关重要的作用，如基因转录、金属酶的调控以及神经信号传递等。因此，开发能够识别锌离子的荧光化学传感器非常重要。

二甲基吡啶胺是用于构建锌离子荧光探针最常用的受体单元。例如，通过共价键将二甲基吡啶胺接入联吡啶配体制备的铱配合物 **6** 能够对锌离子实现比率检测[26]，当它与锌离子配位后，其发射波长从 640 nm 蓝移至 610 nm(图 7-7)。因为在配合物与锌离子配位后降低了二甲基吡啶胺中氮原子的给电子能力，从而降低了最高占据分子轨道能级。此外，配合物 **6** 的发光寿命也会发生变化，从 67 ms 降低至 34 ms。Lo 报道了一系列含有二甲基吡啶胺的环金属铱配合物(**7~10**)。配合物 **7~10** 在乙腈溶液中表现出了 ^{3}MLCT、^{3}IL 和 ^{3}NLCT(三线态胺-配体)诱导的强发射(图 7-7)。在溶液中加入锌离子后，配合物 **7~10** 显示出锌离子配位诱导发光增强(分别增强 5.4 倍、1.6 倍、1.2 倍及 4.4 倍)[27]。最近，Lippard 报道了一种新型的锌离子荧光探针(**11**)用于检测生物样品中锌离子含量[28](图 7-7)。在该探针中,他们将二甲基吡啶胺连接到 1,10-菲咯啉配体上制备离子型铱配合物。配合物 **11** 在乙腈溶液中具有蓝光(461 nm)和黄光(528 nm)区域的双发射性质。当锌离子与配合物 **11** 配位后,其黄光区域显著增强而蓝光区域基本保持不变。而在哌嗪-1,4-二乙磺酸缓冲溶液中,配合物 **11** 仅表现出以 520 nm 为中心的非常弱的发射峰。当其与锌离子配位后,发射强度增大近 12 倍。最终,他们成功地将配合物 **11** 应用于 A549 细胞中的锌离子含量检测。

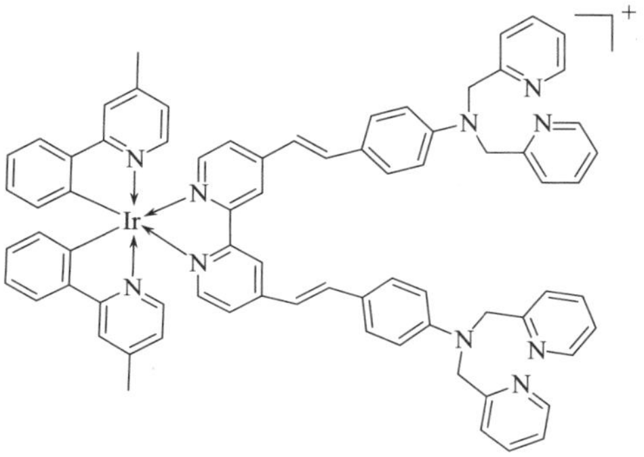

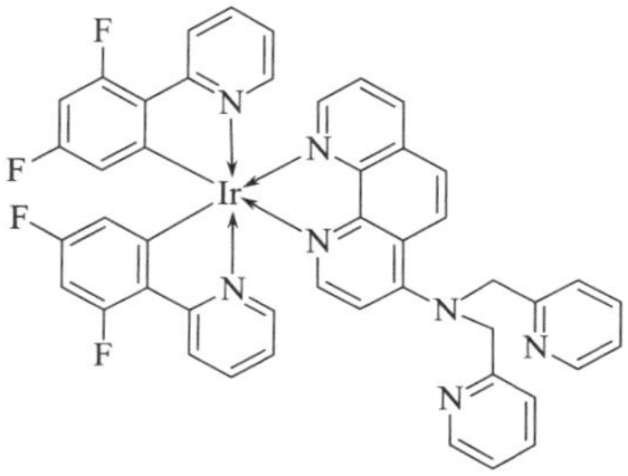

图 7-7 锌离子荧光探针的化学结构与检测机理

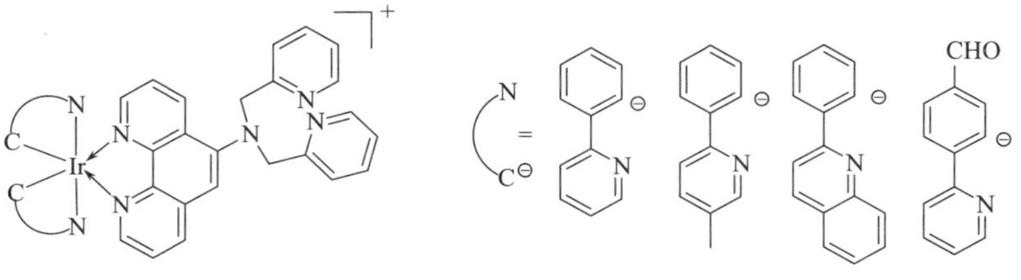

7.4.4 其他阳离子检测

配合物 **12** 含 4-氮杂冠醚,在水溶液中与银离子结合后,二硫代氮杂冠醚氮给电子能力减弱,从而导致发射光显著增强[29]。配合物 **13** 与钯离子结合后发射增强约 8 倍。Nabeshima 发展了含氮杂冠醚的环金属配体配合物 **14**,当配合物与镁离子结合后,其光诱导电子转移过程会被阻断,从而使发光增强[30]。You[31] 报道了一种环金属铱配合物 **15** 用于实现铬离子的比率检测。配合物 **15** 中的双{2-[2-(甲硫基)乙硫基]乙基}氨基接受单元能够与铬离子相互作用,在乙腈溶液中发生双级光反应[31]。第一阶段是一个快速可逆的绿光到橙光的发射波长变化,这是由于铬离子与接受单元产生弱相互作用扰动配合物 **15** 的激发态。第二阶段是一个相对缓慢的从橙色磷光到绿色磷光的变化，是通过特定的铬离子诱导的氧化分解过程(图 7-8)。

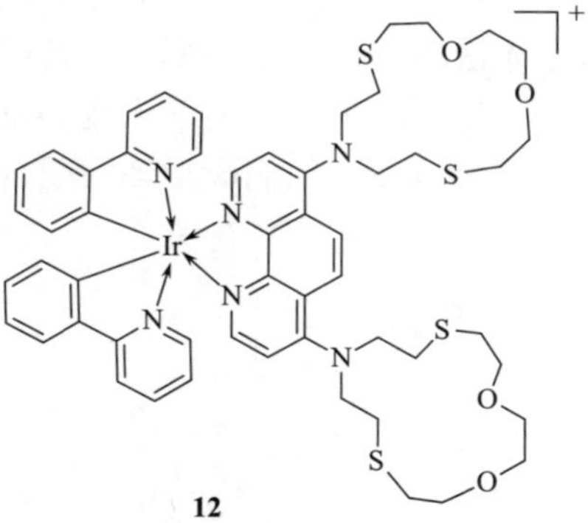

图 7-8　荧光探针 **12~15** 的化学结构与检测机理

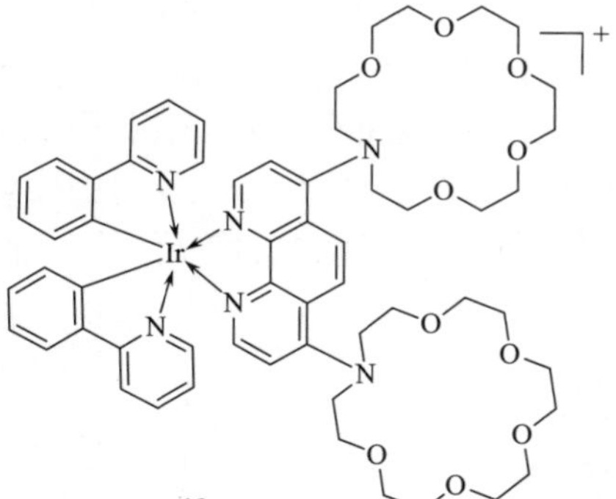

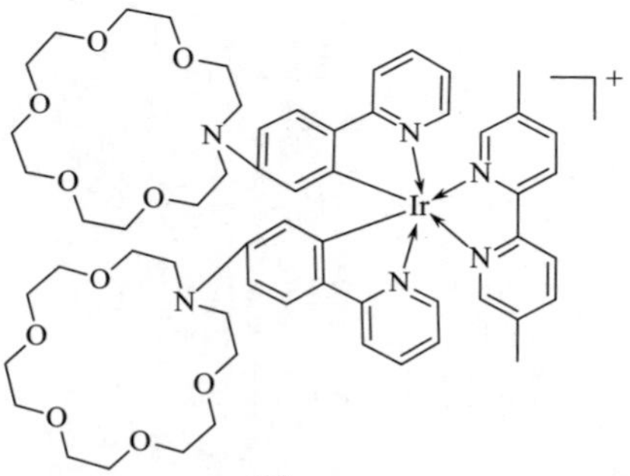

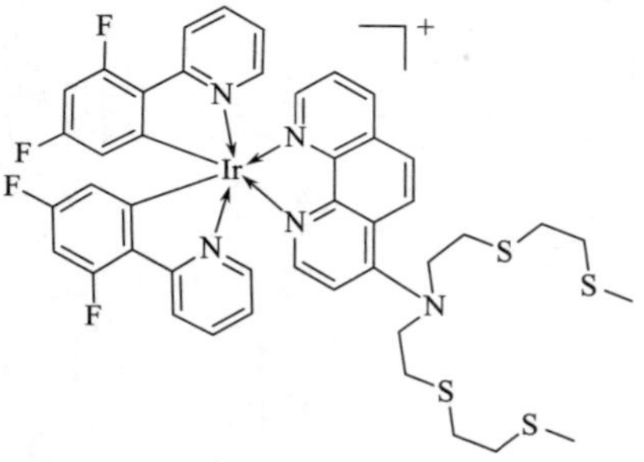

7.5　阴离子检测

7.5.1　氟离子检测

氟离子是半径最小的阴离子，在生物、医学、化学过程中起重要作用，如在治疗牙科疾病、骨质疏松症中扮演着重要的角色。因此对氟离子简便、快速的识别在临床医学中表现出越来越重要的作用。目前文献中报道的检测氟离子的方法主要有：①路易斯酸碱相互作用，如氟离子对硼原子的强亲和力；②氢键作用；③切断硅氧键，改变分子轨道能级。

Li 等设计、合成了三个含咪唑取代基辅助配体的铱配合物 **16~18**[32]，在它们的乙腈溶液中加入氟离子后，其紫外-可见吸收光谱和发射光谱会引起显著的变化，溶液从黄色变为棕色。此外，配合物 **16~18** 的发射会完全猝灭，该现象可能是因为咪唑基团的孤对电子的光诱导电子转移过程猝灭了配合物的发射。Zhao 等设计、合成了一类含有三芳基硼的金属铱配合物，分别具有共轭“供体-受体”结构(**19**)与非共轭“供体-受体”结构(**20**)[33,34]。它们可以用于高选择性的荧光氟离子探针。氟离子加入后，猝灭了基于配合物的橙红色磷光发射，增强了基于辅助配体的蓝色荧光发射，伴随着一个肉眼可见的从橙红色到蓝色的发光变化，实现了荧光比率法氟离子检测。更重要的是，探针还能对氟离子实现有效、准确的定量检测。此外，他们还设计了含二米基硼基团环金属配体的双核铱配合物 **21**，它表现出 481 GM 的高双光子吸收截面。并且，配合物 **21** 可以作为一种优良的双光子激发“turn-off”型氟离子荧光探针[35](图 7-9)。

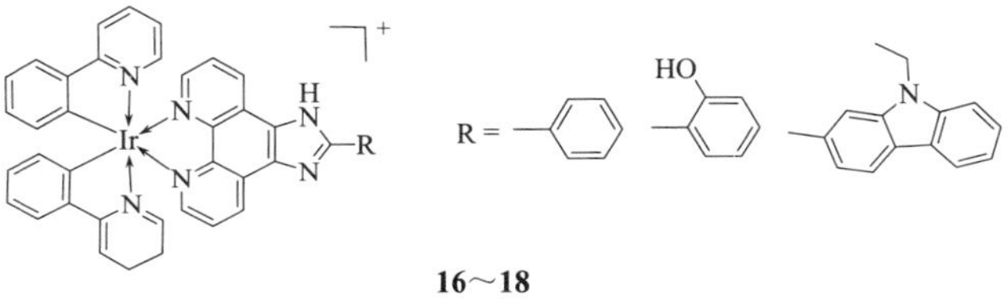

16～18

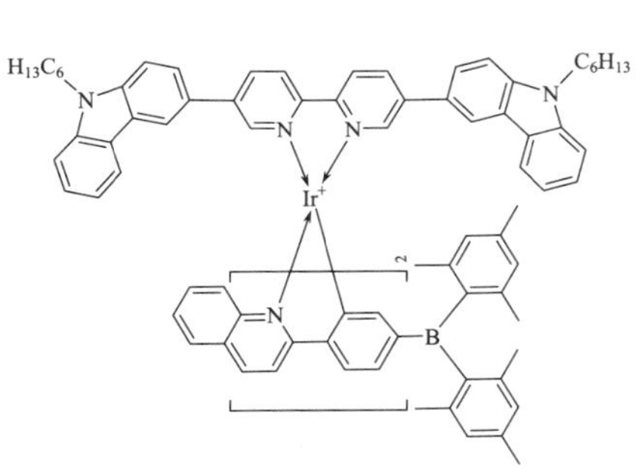

19

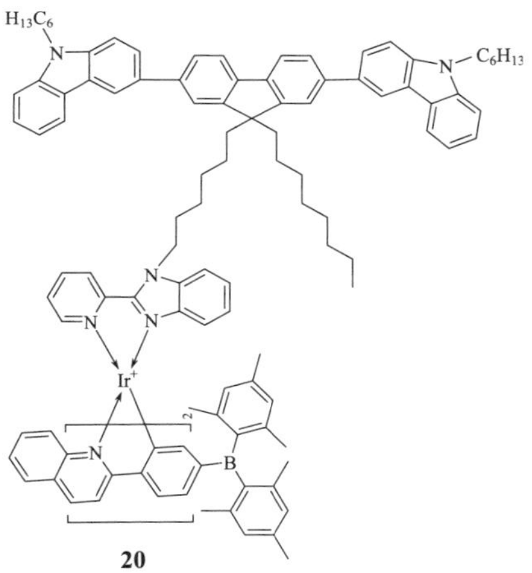

20

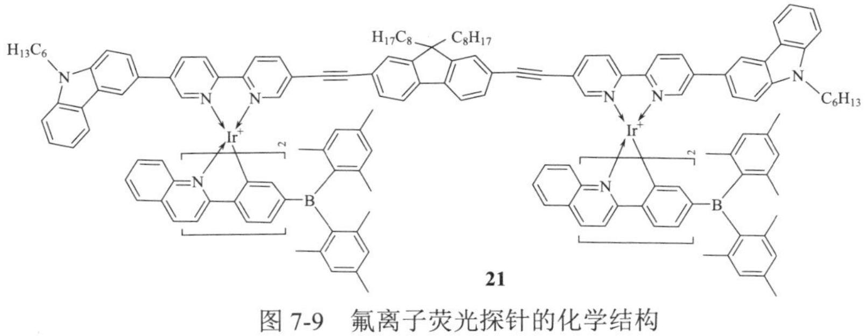

21

图 7-9　氟离子荧光探针的化学结构

7.5.2 氰根离子检测

氰根离子对哺乳动物毒性极大,摄入氰根离子会引起呕吐、抽搐、意识丧失,最终导致死亡。尽管氰化物具有毒性,但其在各个领域,如合成纤维、树脂、除草剂和炼金工艺中是不可或缺的。据世界卫生组织的统计,饮用水中氰化物浓度低于 1.9 μmol·L^{-1} 时对人体无害。因此,需要开发能够监测环境和生物样品中氰化物浓度的荧光探针极为重要。最近,钴配合物 **22** 被开发用作选择性识别氰根离子。由于存在从香豆素到钴离子的分子内 PET 过程,配合物表现出微弱的发射[36]。氰根离子可以以 1∶2 的结合化学计量与钴离子结合,导致 HOMO 和 LUMO 能级变化,并通过阻断 PET 过程导致配合物 **22** 的荧光强度大幅度增强。Bian 等报道了一种铱配合物 **23**,利用氰根离子与 α, β-不饱和羰基的加成反应实现对其检测[37]。在配合物 **23** 溶液中加入氰根离子会使 520 nm 处的绿色发光猝灭,实现快速、简便的检测。Ye 等报道了两个咪唑类钌配合物(**24**, **25**)通过与氰根离子形成氢键实现检测[38](图 7-10)。氰根离子在水中的检测极限分别可以达到 100 mmol·L^{-1} 和 5 mmol·L^{-1}。探针 **25** 拥有一个具有氰根离子的三点氢键的 C 形空腔结构,由两个 N—H 和一个苯基 C—H 位点组成,氰根离子与其形成氢键后会导致配合物发光寿命的改变。

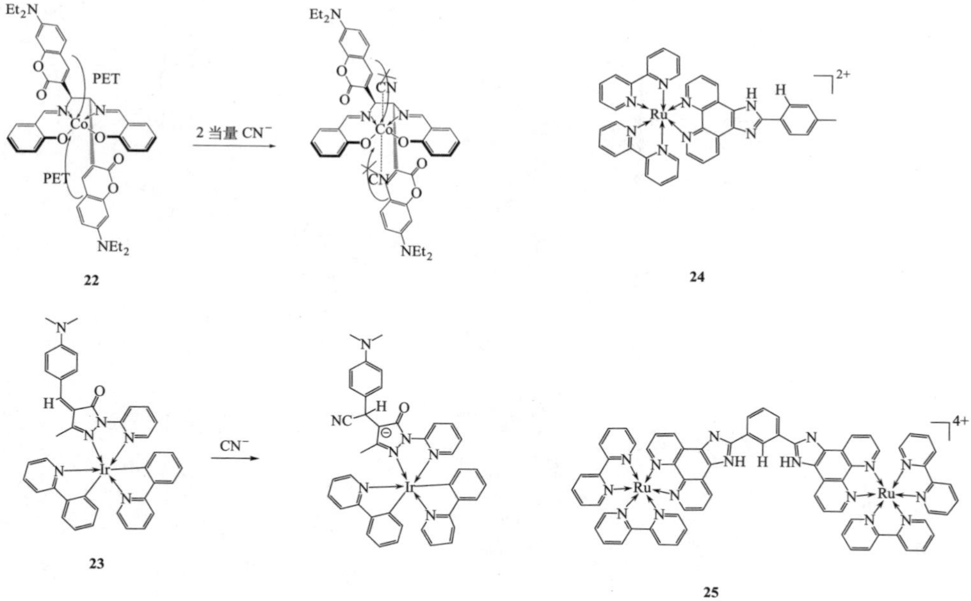

图 7-10 氰根离子探针的结构式及检测机理

7.5.3 其他阴离子检测

众所周知，次氯酸根在温和的条件下可以选择性地氧化肟基为羧酸。因此，可以将肟基引入到铱配合物中实现对次氯酸根的检测。Chen 等报道了一种铱配合物 **26** 作为"turn-on"型荧光探针来识别次氯酸盐[39]。配合物 **26** 溶液在室温下几乎不发光(可能是由于肟基快速异构化导致了有效的无辐射跃迁过程)，然而，当配合物 **26** 与次氯酸根在反应后，配合物的发射显著增强，配体中的肟被氧化为羧酸。与其他阴离子的竞争实验表明，探针 **26** 对次氯酸根具有高的选择性和检测灵敏度。Chao 等合成了一种在室温下不发光的双核铱配合物 **27**，用作亚硫酸盐和亚硫酸氢盐的荧光探针[40]。配合物 **27** 对于亚硫酸盐或亚硫酸氢盐呈现出荧光增强型反应，同时也具有高的灵敏度和选择性。更为重要的是，该探针可以实现对活细胞中的亚硫酸盐/亚硫酸氢盐浓度变化的检测(图 7-11)。

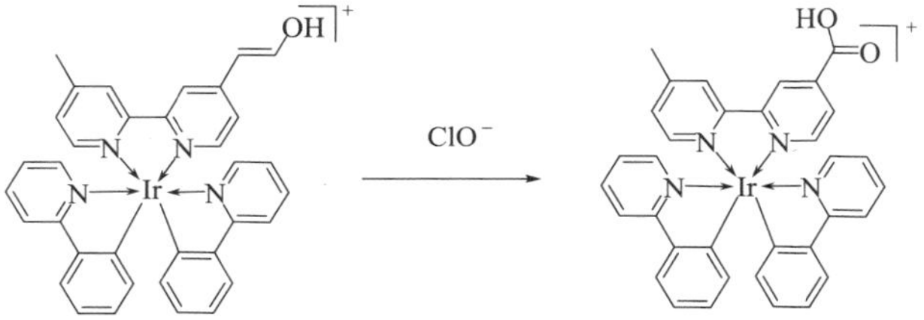

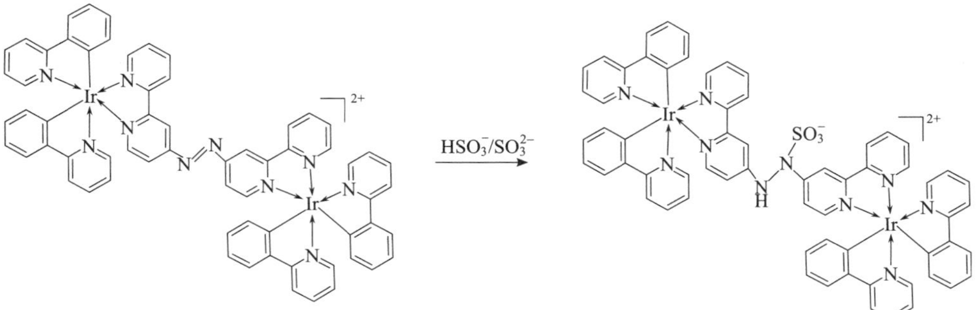

图 7-11 次氯酸根与亚硫酸/亚硫酸氢根离子探针的结构式及检测机理

7.6 生物分子检测

7.6.1 半胱氨酸/高半胱氨酸检测

半胱氨酸/高半胱氨酸是生物体内仅有的两个含硫醇的氨基酸,它们在维系生命系统中的生理平衡方面起着至关重要的作用。缺乏半胱氨酸可能导致如造血减少、白细胞损失及牛皮癣等疾病。而心血管病、阿尔茨海默病与高半胱氨酸缺乏密切相关。醛基与半胱氨酸/高半胱氨酸选择性反应形成噻唑烷的反应是一种用来检测这两种氨基酸的常用策略。Li 等开发了基于铱配合物的荧光探针 **28**,在 DMSO-HEPES 缓冲溶液中,以 525 nm 为波长中心的绿光发射在加入半胱氨酸/高半胱氨酸后明显增强[41]。另外,含有醛基的铂配合物 **29** 在乙腈-水溶液中能够与半胱氨酸/高半胱氨酸发生选择性反应,并且实现了发光颜色从绿色变成橙色的比率检测[42]。Zhao 等设计合成了一个水溶性荧光探针 **30** 用于检测半胱氨酸和高半胱氨酸[43]。通过在辅助配体上引入季铵盐实现了配合物的水溶性。钌配合物 **31** 被 Ji 等开发为半胱氨酸/高半胱氨酸的 "turn-on" 红色发光荧光探针。探针 **31** 由于从 Ru^{2+} 到 2,4-二硝基苯磺酰的电子转移而导致配合物没有发射[44]。在与硫代半胱氨酸反应后,从 1,10-菲咯啉配体裂解 2,4-二硝基苯磺酰,并重新建立金属到配体电荷转移过程,显示开启荧光反应(增强 90 倍)。Chao 等合成了一种通过偶氮基连接的不发光的双核铱配合物 **32**[45]。基于偶氮硫醇的氧化还原反应,这个配合物显现出对半胱氨酸/高半胱氨酸的荧光 "turn-on" 响应,并且该探针也可用于检测活细胞中半胱氨酸/高半胱氨酸的浓度变化(图 7-12)。

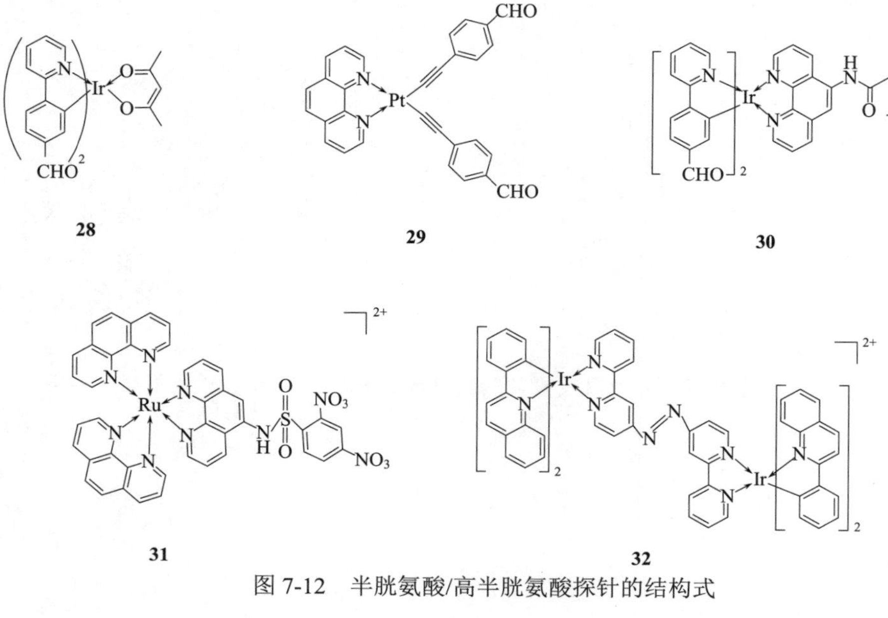

图 7-12 半胱氨酸/高半胱氨酸探针的结构式

7.6.2 组氨酸检测

组氨酸过高的异常水平是许多疾病，如血栓性疾病、哮喘、晚期肝硬化、艾滋病、肾脏疾病、肺疾病和疟疾的指标。因此，检测组氨酸在生物化学、分子生物学和临床医学中非常重要。Ma 等报道了一种具有高选择性和高灵敏度的组氨酸的荧光增强型探针(配合物 **33**)(图 7-13)[46]。该配合物在磷酸盐缓冲溶液中几乎没有发射，然而，当在其溶液中加入组氨酸后，它的发射峰急剧增强(180 倍)。实验表明，探针 **33** 与组氨酸的咪唑啉部分特异性结合形成共价键是其发光增强的主要原因。此外，选择性实验证明了它对其他氨基酸不会发生特异性结合，即显示出良好的选择性。

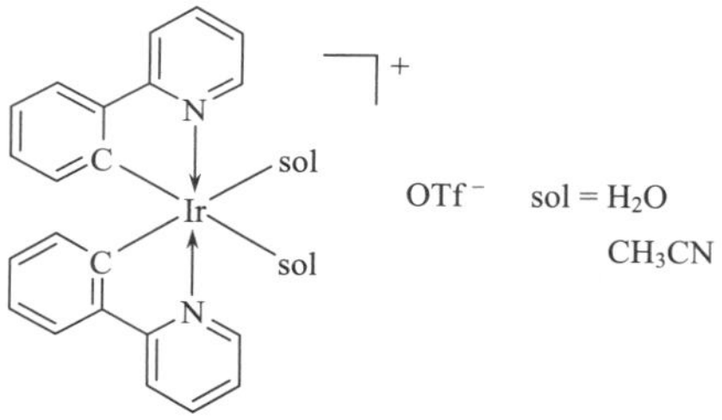

图 7-13 组氨酸探针的结构式

7.6.3 核酸检测

核酸是活细胞最基本和最重要的生物分子。因此检测和表征核酸具有十分重要的科学意义，它不仅可以帮助科学家理解细胞功能和协助生物研究，而且还能够促进疾病诊断和治疗的新工具和新药物的发展。Yam 等发明了一种无标记光学传感方法用于单链核酸的检测。带正电的铂配合物(**34**)与携带多个负电荷的单链核酸在静电作用下发生自组装，从而导致显著的光学特性变化[47]。另外，溴化乙啶和碘化丙啶是一种广泛使用的检测双核苷酸的核酸探针。Turro 等发展了钌配合物(**35**)，并将其用于核酸检测。他们发现，该探针与 RNA 结合后荧光强度增强了 9 倍，而且在 RNA 的存在下该探针的发光寿命多倍于其他衍生物，使用时间分辨方法检测发现，其信噪比再度增加 4 倍(图 7-14)[48]。

7.6.4 蛋白质检测

生物素-抗生物素糖蛋白的相互作用已广泛应用于免疫学、原位杂交和亲和色谱法。这样特殊的相互作用也可以用于金属配合荧光生物探针的设计。最近，Hong

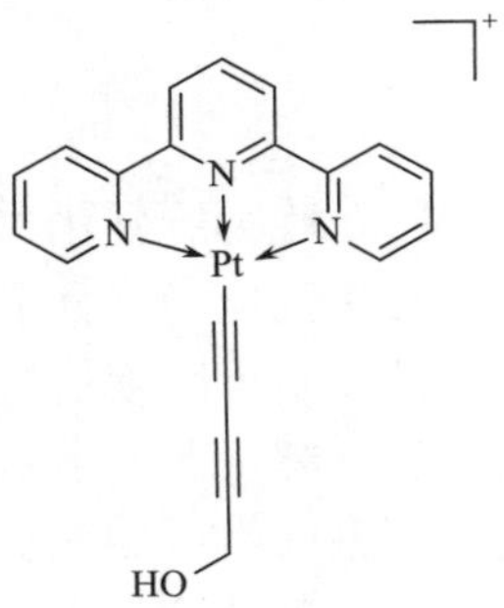

34

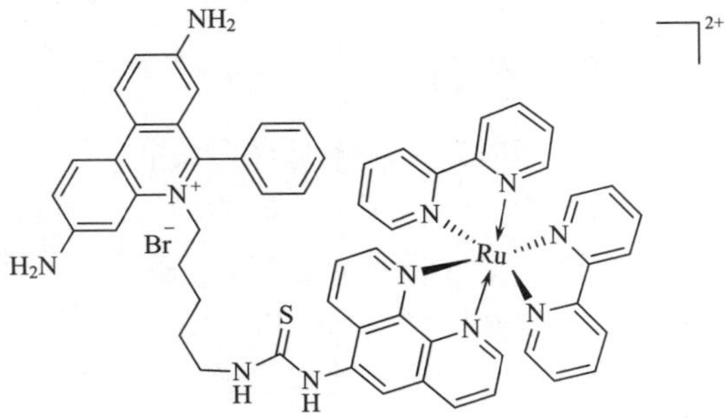

35

图 7-14 核酸探针的结构式

等报道了基于荧光共振能量转移的探针 **36** 用于检测蛋白,它在结合抗生物素蛋白时观察到发光强度的显著增强[49]。由于分子内能量转移和与抗生物素蛋白结合位点,这种用于生物素-抗生物素蛋白测定具有很高的灵敏度。Lo 等发现含有生物素的配合物 **37** 具有双发射性质。在空气环境下,该配合物有两个发射峰,分别位于 492 nm 和 608 nm,当其与抗生物素蛋白结合后,其短波长发射强度显著降低而 608 nm 处的发射峰不变,这可能是因为与蛋白的结合使得微环境的疏水性增加了(图 7-15)[50]。

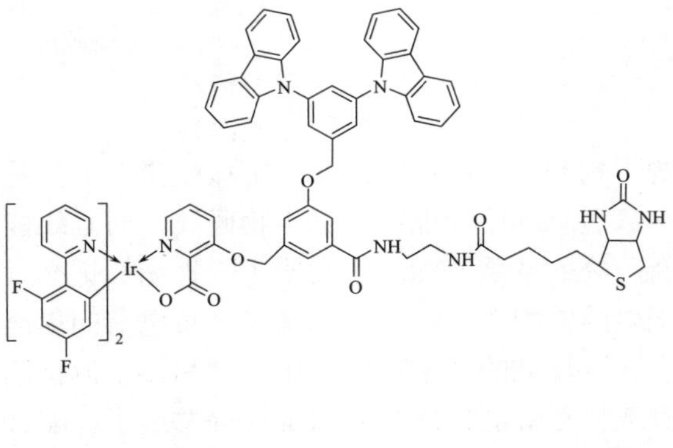

36

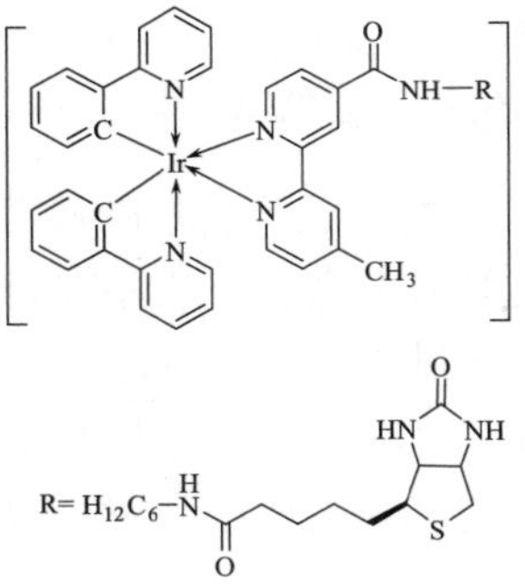

37

图 7-15 蛋白质探针的结构式

7.6.5 葡萄糖检测

葡萄糖浓度的准确测量在早产儿的急救护理中至关重要,并广泛用于糖尿病的管理，设计一个磷光葡萄糖探针十分实用。锇配合物在其氧化态和还原态都表现出电化学可逆性和稳定性，导致还原和氧化形式的发射光谱有明显差异。因此，对于配合物 **38**，氧化形式在 707 nm 处具有最大发射强度（图 7-16）；有趣的是，这种发射峰在还原形式中不存在[51]。这种现象可用于检测能够氧化或还原探针 **38** 的生物分子或活性酶。例如，葡萄糖可以被葡萄糖氧化酶催化成 D-葡萄糖酸-1,5-内酯和过氧化氢。通过偶联葡萄糖氧化酶和辣根过氧化物酶得到探针 **38**，在存在少量过氧化氢的情况下，辣根过氧化物酶催化锇配合物的氧化，使其从非荧光状态转变为荧光状态，从而实现葡萄糖的检测。

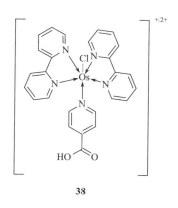

图 7-16 葡萄糖探针的结构式

7.7 气体检测

7.7.1 氧气检测

氧气是生命所必需的。基于光学传感的氧气检测被许多领域包括海洋学、气象学、生物学、环境科学和生命科学所需求[52-57]。金属配合物的三线态发射容易被氧分子猝灭，而且猝灭过程中不会产生和消耗氧气，因此可以被用来作为氧分子探针。当前一些钌多吡啶配合物、铂和铅卟啉以及铂与铱的环金属配合物已被用作光学氧探针。Madina 等设计合成了配合物 **39**，其发光波长位于 665 nm，此探针对氧气分子的检测灵敏度高，并且具有高的光稳定性[52]。Toro 等将一系列配合物 **40~43** 结合到聚苯乙烯、金属或纳米材料中，获得了一系列氧分子荧光传感材料。此外，研究发现将配合物载入到纳米材料中能提高检测的灵敏度。硅基材料也是金属配合物氧传感器非常好的载体。将铂配合物 **44** 嵌在一个有机改性二氧化硅矩阵作为氧气检测层，Chen 等开发了一个光学氧传感器[53]。这一氧传感器可以实现分辨率高达 0.50% 的快速比色检测和定量分析。配合物 **45** 显示了在固态中发明亮的蓝绿色光和发光强度对氧气浓度高度敏感的性能，当氧气的浓度仅为 10%，发光的猝灭可以超过 70%。Shi 等通过将共价将钌配合物（**46，47**）固定在玻璃表面上，实现了两种敏感的单层氧传感膜。制备的薄膜都能实现非常高的猝灭效率，分别为 95% 和 88%（图 7-17）[54]。

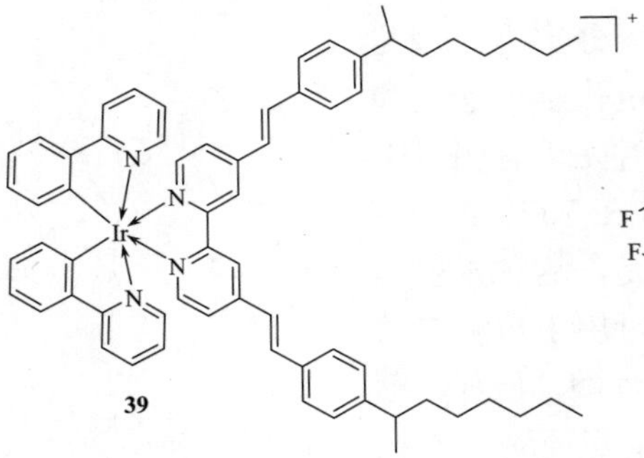

图 7-17 氧气探针的结构式

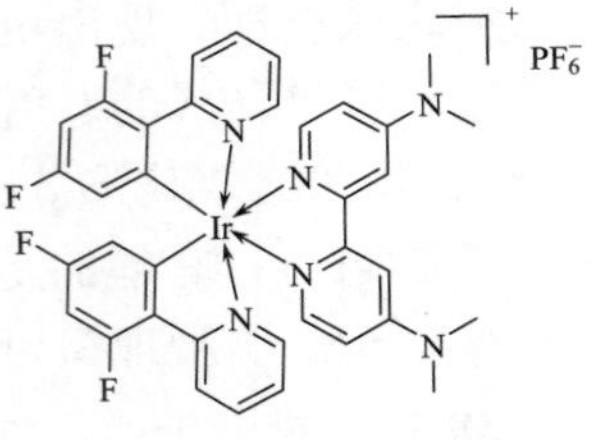

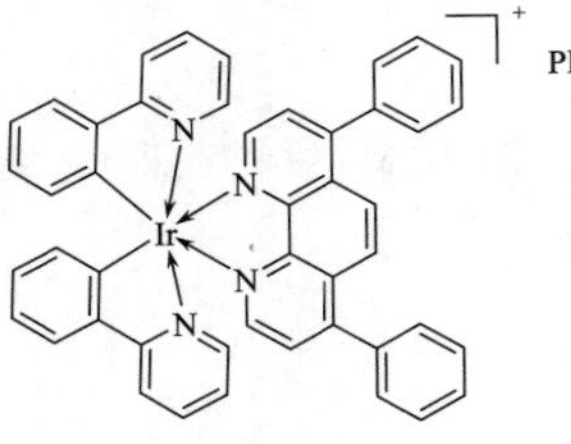

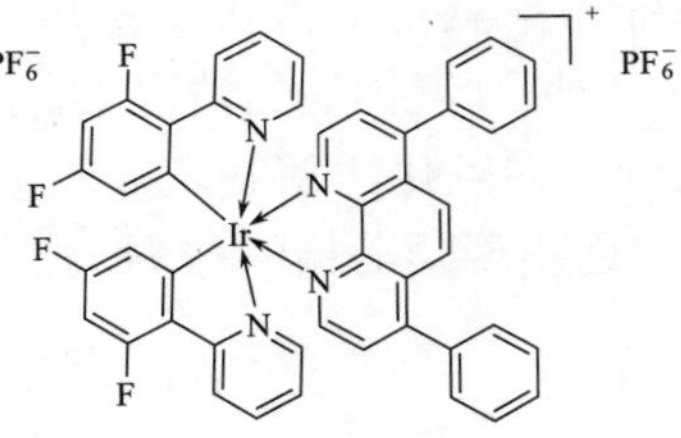

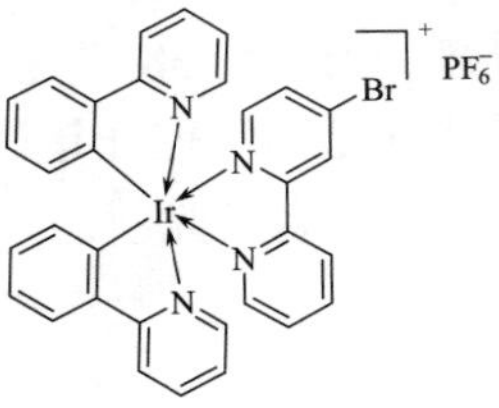

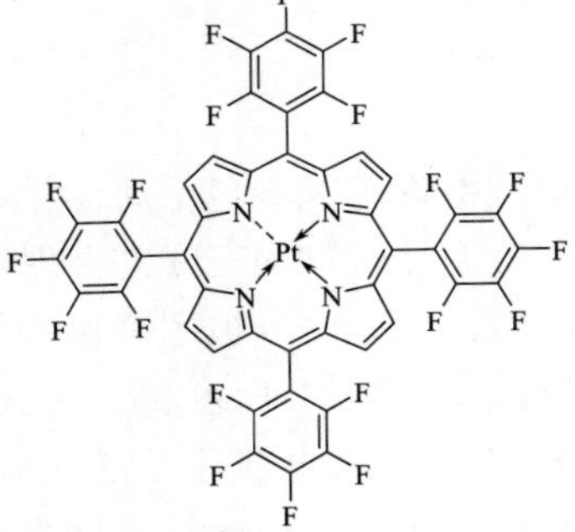

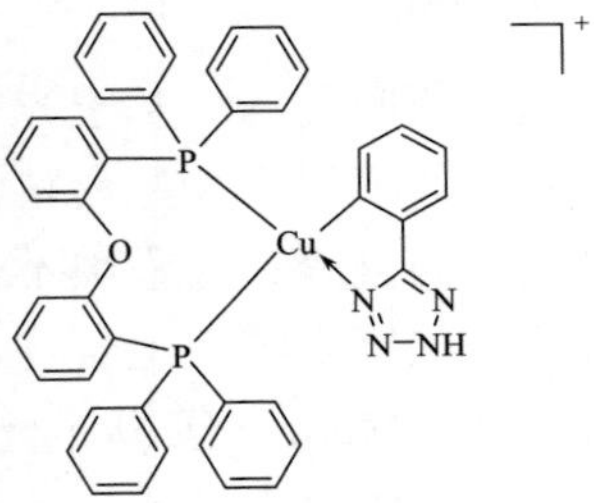

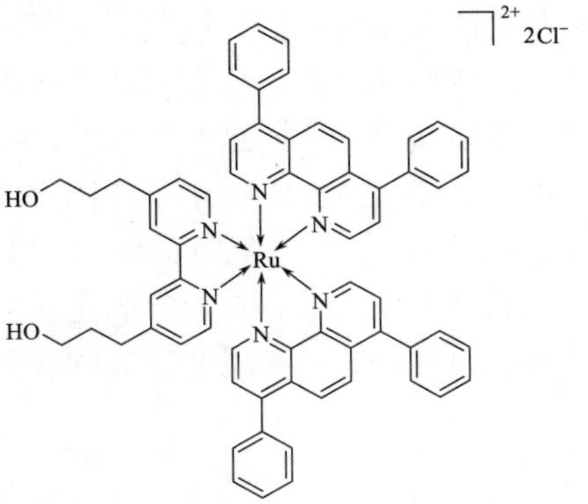

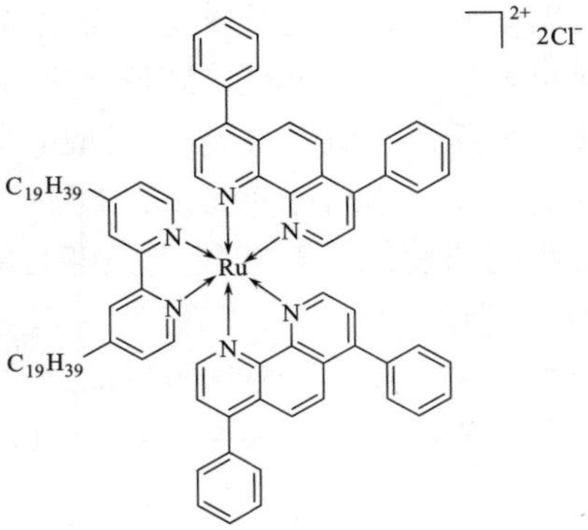

7.7.2 二氧化碳检测

二氧化碳气体的检测在公共卫生、食品包装、农业生产和医药等各个领域都具有重要意义。由于二氧化碳在影响全球气候变化中的关键作用，其排放量的确定也非常重要。Mann 等设计、制备了配合物 **48** 用于二氧化碳气体的检测，在配合物溶液中通入二氧化碳气体，其发射波长从 501 nm 红移到 524 nm，并且发射光谱的形状发生变化。这些变化是由于通入二氧化碳后，配合物 **48** 从离子型变为中性的配合物[56]。Wong 等设计了一个含活泼—NH 基团的配合物 **49** 用于检测二氧化碳[57]。—NH 官能团容易与乙酸根离子形成氢键并猝灭配合物的发射光，在猝灭的溶液通入二氧化碳气体能够恢复配合物的发光，从而达到检测目的。更为重要的是，这个探针 **49** 还能在背景荧光干扰下利用时间分辨光谱对二氧化碳进行检测，大大提高了探针的抗干扰能力及信噪比(图 7-18)。

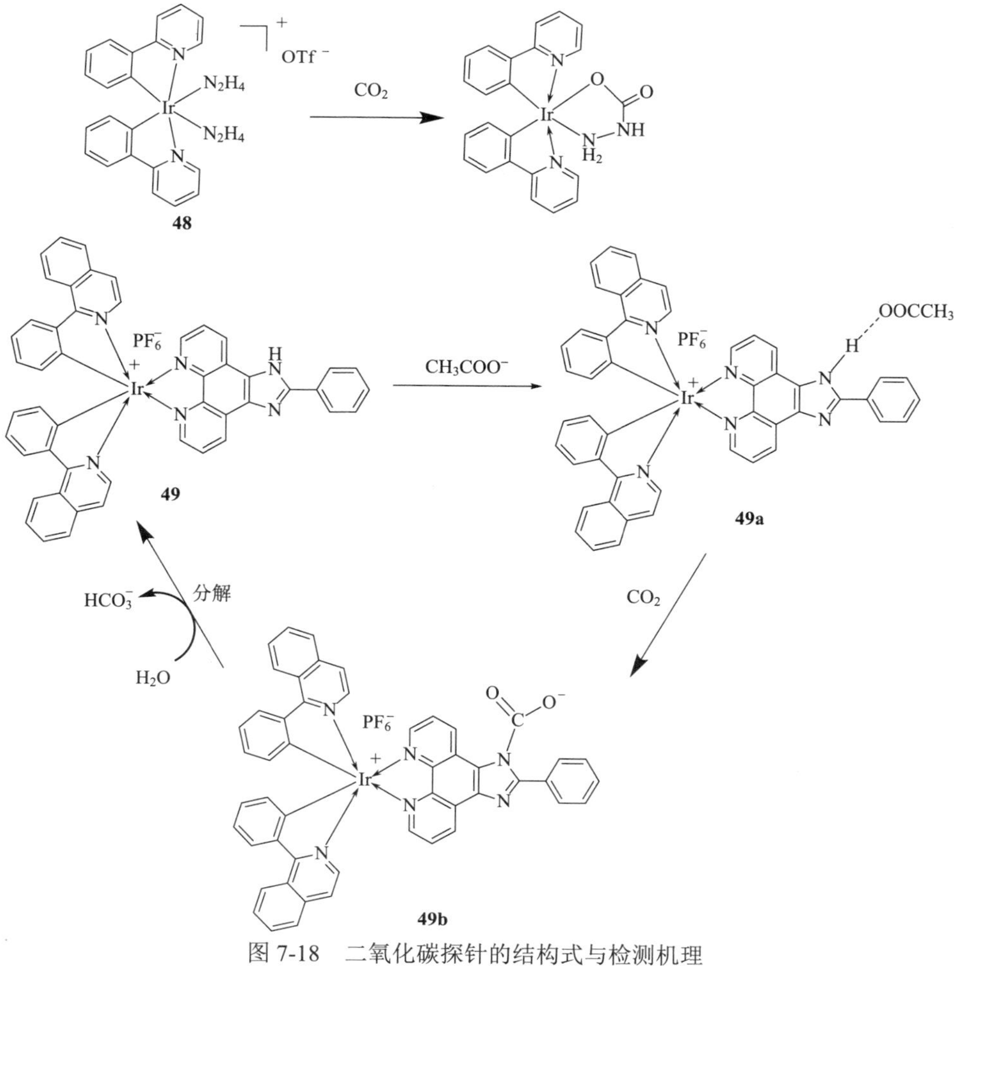

图 7-18 二氧化碳探针的结构式与检测机理

7.8 小结

近年来，虽然越来越多的基于金属有机材料的阳离子、阴离子、生物分子、气体探针被人们开发出来，但是与基于小分子有机染料的探针相比，金属配合物探针的报道还是相对较少。考虑到目前基于金属有机材料探针的优点以及存在的问题，我们总结了此领域的一些未来发展方向以进一步拓展它们的应用。

(1) 尽管金属配合物的发光量子效率在无氧溶液中很高，但是由于三线激发态对氧气的敏感性，当接触到空气时，它们的发光效率显著下降。因此，大多数金属配合物的量子效率远远低于大多数荧光有机化合物，从而影响检测灵敏度。设计与合成在有氧溶液中具有足够高量子效率的金属配合物是非常重要的。

(2) 金属配合物化学探针的实际应用性，特别是对金属阳离子、阴离子和生物分子的检测、水溶性的光化学传感是非常必要的。然而，对于水溶性磷光金属配合物化学探针开发很少，因此这将是另一个重要的研究方向。

(3) 与荧光有机化合物相比，长寿命的磷光可以通过时间分辨荧光技术消除背景荧光的干扰，从而改善信噪比。设计与合成具有相对较长寿命的磷光配合物应用于时间分辨荧光检测将会引起越来越多的研究兴趣。

(4) 尽管许多基于金属配合物的化学探针在溶液中检测现已实现，设计基于金属配合物的比率探针用于检测活细胞和小动物体内的特殊分子仍然具有挑战性。到目前为止，只有少量的这类探针被开发，这是一个非常有前景的方向。

(5) 多功能化的金属配合物将会引起越来越多的研究兴趣。结合纳米技术，利用金属配合物作为磷光单元可以开发具有发光、磁性及放射性的多功能纳米粒子。

总之，丰富的配体结构和金属中心使得磷光探针的设计相对简单。预计在未来几年将会出现越来越多的优秀的基于金属有机材料的探针。

参 考 文 献

[1] Huang K W, Yang H, Zhou Z G, et al. Multisignal chemosensor for Cr^{3+} and its application in bioimaging. Org Lett, 2008, 10: 2557-2560.

[2] Yang H, Zhou Z G, Huang K W, et al. Multisignaling optical-electrochemical sensor for Hg^{2+} based on rhodamine derivative with ferrocene units. Org Lett, 2007, 9: 4729-4732.

[3] Ko S K, Yang Y K, Tae J, et al. *In vivo* monitoring of mercury ions using a rhodamine-based molecular probe. J Am Chem Soc, 2006, 128: 14150-14155.

[4] Zhou Z G, Yu M X, Yang H, et al. FRET-based sensor for imaging chromium(III) in living

cells. Chem Commun, 2008, 29: 3387-3389.

[5] Urano Y, Asanuma D, Hama Y, et al. Selective molecular imaging of viable cancer cells with pH-activatable fluorescence probes. Nat Med, 2009, 15: 104-109.

[6] Resch-Genger U, Grabolle M, Cavaliere-Jaricot S, et al. Quantum dots versus organic dyes as fluorescent labels. Nat Methods, 2008, 5: 763-775.

[7] Cai W B, Shin D W, Chen K, et al. Peptide-labeled near-infrared quantum dots for imaging tumor vasculature in living subjects. Nano Lett, 2006, 6: 669-676.

[8] Medintz I L, Uyeda H T, Goldman E R, et al. Quantum dot bioconjugates for imaging, labelling and sensing. Nat Mater, 2005, 4: 435-446.

[9] Dubertret B, Skourides P, Norris D J, et al. *In vivo* imaging of quantum dots encapsulated in phospholipid micelles. Science, 2002, 298: 1759-1762.

[10] Dahan M, Levi S, Luccardini C, et al. Diffusion dynamics of glycine receptors revealed by single-quantum dot tracking. Science, 2003, 302: 442-445.

[11] Weber M J, Rare E L. Handbook on the Physics and Chemistry of Rare Earths. Amsterdam: North-Holland Publishing Company, 1979.

[12] Mai H X, Zhang Y W, Si R, et al. High-quality sodium rare-earth fluoride nanocrystals: Controlled synthesis and optical properties. J Am Chem Soc, 2006, 128: 6426-6436.

[13] Wang F, Han Y, Lim C S, et al. Simultaneous phase and size control of upconversion nanocrystals through lanthanide doping. Nature, 2010, 463: 1061-1065.

[14] Wang F, Liu X G. Recent advances in the chemistry of lanthanide-doped upconversion nanocrystals. Chem Soc Rev, 2009, 38: 976-989.

[15] Chen Z G, Chen H L, Hu H, et al. Versatile synthesis strategy for carboxylic acid-functionalized upconverting nanophosphors as biological label. J Am Chem Soc, 2008, 130: 3023-3029.

[16] Chi Y, Chou P T. Transition-metal phosphors with cyclometalating ligands: Fundamentals and applications. Chem Soc Rev, 2010, 39: 638-655.

[17] Chou P T, Chi Y. Phosphorescent dyes for organic light-emitting diodes. Chem Eur J, 2007, 13: 380-395.

[18] Costa R D, Orti E, Bolink H J, et al. Luminescent ionic transition-metal complexes for light-emitting electrochemical cells. Angew Chem Int Ed, 2012, 51: 8178-8211.

[19] Xiao L X, Chen Z J, Qu B, et al. Recent progresses on materials for electrophosphorescent organic light-emitting devices. Adv Mater, 2011, 23: 926-952.

[20] You Y, Nam W. Photofunctional triplet excited states of cyclometalated Ir(III) complexes: Beyond electroluminescence. Chem Soc Rev, 2012, 41: 7061-7084.

[21] Liu Y, Li M Y, Zhao Q, et al. Phosphorescent iridium(III) complex with an N^O ligand as a Hg$^+$-selective chemodosimeter and logic gate. Inorg Chem, 2011, 50: 5969-5977.

[22] Yang H, Qian J J, Li L T, et al. A selective phosphorescent chemodosimeter for mercury ion. Inorg Chim Acta, 2010, 363: 1755-1759.

[23] Wu Y Q, Jing H, Dong Z S, et al. Ratiometric phosphorescence imaging of Hg(II) in living cells based on a neutral iridium(III) complex. Inorg Chem, 2011, 50: 7412-7420.

[24] You Y M, Han Y J, Lee Y M, et al. Phosphorescent sensor for robust quantification of

copper(Ⅱ) ion. J Am Chem Soc, 2011, 133: 11488-11491.

[25] Ajayakumar G, Sreenath K, Gopidas K R. Phenothiazine attached Ru(bpy)$_3^{2+}$ derivative as highly selective "turn-ON" luminescence chemodosimeter for Cu^{2+}. Dalton Trans, 2009, 10: 1180-1186.

[26] Araya J C, Gajardo J, Moya S A, et al. Modulating the luminescence of an iridium(III) complex incorporating a di(2-picolyl)anilino-appended bipyridine ligand with Zn^{2+} cations. New J Chem, 2010, 34: 21-24.

[27] Lee P K, Law W H T, Liu H W, et al. Luminescent cyclometalated iridium(III) polypyridine dipicolylamine complexes: Synthesis, photophysics, electrochemistry, cation binding, cellular internalization, and cytotoxic activity. Inorg Chem, 2011, 50: 8570-8579.

[28] You Y, Lee S, Kim T, et al. Phosphorescent sensor for biological mobile zinc. J Am Chem Soc, 2011, 133: 18328-18342.

[29] Lin H, Cinar M E, Schmittel M. Comparison of ruthenium(Ⅱ) and cyclometalated iridium(III) azacrown ether phenanthroline hybrids for the detection of metal cations by electrochemiluminescence. Dalton Trans, 2010, 39: 5130-5138.

[30] Brandel J, Sairenji M, Ichikawa K, et al. Remarkable Mg^{2+}-selective emission of an azacrown receptor based on Ir(III) complex. Chem Commun, 2010, 46: 3958-3960.

[31] Han Y J, You Y M, Lee Y M, et al. Double action: Toward phosphorescence ratiometric sensing of chromium ion. Adv Mater, 2012, 24: 2748-2754.

[32] Zhao Q, Liu S, Shi M, et al. Tuning photophysical and electrochemical properties of cationic iridium(III) complex salts with imidazolyl substituents by proton and anions. Organometallics, 2007, 26: 5922-5930.

[33] Xu W J, Liu S J, Sun H B, et al. FRET-based probe for fluoride based on a phosphorescent iridium(III) complex containing triarylboron groups. J Mater Chem, 2011, 21: 7572-7581.

[34] Xu W J, Liu S J, Zhao X Y, et al. Cationic iridium(III) complex containing both triarylboron and carbazole moieties as a ratiometric fluoride probe that utilizes a switchable triplet-singlet emission. Chem Eur J, 2010, 16: 7125-7133.

[35] Xu W J, Liu S J, Zhao X, et al. Synthesis, one- and two-photon photophysical and excited-state properties, and sensing application of a new phosphorescent dinuclear cationic iridium(III) complex. Chem Eur J, 2013, 19: 620-628.

[36] Lee J H, Jeong A R, Shin I S, et al. Fluorescence turn-on sensor for cyanide based on a cobalt(Ⅱ)-coumarinyl salen complex. Org Lett, 2010, 12: 764-767.

[37] Lou B, Chen Z Q, Bian Z Q, et al. Multisignaling detection of cyanide anions based on an iridium(III) complex: Remarkable enhancement of sensitivity by coordination effect. New J Chem, 2010, 34: 132-136.

[38] Mo H J, Shen Y, Ye B H. Selective recognition of cyanide anion via formation of multipoint NH and phenyl CH hydrogen bonding with acyclic ruthenium bipyridine imidazole receptors in water. Inorg Chem, 2012, 51: 7174-7184.

[39] Zhao N, Wu Y H, Wang R M, et al. An iridium(III) complex of oximated 2,2'-bipyridine as a sensitive phosphorescent sensor for hypochlorite. Analyst, 2011, 136: 2277-2282.

[40] Li G Y, Chen Y, Wang J Q, et al. A dinuclear iridium(III) complex as a visual specific phosphorescent probe for endogenous sulphite and bisulphite in living cells. Chem Sci, 2013, 4: 4426-4433.

[41] Chen H L, Zhao Q, Wu Y B, et al. Selective phosphorescence chemosensor for homocysteine based on an iridium(III) complex. Inorg Chem, 2007, 46: 11075-11081.

[42] Huang K W, Yang H, Zhou Z G, et al. A highly selective phosphorescent chemodosimeter for cysteine and homocysteine based on platinum(II) complexes. Inorg Chim Acta, 2009, 362: 2577-2580.

[43] Ma Y, Liu S J, Yang H R, et al. Water-soluble phosphorescent iridium(III) complexes as multicolor probes for imaging of homocysteine and cysteine in living cells. J Mater Chem, 2011, 21: 18974-18982.

[44] Ji S M, Guo H M, Yuan X L, et al. A highly selective OFF-ON red-emitting phosphorescent thiol probe with large stokes shift and long luminescent lifetime. Org Lett, 2010, 12: 2876-2879.

[45] Li G Y, Chen Y, Wu J H, et al. Thiol-specific phosphorescent imaging in living cells with an azobis(2,2'-bipyridine)-bridged dinuclear iridium(III) complex. Chem Commun, 2013, 49: 2040-2042.

[46] Ma D L, Wong W L, Chung W H, et al. A highly selective luminescent switch-on probe for histidine/histidine-rich proteins and its application in protein staining. Angew Chem Int Ed, 2008, 47: 3735-3739.

[47] Yu C, Chan K H Y, Wong K M C, et al. Nucleic acid-induced self-assembly of a platinum(II) terpyridyl complex: Detection of G-quadruplex formation and nuclease activity. Chem Commun, 2009, 25: 3756-3758.

[48] Olmsted J, Kearns D R. Mechanism of ethidium bromide fluorescence enhancement on binding to nucleic acids. Biochemistry, 1977, 16: 3647-3654.

[49] Kwon T H, Kwon J, Hong J I, et al. Signal amplification via intramolecular energy transfer using tripodal neutral iridium(III) complexes upon binding to avidin. J Am Chem Soc, 2008, 130: 3726-3727.

[50] Lo K K W, Zhang K Y, Leung S K, et al. Exploitation of the dual-emissive properties of cyclometalated iridium(III)-polypyridine complexes in the development of luminescent biological probes. Angew Chem Int Ed, 2008, 47: 2213-2216.

[51] Virel A, Sanchez-Lopez J, Saa L, et al. Use of an osmium complex as a universal luminescent probe for enzymatic reactions. Chem Eur J, 2009, 15: 6194-6198.

[52] Medina-Castillo A L, Fernández-Sánchez J F, Klein C, et al. Engineering of efficient phosphorescent iridium cationic complex for developing oxygen-sensitive polymeric and nanostructured films. Analyst, 2007, 132: 929-936.

[53] Wang X D, Chen X, Xie Z X, et al. Reversible optical sensor strip for oxygen. Angew Chem Int Ed, 2008, 47: 7450-7453.

[54] Shi L F, Li B, Yue S M, et al. Synthesis, photophysical and oxygen-sensing properties of a novel bluish-green emission Cu(I) complex. Sensor Actuat B: Chem, 2009, 137: 386-392.

[55] Chu B W K, Yam V W W. Sensitive single-layered oxygen-sensing systems: Polypyridyl

ruthenium(Ⅱ) complexes covalently attached or deposited as 174angmuir-blodgett monolayer on glass surfaces. Langmuir, 2006, 22: 7437-7443.

[56] Schwartz K R, Mann K R. Optical response of a cyclometalated iridium(III) hydrazino complex to carbon dioxide: Generation of a strongly luminescent iridium (III) carbazate. Inorg Chem, 2011, 50: 12477-12485.

[57] Ma Y, Xu H, Zeng Y, et al. A charged iridophosphor for time-resolved luminescent CO_2 gas identification. J Mater Chem C, 2015, 3: 66-72.

(马　云　黄维扬)

第 8 章

金属有机储能材料与器件应用

8.1 引言

随着社会的飞速发展，人类对能源的需求与日俱增，但是不可再生的化石能源面临枯竭，全球能源危机日益迫近；另外，化石能源的过度使用还造成了温室气体的过度排放和环境的严重污染。因此，可再生清洁能源的开发利用逐渐受到各国重视。人类在新能源开发、存储、使用等各个环节已经取得了巨大的成功，并在继续发展中，主要驱动力之一是间歇性可再生能源及存储需求的不断增加。能源技术仍然是 21 世纪人类面临的重大挑战之一，其关键在于如何进一步开发环境友好、价格低廉的能源，并借助强大的储能技术将间歇性的、不连续的可再生能源整合集成，然后大规模输出连续性的、稳定性的能源，从而满足当代社会日益增长的能源需求[1,2]。

日益丰富的移动电子产品蓬勃发展，迫切需要先进的蓄电技术。电化学储能系统在多个领域呈现出极大的增长，从智能卡微型电池到大型的电动汽车电池和仓储尺寸的氧化还原电池等。虽然取得了很大的进展，但是开发性能优异、功能多样化的更轻便、更经济可行的储能系统仍然任重道远。

为满足生产生活中日益增长的能源需求，大量研究工作围绕着如何提高储能材料能源密度、功率、循环性和安全性等核心问题开展。传统的储能材料主要是无机金属化合物，依赖金属氧化态变化进行电荷储存，同时伴随有带电结构与特定抗衡离子的平衡；但是，这些材料严重依赖相对有限的矿产资源，如 $LiCoO_2$ 和 $LiMn_2O_4$ 等。基于此，Armand 和 Tarascon 指出，必须找到一种使离子电池可持续发展的新途径，就像燃料电池使用生物制氢、甲醇、乙醇那样[3]。具有电化学活性的有机储能材料因其轻柔、廉价、环境友好等优异性能广泛应用于各种各样的器件结构中[4,5]，逐渐取代传统材料引领行业发展，截至目前已经取得了令人瞩目的成就，但是在达到商业化应用之前仍然面临着巨大挑战。近年来，金属有机配合物在气体存储、电池及超级电容器中的应用受到广泛关注。

8.2 金属有机储能材料在电池中的应用

8.2.1 金属有机材料作为正极材料

相比于铅酸电池和镍氢电池，锂离子电池具有更加优异的性能，有望广泛应用于各种移动设备。当前，正极材料仍然限制着锂电池的功率、能量密度和充放电稳定性的进一步提高。二茂铁功能化的聚合物因其结构多样性、良好的成膜性和加工性等在锂电池正极材料的研究中广泛应用，而且二茂铁功能团具有优异的化学稳定性、稳定的氧化还原可逆性和快速的反应动力学性能等。因此，金属有机正极材料的研究主要集中于含二茂铁的聚合物上。

Masuda 等报道了一系列简单的二茂铁聚合物，如聚(乙烯基二茂铁)**8-1**、聚(乙炔基二茂铁)**8-2** 和聚(二茂铁)**8-3**(图 8-1)，并利用这类材料制备了纽扣电池，比容量分别达到 105 mA·h·g^{-1}、105 mA·h·g^{-1} 和 95 mA·h·g^{-1}，但是这种聚合物正极材料往往因其相对分子质量较小使得电池容量在充放电过程中出现严重的衰减。其中，聚(乙烯基二茂铁)的充放电稳定阶段比聚(乙炔基二茂铁)和聚(二茂铁)更为平缓，主要是由于聚(乙炔基二茂铁)和聚(二茂铁)在充放电过程中不同能量下产生多个氧化态，而且这两种聚合物的二茂铁活性中心难以被特定的电压氧化[6]。

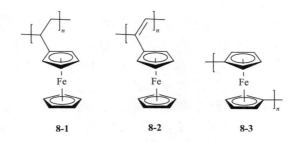

图 8-1 聚(乙烯基二茂铁)、聚(乙炔基二茂铁)和聚(二茂铁)的化学结构

炔基类金属聚合物是一种典型的刚性化合物，在半导体、光致(或电致)发光、非线性光学、液晶、化学传感和光伏等领域表现出独特的性能[7]。黄维扬等将二茂铁插入芴中作为氧化还原活性组分，通过与噻吩、三苯胺等聚合制备了炔类交替聚合物 **8-4**、**8-5**，这类材料的平均摩尔质量达到 2.9×10^4 g·mol^{-1}，作为电池正极材料表现出较好的稳定性和成膜加工性。聚合物的线型分子主体由炔基连接，

这大大改善了活性成分在主链的传输,进而增强了充放电过程中的氧化还原动力。通过在分子中引入噻吩或三苯胺部分,聚合物制成的复合电极呈现出松散的多孔网络,这对于电解质离子的输送至关重要,有助于提高电化学性能。此外,三苯胺基元有利于增加聚合物的交叉偶联,使电池电极在充放电过程中更加稳定,实验结果也表明,在 10 C 的电流倍率下可以得到 100 次稳定的充放电循环[8]。在此基础上,黄维扬等将炔基聚合物的桥联配体调变成金属铂单元制备了含有双金属铁、铂的交替共聚物 **8-6** 和 **8-7**,并成功用作锂电池正极材料,其中二茂铁作为 p 型氧化还原中心使聚合物具有电化学活性。另外,材料中还检测到了不可逆的 n 型氧化还原,这主要是由于分子中引入了金属铂。两种聚合物 **8-6** 和 **8-7** 在电池中均表现出很好的稳定性,可循环充放电 50 次以上,其初始比容量分别为 21 mA·h·g^{-1} 和 15 mA·h·g^{-1} [9](图 8-2)。

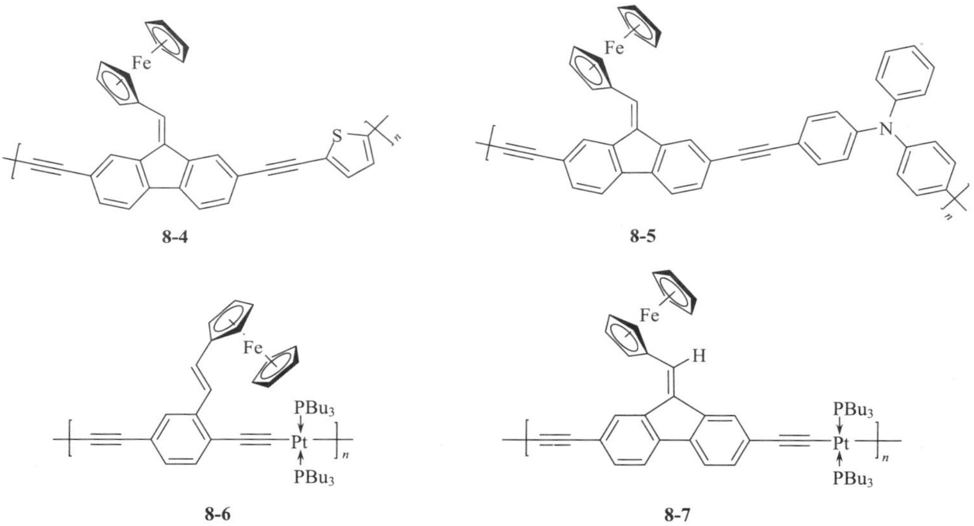

图 8-2 用于电池的常见二茂铁功能化炔基聚合物的结构

非共轭结构的聚合物比共轭聚合物表现出更稳定的电化学特性。黄维扬课题组在二茂铁功能化炔基聚合物基础上进一步合成了一种新型聚合物,以乙烯基二茂铁和 N,N-二苯基-4-乙烯基苯胺为原料,采用自由基聚合法制备了含有三苯胺和二茂铁的无规共聚物 **8-8**、**8-9**,两种基元的比例可以通过投料比进行控制[10](图 8-3)。这种共聚物由于引入了两种具有电化学活性的基元,在半电位 $E_{1/2}$ =−0.06 V、0.30 V、0.42 V (vs. Fc/Fc$^+$)时表现出多重可逆的氧化还原峰。基于 **8-8** 的复合电极在电流倍率 10 C 下放电比容量达到 102 mA·h·g^{-1},相当于其理论值的 98%。

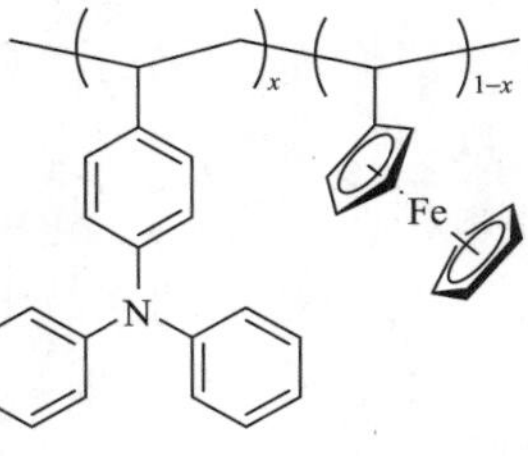

8-8 x = 0.732
8-9 x = 0.444

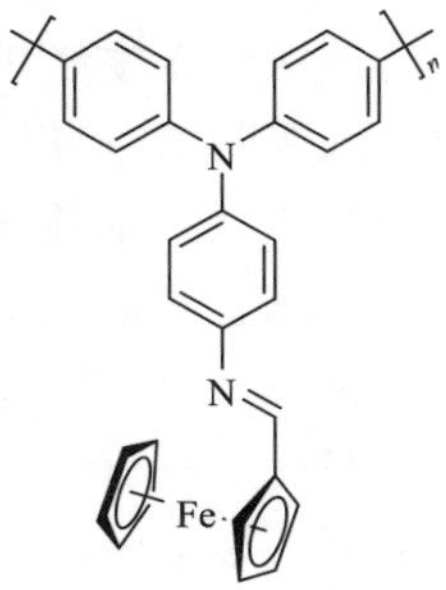

8-10

图 8-3 基于三苯胺骨架构筑的二茂铁功能化聚合物

三苯胺基团易于通过电化学聚合的方法制备聚合物,活性电极材料可以在电化学作用下直接在 ITO 镀膜用作电池的电极[11,12]。张诚等通过在三苯胺末端连接二茂铁功能团合成了线型聚三苯胺,它在常见有机溶剂中的溶解性比聚乙烯基二茂铁差,在充放电过程中更稳定,即使在 500 mA·g^{-1} 的电流密度下,也能进行 50 次以上的循环充放电。与普通的聚三苯胺相比,引入具有电化学氧化还原特性的二茂铁基团后降低了交联密度,有效地增加了电池容量和倍率性能,初始放电比容量高达 100.2 mA·h·g^{-1}[13]。

为解决二茂铁功能化聚合物在电池中的容量衰减问题,詹晖等采用聚二茂铁甲基硅烷(**8-11**、**8-12**)作为活性阴极材料用于锂离子电池、钠离子电池和全有机电池(图 8-4)。利用二茂铁基单体开环聚合制备了大相对分子质量的硅桥联聚合物,相对分子质量高达 80000。该类聚合物作为阴极材料用于锂二次电池,在 72 s 内可释放出 90 mA·h·g^{-1} 的比容量,而且可以保证 500 多次循环的容量保持率。在具有相同组装结构的钠离子电池和全有机电池中,其比容量分别达到 92 mA·h·g^{-1} 和 85 mA·h·g^{-1}[14]。

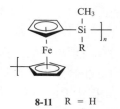

8-11 R = H

8-12 R = $CH_2CH_2CH_2Cl$

图 8-4 聚二茂铁甲基硅烷的化学结构式

为了解决聚吡咯的低比容量问题并改善其充放电曲线倾斜，Park 等将二茂铁通过化学键锚定到聚吡咯骨架上。在 3.5 V 稳定电压的 Li/Li$^+$ 电池中，相比聚吡咯作为正极时 20 mA·h·g^{-1} 的低比容量，所得聚合物 **8-13**(图 8-5)的放电比容量有较大提高，达到 65 mA·h·g^{-1}，这主要是因为二茂铁在改善形态和氧化还原电位平坦化方面起着至关重要的作用，扫描电子显微镜(SEM)图也进一步证实了这一点。二茂铁连接至聚吡咯骨架后，其空间位阻效应使聚合物结构更为松散，电解质易于进入，从而得到更高的比容量。另外，由于聚吡咯骨架具有良好的导电性和机械稳定性，制备电极时无须添加导电剂和黏合剂[15]。2013 年，张诚等利用电化学聚合的方法设计合成了二茂铁功能化的吡咯均聚物 **8-14** 和共聚物 **8-15**(图 8-5)。在未掺杂的电极中，在 20 mA·g^{-1} 的电流密度下，聚吡咯、均聚物 **8-14** 和共聚物 **8-15** 在 2.5~4.2 V 区间内的放电比容量分别为 16.5 mA·h·g^{-1}、43.2 mA·h·g^{-1} 和 68.1 mA·h·g^{-1}。结果表明二茂铁和聚吡咯具有协同效应，聚吡咯骨架的导电性、二茂铁基团的氧化还原性以及共聚物的松散结构等均有助于改善电池性能[16]。

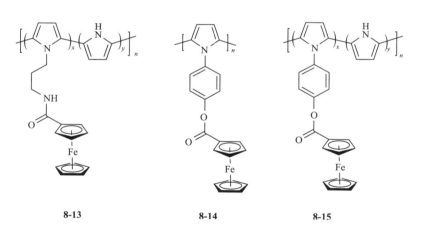

图 8-5　二茂铁侧链功能化吡咯聚合物

8.2.2　金属有机材料作为负极材料

锂离子电池已经广泛应用于电网储能、混合动力汽车等，但是传统的以石墨为负极的商业化锂电池渐渐不能满足高功率密度、大能量密度、长循环使用寿命和低价格水平的要求[17,18]。近年来，具有更高理论容量的负极材料不断被发现报道，如硅/碳复合材料、多孔碳材料、过渡金属硫族化物和过渡金属氧化物等[19,20]。

锡/碳复合材料是目前研究较多的一种锂离子电池负极材料，锡与锂可以形成合金，理论比容量高（992 mA·h·g^{-1}），嵌锂电位低，被视为有可能取代石墨电极的下一代负极材料。陈军等利用席夫碱配体与金属锡形成有机锡配合物，金属锡在分子水平上分散在有机框架中，在氩气保护下经高温热解形成氮掺杂的锡/碳复合材料，锡以纳米颗粒的形式均匀分散在碳中，其纳米颗粒的大小可通过改变热解温度进行控制，在 650℃ 和 700℃ 下热解制备的纳米颗粒平均直径分别为 5 nm 和 50 nm，如图 8-6 所示。5 nm 锡纳米颗粒/碳复合材料的比表面积达到 286.3 m^2·g^{-1}，用作电极时在 0.2 A·g^{-1} 电流密度下的初始放电比容量为 1014 mA·h·g^{-1}，经 200 次充放电循环后，电池比容量仍可保持在 722 mA·h·g^{-1}[21]。

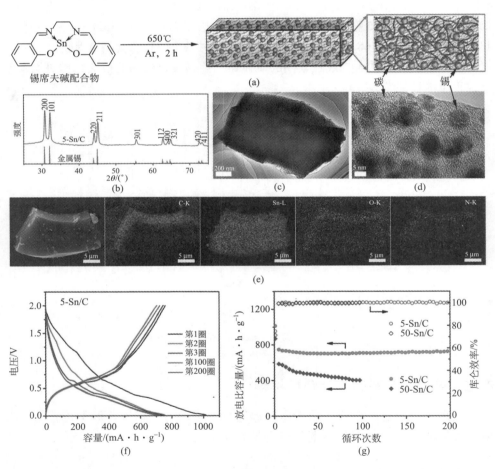

图 8-6　(a)锡/碳复合材料的制备示意图；(b)锡/碳的粉末 XRD 图；(c)透射电子显微镜(TEM)图；(d)高分辨 TEM 图；(e)能量色散 X 射线分布图；(f) 0.2 A·g^{-1} 电流密度下的恒流充放电曲线；(g) 0.2 A·g^{-1} 电流下锡/碳电极的循环使用性能[21]（见书末彩图）

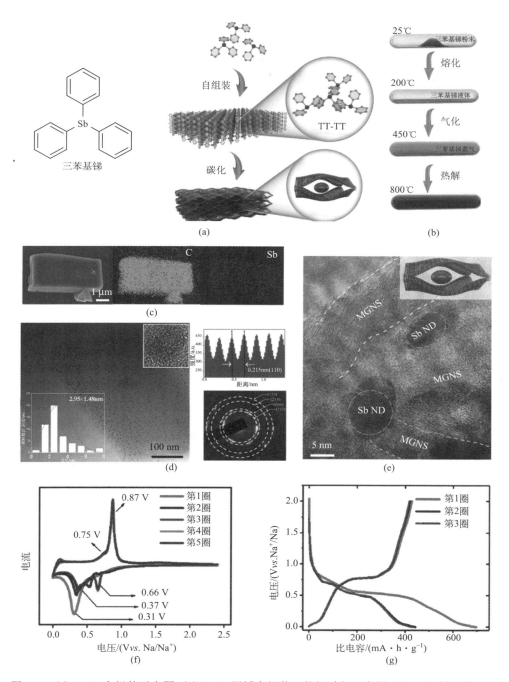

图 8-7 (a) Ph_3Sb 自组装示意图; (b) Ph_3Sb 限域自组装及热解过程示意图; (c) Sb/C 材料的 SEM 图及能量色散元素分布图; (d) Sb/C 材料的 TEM 图; (e) Sb 纳米点的 TEM 图 (MGN 表示多层石墨烯纳米片); (f) Sb/C 材料的循环伏安曲线; (g) Sb/C 电极的充放电曲线[29]

金属有机框架(metal organic framework, MOF)材料因其高比表面积和高孔隙率在吸附分离、催化等领域应用广泛，近年来，逐渐被用作储能材料进行研究。MOF既可以直接作为活性物质，也可作为模板引入活性材料[22-24]。MOF的骨架由配体和金属离子配位形成3D配位聚合物，在惰性气体保护下高温煅烧后除去金属即可形成多孔碳材料，或在空气中煅烧形成多孔金属氧化物，这类材料用于锂电池负极材料有较高的比容量和循环稳定性。以沸石咪唑酯骨架结构材料ZIF-67为例，2-甲基咪唑和钴离子配位形成多面体MOF材料，形貌均一；Huang等以ZIF-67为前驱体，氮气气氛中350℃煅烧30 min，移去保护气继续在空气中煅烧30 min得到活化的Co_3O_4中空十二面体材料。煅烧后的Co_3O_4用于锂电池阴极，循环充放电100次仍保持780 mA·h·g^{-1}的比容量，而且在不同的电流密度下的容量均优于商业化石墨电极。

锂电池作为电池技术的首选广泛应用于各种现代电源中，而且其需求仍保持急剧增加的趋势，但是含锂前驱体资源有限，导致原材料价格不断攀升。基于此，钠电池作为锂电池的替代品逐渐受到重视，其工作原理相似，但是钠前驱体在地壳中储量丰富、价格低廉[26-28]。赵东元等利用金属有机配合物易于自组装的特性，以三苯基锑(Ph_3Sb)为前驱体，在密闭的石英管内受热熔化后发生限域自组装，氩气保护下经高温热解形成多孔的Sb/C复合材料，制备方法如图8-7所示，高温热解过程中，Ph_3Sb分解形成超小的Sb纳米点分散在碳骨架中。这种Sb/C骨架材料用于制备钠电池负极性能优异，初始放电比容量高达246 mA·h·g^{-1}，在7.5 C的电流倍率下循环充放电可达5000次，仍能保持接近100%的容量。进一步的研究发现Sb/C材料的独特框架结构内易于发生Sb、NaSb和Na_3Sb之间可逆的晶相转变，从而保证钠可以快速地、长时间地储存[29]。

8.3　金属有机储能材料在超级电容器中的应用

电化学双层电容器(electrochemical double layer capacitor, EDLC)相对于电池具有高电容、长寿命、响应时间快及卓越的可逆性和可靠性等优点，已经成为重要的电能存储技术，在大规模部署间歇式可再生能源、智能化电网和电动汽车中发挥了重要的作用[30,31]。原理上，理想的超级电容器电极材料应同时满足以下要求：①高比表面积确保空间电荷存储；②均衡的孔分布改善比电容和速率能力；③高导电性用以保证其高倍率特性和功率密度；④良好的润湿性促进粒子扩散。电容器分为双层电容器和基于氧化还原的赝电容，如单纯的碳材料组成的电容器即是典型的双层电容器，而导电聚合物或金属氧化物是常见的赝电容材料。这里着重介绍金属有机材料直接作为电容材料或作为前驱体热解制备活性电容材料的研究进展。

传统的赝电容材料(如金属氧化物、导电聚合物等)不适合应用高效的、可大面积使用的溶液处理方法与其他活性材料整合在一起,主要是因为这类赝电容体系在溶剂中溶解性差,无法与其他组分完全均匀地混合。基于此,Hatton等首次利用简单的溶液处理将茂金属聚合物聚乙烯基二茂铁(polyvinylferrocene, PVF)和碳纳米管(carbon nanotubes, CNT)整合在一起,用作超级电容器活性材料[32]。PVF 在有机溶剂中具有较好的溶解性,通过茂金属/碳体系之间独特的性能,PVF 与 CNT 通过两种组分之间的 π-π 堆积效应可以形成稳定的 PVF/CNT 复合材料分散体,见图 8-8。这种复合材料的纳米结构和电化学性质可以通过调变分散体组成进行控制,在标准的双电极赝电容器件中,20 A·g^{-1} 电流密度下的比电容高达 1452 F·g^{-1},能量密度达到 79.5 W·h·kg^{-1},是当时报道的性能最好的赝电容材料。

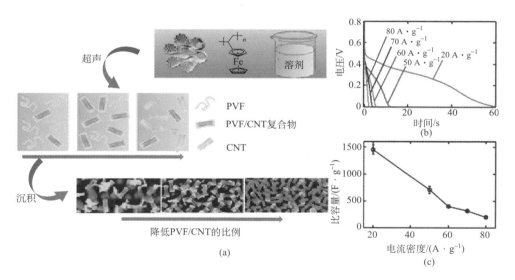

图 8-8 (a) PVF/CNT 复合材料的溶液法制备示意图;(b) 不同电流密度下的恒流放电曲线;(c) 基于恒流放电曲线计算的比电容-电流密度的曲线

谭桂平等制备了聚电解质/二茂铁基表面活性剂复合材料并将其用作超级电容器的电极材料[33]。由于二茂铁具有良好的氧化还原性能,在充放电过程中,二茂铁组分在 Fc/Fc$^+$ 间发生可逆的电子转移。在 0.8 A·g^{-1} 的电流密度下,器件的比电容高达 214 F·g^{-1},详见图 8-9。根据循环伏安曲线计算,10 mV·s^{-1} 下的比电容为 187 F·g^{-1},扫描速率加大到 20 mV·s^{-1} 和 50 mV·s^{-1} 时,其比电容分别为 145 F·g^{-1} 和 103 F·g^{-1}，仍可保持 77.6% 和 55.4%，表明这类复合材料作为赝电容氧化还原电极具有优异的倍率性能。

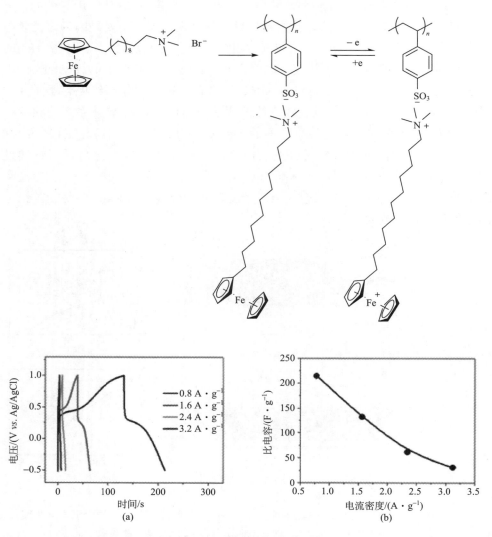

图 8-9　(a) 不同电流密度下的充放电曲线；(b) 基于充放电曲线计算的比电容与电流密度之间的关系曲线[33]

金属有机配合物易于组装形成各种各样的微观形貌，庞欢等利用 8-羟基喹啉与乙酸锰反应形成 Mnq$_2$，以 Mnq$_2$ 为前驱体在空气氛围中加热到 450℃ 热解 1 h，巧妙地制备了多孔花状 Mn$_2$O$_3$ 材料，见图 8-10，通过改变反应时间可以调变 Mn$_2$O$_3$

的形貌[34]。这种材料由片状纳米板和纳米通道组成，具有较大的比表面积，是一种高性能的超级电容器材料，在 0.75 A·g^{-1} 的电流密度下比电容高达 994 F·g^{-1}，经 4000 次循环后仍能保持稳定。另外，由多孔花状 Mn_2O_3 材料和活性炭组装的高性能柔性不对称超级电容器比电容为 312.5 F·cm^{-2}，在 2 mA·cm^{-2} 的电流密度下循环 5000 次仍可保持 95.6%的初始电容量。器件的最大能量密度为 6.56 mW·h·cm^{-3}，最大功率密度为 283.5 mW·cm^{-3}。

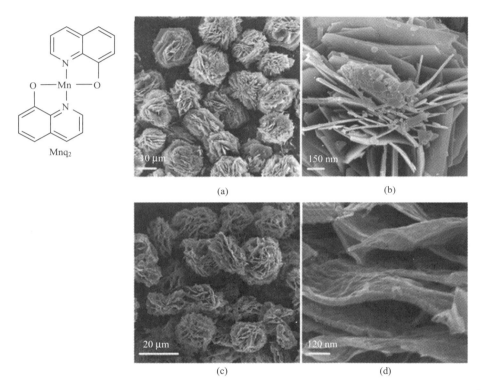

图 8-10　(a、b) 多孔花状 Mnq_2 前驱体的 SEM 图；(c、d) Mnq_2 热解后得到的 Mn_2O_3 的 SEM 图[34]

电化学双层电容器功率密度高、循环性好，其电容量和充放电速率分别与表面积和导电性相关，因此，多孔碳材料如活性炭、碳纳米管、交联或中空石墨烯等被广泛地用作电容器的活性电极材料[35,36]。金属有机框架材料的比表面积远超过活性炭，正逐渐挑战活性炭在电容器电极中的主导地位，但是这类材料的导电性往往比较差。Dinca 等利用 2,3,6,7,10,11-六亚硝基亚苯基作为有机配体与金属镍制备了具有良好导电性的 MOF 材料 $Ni_3(HITP)_2$，并首次将这种规整的 MOF 材料用作双电层电容器的电极。其中，基于这种 MOF 电极的器件具有优异的比电容，性能远超传统的碳材料,在 $0.05\ \text{A·g}^{-1}$ 的电流密度下比电容量高达 $111\ \text{F·g}^{-1}$,详见图 8-11;经过 10000 次循环充放电后,电容量仍大于 90%的初始电容量。鉴于 MOF 具有稳定的结构和可调控组分方面的优势,MOF 有望用于下一代商业化的超级电容器活性电极材料[37]。

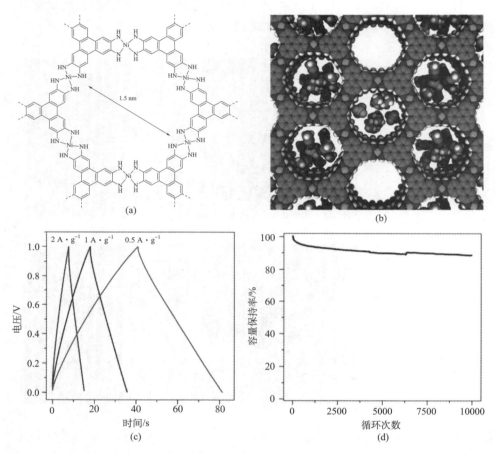

图 8-11　(a) $Ni_3(HITP)_2$ 的分子结构图;(b) $Ni_3(HITP)_2$ 形成 MOF 后的孔洞示意图;(c) $Ni_3(HITP)_2$ 作为电极材料在不同电流密度下的充放电曲线;(d) 充放电循环曲线[37]

尽管导电的 MOF 材料作为超级电容器电极表现出优异的性能,但是绝大多数的 MOF 仍受困于不导电的因素而在电容器中的应用上受到阻碍。近年来,许多研究致力于提高 MOF 材料导电性,如通过对 MOF 材料高温下热解碳化,或掺杂导电剂等。Yamauchi 等利用 ZIF-67 为前驱体通过高温退火衍生得到石墨化材料,经优化其比表面积高达 $350\ \text{m}^2\text{·g}^{-1}$,而在空气中退火制备的 Co_3O_4 的表面积只有 148 m² · g⁻¹。两种材料分别用于超级电容器，在 5 mV · s⁻¹ 下的电容值分别为 272 F · g⁻¹ 和 504 F · g⁻¹；将两种材料分别作为电极组成的不对称超级电容器，性能更好，器件可以在 0～1.6 V 电压区间工作，能量密度高达 36 W · h · kg⁻¹，可长期稳定在 2000 个循环以上[38]。

Wang 等在 MOF 中引入导电聚苯胺(polyaniline, PANI)，聚苯胺链与 MOF 交织在一起有效地降低了 MOF 的电阻[39]。在炭布上制备 ZIF-67 晶体，然后将聚苯胺电沉积到 MOF 表面得到柔性导电多孔电极 PANI-ZIF-67-CC（详见图 8-12），这种方法不改变 MOF 的内在结构，在电容器器件中性能优异，在 10 mV · s⁻¹ 时，以面积计算的比电容为 2146 mF · cm⁻²。

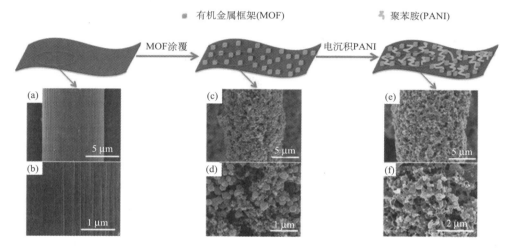

图 8-12　两步法制备 PANI-ZIF-67-CC 电极的示意图及其 SEM 图：(a、b)炭布；(c、d)ZIF-67 生长在炭布上；(e、f)聚苯胺沉积在 ZIF-67 上[39]

8.4　小结

金属有机材料被广泛用在电池、超级电容器等储能器件中，相对于无机电极，成本低，柔韧性好，而且可以充分利用多种价态的金属离子。如今，金属有机电极的研究已经取得巨大的进步，并一直在快速发展中，但是，该领域仍存在一些问题亟待改善，如循环稳定性差、电压低、容量小等。研究人员针对这些问题也提出了相应的对策。通过将具有氧化还原性能的官能团引入聚合物或有机框架中，或将材料依附在高共轭类的石墨材料表面，以提高氧化还原稳定性；利用供电子基团、吸电子基团等修饰分子结构，从而调节氧化还原电位。总之，金属有机材料在能源存储器件中的研究有着光明的前景，但是仍旧任重道远。随着技术的发展和更准确的理论计算的辅助，通过跨学科协作，未来将设计出更稳定高效的材料，并逐渐开发出高性能、低成本的商业化能源存储器件，为生活提供更大的便利。

参 考 文 献

[1] Arico A S, Bruce P, Scrosati B, et al. Nanostructured materials for advanced energy conversion and storage devices. Nat Mater, 2005, 4: 366-377.

[2] Wakihara M. Recent developments in lithium ion batteries. Mat Sci Eng, 2001, 33: 109-134.

[3] Armand M, Tarascon J M. Building better batteries. Nature, 2008, 451: 652-657.

[4] Schon T B, McAllister B T, Li P F, et al. The rise of organic electrode materials for energy storage. Chem Soc Rev, 2016, 45: 6345-6404.

[5] Song Z P, Zhan H, Zhou Y H. Anthraquinone based polymer as high performance cathode material for rechargeable lithium batteries. Chem Commun, 2009, 4: 448-450.

[6] Tamura K, Akutagawa N, Satoh M, et al. Charge/discharge properties of organometallic batteries fabricated with ferrocene-containing polymers. Macromol Rapid Commun, 2008, 29: 1944-1949.

[7] Ho C L, Yu Z Q, Wong W Y. Multifunctional polymetallaynes: Properties, functions and applications. Chem Soc Rev, 2016, 45: 5264-5295.

[8] Xiang J, Burges R, Haupler B, et al. Synthesis, characterization and charge-discharge studies of ferrocene-containing poly(fluorenylethynylene) derivatives as organic cathode materials. Polymer, 2015, 68: 328-334.

[9] Meng Z G, Sato K, Sukegawa T, et al. Metallopolyyne polymers with ferrocenyl pendant ligands as cathode active materials for organic battery application. J Organomet Chem, 2016, 812: 51-55.

[10] Xiang J, Sato K, Tokue H, et al. Synthesis and charge-discharge properties of organometallic copolymers of ferrocene and triphenylamine as cathode active materials for organic-battery applications. Eur J Inorg Chem, 2016, 7: 1030-1035.

[11] Ji L L, Dai Y Y, Yan S M, et al. A fast electrochromic polymer based on TEMPO substituted polytriphenylamine. Sci Rep, 2106, 6: 30068.

[12] Lin H Y, Liou G S. Poly(triphenylamine)s derived from oxidative coupling reaction: Substituent effects on the polymerization, electrochemical, and electro-optical properties. J Polym Sci Polym Chem, 2009, 47: 285-294.

[13] Su C, Ye Y P, Xu LH, et al. Synthesis and charge-discharge properties of a ferrocene-containing polytriphenylamine derivative as the cathode of a lithium ion battery. J Mater Chem, 2012, 22: 22658-22662.

[14] Zhong H, Wang G F, Song Z P, et al. Organometallic polymer material for energy storage. Chem Commun, 2014, 50: 6768-6770.

[15] Park K S, Schougaard S B, Goodenough J B. Conducting-polymer/iron-redox-couple composite cathodes for lithium secondary batteries. Adv Mater, 2007, 19: 848-851.

[16] Su C, Wang L M, Xu L H, et al. Synthesis of a novel ferrocene-contained polypyrrole derivative and its performance as a cathode material for Li-ion batteries. Electrochim Acta, 2013, 104: 302-307.

[17] Lee J, Urban A, Li X, et al. Unlocking the potential of cation-disordered oxides for rechargeable lithium batteries. Science, 2014, 343: 519-522.

[18] Wang C Y, Zhang G S, Ge S H, et al. Lithium-ion battery structure that self-heats at low temperatures. Nature, 2016, 529: 515-518.

[19] Liu N, Lu Z D, Zhao J, et al. A pomegranate-inspired nanoscale design for large-volume-change lithium battery anodes. Nat Nanotechnol, 2014, 9: 187-192.

[20] Roy P, Srivastava S K. Nanostructured anode materials for lithium ion batteries. J Mater Chem A, 2015, 3: 2454-2484.

[21] Zhu Z Q, Wang S W, Du J, et al. Ultrasmall Sn nanoparticles embedded in nitrogen-doped porous carbon as high-performance anode for lithium-ion batteries. Nano Lett, 2014, 14: 153-157.

[22] Kang W P, Zhang Y, Fan L L, et al. Metal organic framework derived porous hollow Co_3O_4/N-C polyhedron composite with excellent energy storage capability. ACS Appl Mater Interf, 2017, 9: 10602-10609.

[23] Li C, Chen T Q, Xu W J, et al. Mesoporous nanostructured Co_3O_4 derived from MOF template: A high-performance anode material for lithium-ion batteries. J Mater Chem A, 2015, 3: 5585-5591.

[24] Shao J, Wan Z M, Liu H M, et al. Metal organic frameworks-derived Co_3O_4 hollow dodecahedrons with controllable interiors as outstanding anodes for Li storage. J Mater Chem A, 2014, 2: 12194-12200.

[25] Wu R B, Qian X K, Rui X H, et al. Zeolitic imidazolate framework 67-derived high symmetric porous Co_3O_4 hollow dodecahedra with highly enhanced lithium storage capability. Small, 2014, 10: 1932-1938.

[26] Kim S W, Seo D H, Ma X H, et al. Electrode materials for rechargeable sodium-ion batteries: Potential alternatives to current lithium-ion batteries. Adv Energy Mater, 2012, 2: 710-721.

[27] Ramireddy T, Sharma N, Xing T, et al. Size and composition effects in Sb-carbon nanocomposites for sodium-ion batteries. ACS Appl Mater Interf, 2016, 8: 30152-30164.

[28] Slater M D, Kim D, Lee E, et al. Sodium-ion batteries. Adv Funct Mater, 2013, 23: 947-958.

[29] Kong B A, Zu L H, Peng C X, et al. Direct superassemblies of freestanding metal-carbon frameworks featuring reversible crystalline-phase transformation for electrochemical sodium storage. J Am Chem Soc, 2016, 138: 16533-16541.

[30] Dubal D P, Ayyad O, Ruiz V, et al. Hybrid energy storage: The merging of battery and supercapacitor chemistries. Chem Soc Rev, 2015, 44: 1777-1790.

[31] Larcher D, Tarascon J M. Towards greener and more sustainable batteries for electrical energy storage. Nat Chem, 2015, 7: 19-29.

[32] Mao X W, Simeon F, Achilleos D S, et al. Metallocene/carbon hybrids prepared by a solution process for supercapacitor applications. J Mater Chem A, 2013, 1: 13120-13127.

[33] Tan G P, Cheng Z Y, Qiu Y F, et al. Supercapacitors based on polyelectrolyte/ferrocenyl-surfactant complexes with high rate capability. RSC Adv, 2016, 6: 31632-31638.

[34] Pang H, Li X R, Li B, et al. Porous dimanganese trioxide microflowers derived from microcoordinations for flexible solid-state asymmetric supercapacitors. Nanoscale, 2016, 8: 11689-11697.

[35] Zhang L L, Zhao X S. Carbon-based materials as supercapacitor electrodes. Chem Soc Rev, 2009, 38: 2520-2531.

[36] Beguin F, Presser V, Balducci A, et al. Carbons and electrolytes for advanced supercapacitors. Adv Mater, 2014, 26: 2219-2251.

[37] Sheberla D, Bachman J C, Elias J S, et al. Conductive MOF electrodes for stable supercapacitors with high areal capacitance. Nat Mater, 2017, 16: 220-224.

[38] Salunkhe R R, Tang J, Kamachi Y, et al. Asymmetric supercapacitors using 3D nanoporous carbon and cobalt oxide electrodes synthesized from a single metal-organic framework. ACS Nano, 2015, 9: 6288-6296.

[39] Wang L, Feng X, Ren L T, et al. Flexible solid-state supercapacitor based on a metal-organic framework interwoven by electrochemically-deposited PANI. J Am Chem Soc, 2015, 137: 4920-4923.

(孟振功　黄维扬)

第 9 章

二维金属有机纳米片材料与性能

9.1 引言

近年来，以石墨烯(graphene)[1]为代表的二维纳米片材料受到了科学界和工业界的广泛关注。纳米片是具有纳米尺度的二维聚合物，因具有纳米级超薄厚度和片状结构，从而展现出独特的电子结构和物理特性，在电子、光子和自旋电子技术、超薄纳米器件等领域具有广阔的应用前景。受此鼓舞，科学家们也在积极寻找、探索其他类型的二维材料。最近的研究发现，二维金属有机纳米片材料可通过选择不同金属离子与有机配体的配位络合实现其结构和功能的调节(图 9-1)[2]，由

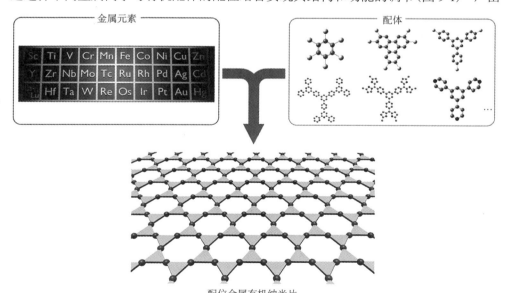

图 9-1 配位金属有机纳米片概念：不同的金属离子与有机配体的配位组合，形成一系列功能化的金属有机纳米片[2]

此引起了学者们的浓厚兴趣。本章将从二维金属有机纳米片材料的研究历程及现状、制备方法、性能和应用等方面加以探讨。

9.2 二维金属有机纳米片材料的研究历程及现状

1959 年，Richard P. Feynman[3]预言："如果我们可以精确地控制原子级物质，那么这种科学和技术将会使我们的生活发生革命性的变化。"自从扫描微探针显微术(scanning probe microscope，SPM)发明后几十年以来，实现了单个分子或原子的操纵，我们由此步入能够制备具有特殊功能性质纳米材料的阶段。例如，二维纳米材料石墨烯的发现和制备，因其特殊性能引起了纳米材料热。石墨烯是一种由碳原子以 sp^2 杂化方式形成的蜂窝状平面薄膜，是具有一个原子层厚度的准二维材料，因此又称为单原子层石墨。英国曼彻斯特大学物理学家安德烈·盖姆和康斯坦丁·诺沃肖洛夫，用微机械剥离法成功地从石墨中分离出石墨烯，因此共同获得了 2010 年诺贝尔物理学奖。石墨烯因其独特的狄拉克锥形电子结构而具备了类似于金属的性质，例如，优异的载流子迁移率、较强的吸光效率、优良的导电和导热性能、高机械强度等特征，使其成为一种新型的纳米材料，被称为"黑金"。曼彻斯特大学副校长 Colin Bailey 曾指出："石墨烯有可能导致智能手机和超高速宽带以及药物输送和计算机芯片等数量庞大的应用领域的彻底变革。"因此石墨烯被视为可以替代硅的新一代半导体材料，成为新材料之王。正是石墨烯的杰出性能促进了各种二维纳米片材料的研究和发展，如石墨烯的元素类似物：硅烯(silicene)[4-6]、锗烯(germanene)[7,8]、锡烯(stanene)[9]和磷烯(phosphorene)[10,11]、过渡金属双硫化合物(transition-metal dichalcogenide，TMD)[12-15]、金属氧化物[16-19]、金属氢氧化物[20,21]、硼氮化物[22-24]和黏土纳米片[25,26]等，被广泛地研究和应用于晶体管[27-29]、传感器[30,31]、发光装置[32-34]、热界面材料[35,36]和压电原件[37,38]等的制备。以上二维纳米片材料大部分属于纯有机或纯无机的材料，且其制备大多采用"自上而下"(top-down)的方法，即通过对具有层状结构材料的剥离得到，如石墨烯的制备。采用此类方法制备纳米片已为大家所熟知，国内外科研工作者已在此领域做了非常有意义的工作。厦门大学谢兆雄课题组[39]采用水热法，以具有层状结构的 Ti(OBu)$_4$ 锐钛矿为原料，47%的氢氟酸为溶液，制备了具有优良性能的光催化剂 TiO_2 纳米片，且其催化效果远远超过了现有的 TiO_2 光催化剂 Degussa P25；南京工业大学周幸福课题组[40]采用同样的方法制备了介孔 TiO_2 纳米片材料，紫外-可见光谱测试发现由该纳米片组装而成的微球具有高散射力和良好的光吸收能力，将其用作准固态染料敏化太阳电池的顶部散射层，电池的太阳能转换效率达到了 7.51%，与脊柱层状 TiO_2 微球的转换效率(5.15%)相比有大幅度提高；南京大学郑丽敏课题组[41]等通过超声剥落技术首次制得了金属膦纳米片，由于[Cu(H$_2$O)(2-BTP)]成分中有未络合的 Br 和 S 原子，易于同重金属铅络合，制备成纳米片以后，其对铅的吸附能力明显增强，因而是吸附重金属能力极强的材料，能够成功地将单体性能转移至聚合物并得以放大；Kis 及其合作者[42]将二维单层 MoS$_2$ 纳米片用作场效应晶体管导电通道，其厚度仅为 6.5 Å，这样的场效应晶体管在室温下的电流开/关比例超过了 1×10^8，电子迁移率更是高达 200 cm$^2\cdot$V$^{-1}\cdot$s^{-1}，与薄硅片或石墨烯的效率相当，为基于二维纳米材料的电子产品和低待机能耗集成电路的实现迈出了重要的一步。

由于自上而下法制备的二维纳米片表面形貌、厚度及性质受限于其母体，需要一种新的制备法来突破这种限制，制备结构和性质功能可控的二维纳米片。最近二十年，受益于扫描微探针技术的发展，二维表面的构筑研究逐渐兴起，特别是近年来纳米科技发展的需要，要求一种"自下而上"(bottom-up)构筑纳米结构的方法，可直接从原子、分子、离子化合物或金属通过各种化学键或配位键连接而成，从而能够在表面构筑高效、稳定、有序、可控且具有特殊物理、化学性质的结构或模板，如表面金属有机框架[43-45]和共价有机框架[46-48]。因为"自下而上"制备法可以通过二维纳米片组分(包括金属离子及与其配位的有机配体)的结构比例调整达到优化其结构和性能的目的，从而实现化学可裁剪性；另外大部分的配位过程均可在室温和较为温和的条件下进行，使得"自下而上"合成法简单而经济。因而引起了科学工作者们浓厚的兴趣。2010 年，结合层层自组装和 LB 膜技术，Makiura 等[49]通过以溶液为基础的"自下而上"合成法在固体表面制备了基于四配位金属卟啉[CoTCPP]的完美有序金属有机纳米膜。2011 年，Schlüter 等[50]采用"自下而上"合成法将六配位三联吡啶单体与金属离子络合，制备了面积超过 500×500 μm^2 的单层金属有机纳米片。此纳米片具备很好的机械强度，能够独立存放于孔径大小为 20 μm×20 μm 的金属 Cu 网格上。这是基于单体预取向在气-液相表面络合形成二维单层金属络合物纳米片的首次报道。2013 年，Makiura 等[51]沿用上述方法，将金属卟啉 PdTCPP 的氯仿/甲醇溶液直接喷洒到水表面，然后采用后注射的方法将 Cu(NO$_3$)$_2\cdot$3H$_2$O 水溶液注射到水面以下，待有机溶剂挥发以后，Pd(Ⅱ)卟啉与 Cu(Ⅱ)在气-液相表面络合形成了一种大面积单层金属有机框架的二维纳米片 NAFS-13。

2013 年，东京大学 Nishihara 课题组[52]首次报道通过"自下而上"合成法成功地制备了单层和多层 π 共轭结构的双(二硫纶)镍络合物纳米片，被应用于电子和自旋电子领域；2015 年，该课题组采用同样的方法成功地制备了单层和多层的具有电致变色功能的双(三联吡啶)铁/钴(Ⅱ)络合物纳米片[53]；2015 年和 2017 年，Nishihara 课题组和香港浸会大学黄维扬课题组在前期研究的基础，通过"自下而上"合成法成功制备了具有光功能的单层和多层的双(双联吡咯啉)锌(Ⅱ)络合物纳米片[54,55]，它具有显著的π共轭性质，在可见光和近红外区具有强吸收，并通过配体的选择成功地优化了其性能。二维金属有机纳米片的结构、制备方法和功能应用，接下来将详细说明。

尽管目前对于"自下而上"合成法制备功能性二维金属有机纳米片的报道还很少，但可通过调整金属离子及与其配位的有机配体的结构和比例来达到优化其结构和性能的目的，具有化学可裁剪性，已经引起了人们浓厚的研究兴趣。

9.3 二维金属有机纳米片材料的制备方法

二维金属有机纳米片的制备方法通常分为两大类："自上而下"制备法和"自下而上"制备法（图 9-2）。针对层与层之间只有弱的氢键或是范德瓦耳斯作用力的层状母体材料，可采用"自上而下"制备法在液相体系里对其进行分层或剥离得到纳米片，如一些单层金属有机框架的二维纳米片的制备。但是这种制备法得到的纳米片的结构和性质依赖于其母体材料，不能对纳米片的表面形态和厚度进行精准控制。而"自下而上"制备法可直接从原子、分子、离子化合物或金属通过各种化学键或配位键的连接得到单层或多层的二维纳米片。尽管这些方法有时相较于直接的分层或剥离要复杂一些，但是都能通过构成纳米片成分的选择对纳米片的结构（包括表面形态和厚度）和性质进行比较精准的控制。

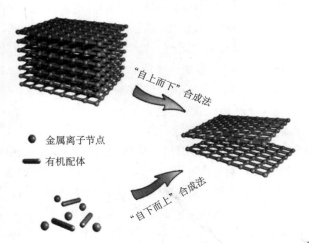

图 9-2 "自上而下"和"自下而上"法制备二维金属有机纳米片示意图

金属-有机配位键是比氢键更强的作用力，金属中心的结合提高了纳米框架的功能特性，并且可以利用表面自组装技术进行设计。科学家们利用这种配位驱动的自组装技术，制备了许多形状各异的超分子结构，如正方形、长方形、菱形、平行四边形及更高对称性的多边形。如果能够使这些新型纳米结构在固体表面上自组织形成有序的阵列，将有可能定位和图案化功能纳米的拓扑结构。图 9-3 所示是常见的基于不同金属离子和有机配体的具有不同拓扑结构的二维金属有机纳米片结构示意图及已见报道的相关文献。

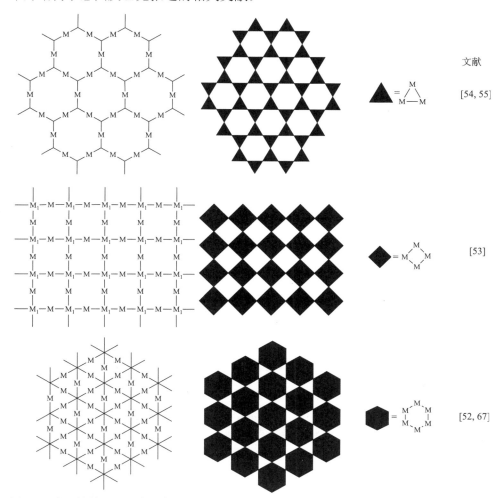

图 9-3　常见的基于不同金属离子和有机配体的具有不同拓扑结构的二维金属有机纳米片结构示意图及相关文献

"自下而上"制备法根据制备过程是否在溶液中进行可分为干法制备和湿法制备。

9.3.1　干法过程制备二维金属有机纳米片

羧酸盐-金属配位键是构成金属有机框架和孔状配位聚合物最重要的化学

键[56,57]，这种化学键的强度大小和可逆性有利于形成二维纳米结构。2003 年，Kern 等[58]利用这种性质，首次在超真空室中将羧酸盐配体偏苯三酸和 Fe 共同沉积在 Cu(100) 的平面基板上。偏苯三酸采用分子束外延处理，Fe 通过电子束加热蒸发处理，并将 Cu(100) 的平面基板加热到 400 K。使得沉积的吸附物移向表面，从而形成金属有机聚合物。扫描隧道显微镜显示其结构是二维的纳米片。Seitsonen 和 Barth 等[59]利用类似的"自下而上"组装法将四个羧酸配体-对苯二酸分别与两个铁原子中心配位，从而形成二维的金属有机层状网络结构。

Stepanow 等[60]采用类似的分子束外延和电子束加热的方法制备了两个表面支撑的三次对称轴的二维金属有机配位网状结构纳米片。以铁为中心和线型的 4,4′-联苯酚配位或以钴为中心和线型 1,4′;4′,1″-三联苯-4,4″-二腈配位在铜或银单晶表面均形成六边形的框架。通过采用不同对称性结构的有机配体作基底表明，金属-有机配位聚合物的三次对称轴是固定的。

Lackinger 等[61]在超真空室中加热到 145℃时将含硫的配体 1,3,5-三(4-巯基苯基)苯热沉积在 Cu(111) 的表面上，巯基去质子化后，形成了有序的水平单层。经过 165～200℃退火处理之后，水平单层转变为多种多晶型物，其中一种是 Kgome 晶格。密度泛函理论计算显示，这种二维金属有机纳米片的结构中两个 Cu 原子与两个硫醇配体连接起来(图 9-4)。

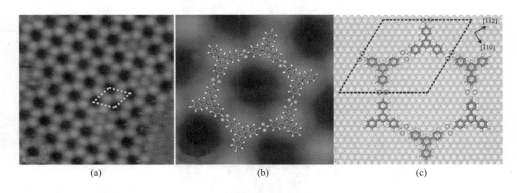

图 9-4 (a)扫描隧道显微镜拓扑图显示，该纳米片具有六边形的蜂窝状结构($U_T = -1.0$ V，$I_T =$ 67 pA，24 nm × 24 nm，$a = b = 3.4$ nm，$\gamma = 120°$)；(b)对蜂窝状分子结构的特写(6.5 nm × 6.5 nm)；(c) 蜂窝状结构模拟图[61]

含吡啶官能团的配体在上述条件下也可构建二维配位金属有机纳米片结构。例如，Lin 等[62]在 650 K 时，将 5,10,15,20-四(4-吡啶)卟啉配体通过物理气相法沉积在 Au(111)，Cu 金属通过电子束蒸发器蒸发处理。450℃退火处理后得到二维结构。通过 X 射线光电子能谱(XPS)观测到，Cu 原子处于卟啉的核心，形成

Cu(Ⅱ)-卟啉序列。另外,扫描隧道显微术和密度泛函理论计算显示,Cu(0)被两个外围的吡啶基团捕获,形成了棋盘状晶格(图9-5)。

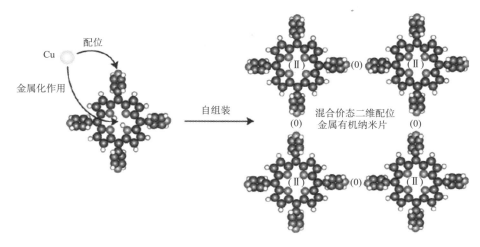

图9-5 Cu(Ⅱ)-5,10,15,20-四(4-吡啶)卟啉和Cu原子构成的棋盘状晶格示意图[62]

9.3.2 湿法过程制备二维金属有机纳米片

自下而上湿法制备过程包括气-液(G-L)界面反应法、液-液(L-L)界面反应法即直接溶液化学合成法,以及模板辅助反应法。

1. 气-液界面反应法

由于二维界面有利于大尺寸的面内生长,并且液体基质能够促进纳米片成分的自组装,因此,气-液界面法组装纳米片的方法具有很好的应用前景。例如,采用 LB(Langmuir-Blodgett)方法和逐层沉积(LB-LbL)的界面反应,制备了金属有机框架纳米膜,如图9-6(a)所示。为了制备基于NAFS的金属有机框架纳米膜,可将有机配体成分(如 trans-H_2DCPPTE 或 H_2TCPPTE)溶于有机溶剂中,然后将其喷洒到包含金属离子(如 Cu^{2+})的水溶液表面,因为LB膜自组装,有机配体与金属离子在气-液界面发生配位形成膜结构。可通过多次逐层沉积增加或控制膜的厚度。研究学者们采用此方法,已经制备出了二维金属有机框架纳米片系列材料,包括NAFS-1、NAFS-2、NAFS-31、NAFS-41[63-65]。如图9-6(b)、(c)所示,采用掠入射X射线衍射(GIXRD)表征这些NASF系列纳米片的结构时发现,它们具有优异的横向晶体顺序和高度有序的纹理结构。其中,Makiura和Kitagawa等研究学者制备的 NAFS-2 如图 9-7 所示,羧酸配体 5,10,15,20-四(4-羧基苯基)卟啉(H_2TCPP)与Cu(Ⅱ)在气-液界面处形成网络状纳米片。

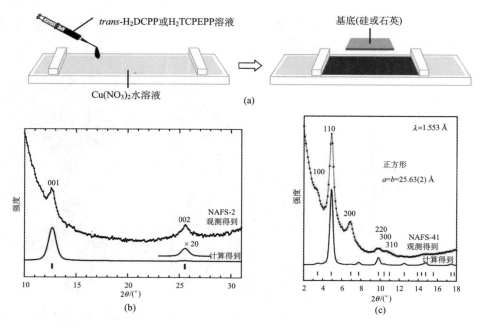

图 9-6 (a)气-液界面法合成反式的 DCPP-Cu(NAFS-31)和 TCPEPP-Cu(NAFS-41)示意图；(b)、(c)纳米片 NAFS-2 和 NAFS-41 系列平面外掠入射 X 射线衍射图

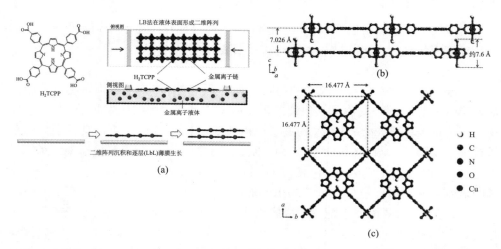

图 9-7 (a)LB 技术制备 NAFS-2 的自组装示意图；(b)、(c)NAFS-2 的晶体结构示意图[64]

东京大学 Nishihara 研究组采用气-液界面反应法成功制备了单层的二维金属有机纳米片，如 π 共轭结构的双(二硫纶)镍络合物纳米片[52]、双(三联吡啶)金属(Ⅱ)络合物纳米片[53]和双(双联吡咯啉)金属络合物纳米片[54,55]。如图 9-8(a)所示：

将双吡咯啉等有机配体溶解于有机溶剂(如 CH_2Cl_2)中以后，轻轻地喷洒到含金属离子的水溶液表面。随着有机溶剂的自然挥发，反应体系渐趋成熟，之后将高定向热解石墨(HOPG)在垂直方向上慢慢地靠近界面处，将纳米片沉积到 HOPG 上，从而成功制备单层二维金属有机纳米片。通过反复多次沉积，可控制纳米片的层数和厚度。

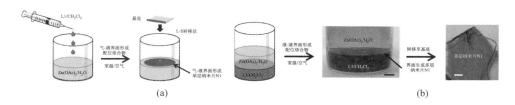

图 9-8　气-液(a)和液-液(b)界面合成法合成二维金属有机纳米示意图

2. 液-液界面反应法

东京大学 Nishihara 研究组同时采用液-液(L-L)界面反应法制备多层的二维金属有机纳米片，π 共轭结构的双(二硫纶)镍络合物纳米片[52]、双(三联吡啶)金属(Ⅱ)络合物纳米片[53]和双(双联吡咯啉)金属络合物纳米片[54,55]。具体操作步骤：在氩气气氛下，将有机配体溶解在除气的有机溶剂中(如 CH_2Cl_2)，将除气的纯水作为缓冲层覆盖在配体的有机溶液上，然后向水相中加入除气的含金属离子的水溶液。几天之后，在水相和有机相的界面处生成具有金属光泽的层状多层纳米片[图 9-8(b)]。

朱道本课题组[66]采用液-液界面法，在苯-1,2,3,4,5,6-硫酚(BHT)的 CH_2Cl_2 溶液和 $Cu(NO_3)_2$ 水溶液的界面上成功制备了二维金属有机纳米片$[Cu_3(C_6S_6)]_n$(图 9-9)。

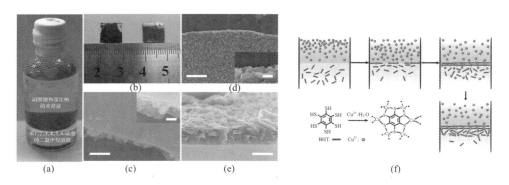

图 9-9　(a)液-液界面法制备二维金属有机纳米片$[Cu_3(C_6S_6)]_n$(Cu-BHT)示意图；(b)纳米片 Cu-BHT 转移到玻璃基板上面(右)和下面(左)的膜的图片；(c)上表面、(d)下表面和(e)200 nm 厚度的 Cu-BHT 纳米片的横截面的扫描隧道显微镜图；(f)Cu-BHT 纳米片的形成示意图[66]

3. 模板辅助反应法

基于有序软材料（如自组装单层膜和表面活性剂胶束）辅助的模板辅助反应法也是制备二维金属有机纳米片的重要方法。

自组装单层膜是一类吸附在表面的高度有序的单层有机分子。近年有科研人员采用自组装单层膜作为模板[67]，合成了无氧的单层有机硅纳米片。例如，首先在硅的基底上形成[PhMgBr]分子的自组装单分子膜，以此作为模板，进一步吸收[Si_6H_6]生成[$Si_6H_xPh_{6-x}$]纳米片，厚度约为 1.11 nm。

除了自组装单层膜，自组装的胶束结构表面活性剂也可以作为软模板，控制生成二维纳米片结构。Juggeburth 等[68]以十六烷基三甲基溴化铵（CTAB）作为模板，Zn 络合物自组装成的[Zn(BeIM)OAc]配位聚合物与 CTAB 形成交叉层叠的具有重复的晶格单元（约 8 nm）结构，通过溶剂直接进行脱落分层可以形成单层[Zn(BeIM)OAc]纳米片（图 9-10）。

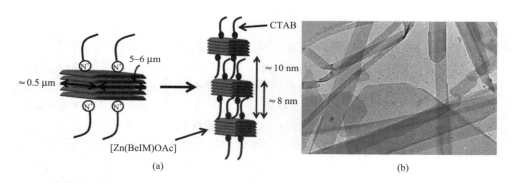

图 9-10 (a)层状[Zn(BeIM)OAc]聚合物与 CTAB 形成的交叉层叠的复合介观结构；(b)在四氢呋喃（THF）溶剂中剥离的纳米片的 TEM 图像[68]

9.4 二维金属有机纳米片材料的性能及应用

二维金属配合物纳米片在空气中有较好的稳定性，而且其性能（能隙）可以通过配体结构的设计及金属离子的选择得到相应的调整，能够发展和扩充二维纳米片的功能和应用。目前已有很多不同种类二维金属有机纳米片的制备合成的相关报道，但对此类纳米片的应用探索仍处于初级阶段。目前，已见报道的二维金属有机纳米片主要具有光响应波长可调、载流子迁移率高、电导率高等优良性能，主要应用在电子和自旋电子、电致变色材料、光检测设备和场效应晶体管（field effect transistor，FET）等领域。

9.4.1 拓扑绝缘体纳米片材料及其应用

Nishihara 和 Sakamoto 等[52,69]以苯硫醇和乙酸镍为原料,通过液-液和气-液界面合成法分别制备了具有半导体功能的单层和多层的含 π 共轭结构的双(二硫纶)镍(Ⅱ)络合物纳米片并将其应用于电子和自旋电子领域。这种纳米片存在混合价态 0 价和-1 价,价态的比例可通过氧化和还原反应来调节,金属-硫醇具有电学活性功能[70,71],在混合价态下可以在金属双硫基团和亚苯基环之间表现出极强的电荷离域,与石墨烯类似,具有良好的导电性能。液-液界面合成法制备的 1 μm 厚度的纳米片,300 K 时,在扫描电子显微镜(SEM)的控制下,采用范德堡法测得的电导率分别为 1.6×10^2 S·cm^{-1} 和 2.8 S·cm^{-1},这对于聚合物来说是很高的。此外,其电导率还可以由其氧化态的变化来进行调节(图 9-11)。因此这类纳米片可用来制备电子材料。Liu 等[72,73]建议采用单层双(二硫纶)镍(Ⅱ)络合物纳米片制备有机二维拓扑绝缘体(2D-TI)。拓扑绝缘体是一种新的物质状态,与普通绝缘体的区别在于它是绝缘的,但在它的边界或表面总是存在导电的边缘态;另外,金属边缘的自旋极化状态能传输自旋电流。因此这种 π 共轭结构的双(二硫纶)镍(Ⅱ)络合物纳米片是一种具有很好应用前景的自旋电子材料,并且是首个可以作为金属有机拓扑绝缘体的实例。

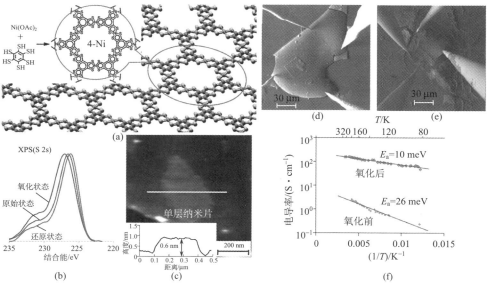

图 9-11 (a)苯硫醇和双(二硫纶)镍(Ⅱ)络合物纳米片的化学结构;(b)多层双(二硫纶)镍(Ⅱ)络合物纳米片的 X 射线电子能谱仪(XPS);(c)单层双(二硫纶)镍(Ⅱ)络合物纳米片的原子力显微镜图;(d)氧化状态和(e)原始状态的多层双(二硫纶)镍(Ⅱ)络合物纳米片的电导率测试;(f)电导率-温度关系图[52,69]

9.4.2 电致变色纳米片材料及其应用

Nishihara 和 **Sakamoto** 等[53]采用液-液界面法将三足的三联吡啶配体分别与 Fe(Ⅱ)和 Co(Ⅱ)离子配位,形成两种二维双(三联吡啶)铁(Ⅱ)/钴(Ⅱ)络合物纳米片[图 9-12(a)]。通过控制反应条件(如金属盐溶液的浓度和反应时间等)实现纳米片的厚度控制,从而分别得到厚度为 10 nm 和 200 nm 的二维双(三联吡啶)铁(Ⅱ)络合物纳米片。液-液界面合成法提供了没有缺陷的大面积的纳米片,因而可以进行器件制备和实际应用。将较厚的纳米片沉积到氧化铟锡(ITO)电极,然后将其安装在双电极固态电致变色装置中[图 9-12(b)]。二价的二维双(三联吡啶)铁(Ⅱ)络合物纳米片的颜色为深紫色,在施加+3.0 V 的正向偏压以后,Fe^{2+} 被氧化为 Fe^{3+},纳米片的颜色变为浅黄色[图 9-12(c)]。施加–1.8 V 的反向偏压时,Fe^{3+} 被还原为 Fe^{2+},纳米片又恢复为原来的深紫色。这种电致变色快速灵敏,0.35 s 即可完成法拉第电流反应。用作有机电解质,在进行 800 次的氧化还原以后,这种颜色变化基本可忽略。类似地,二维双(三联吡啶)钴(Ⅱ)络合物纳米片也可以在电压的作用下由 Co^{2+} 还原为 Co^{+},纳米片的颜色也由原来的橙色转化为紫色[图 9-12(d)]。最后,我们将双(三联吡啶)铁(Ⅱ)络合物纳米片沉积在 ITO 电极上呈现"0"的形状,另一个 ITO 电极上的双(三联吡啶)钴(Ⅱ)络合物纳米片呈"1"的形状[图 9-12(e)]。施加特定的电压后就会交替显示"1"和"0"[图 9-12(f)]。

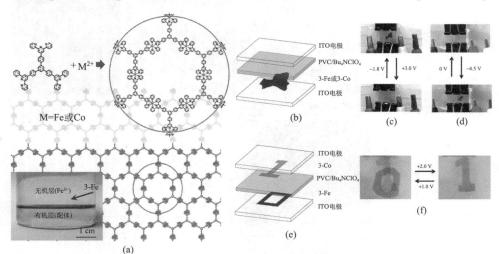

图 9-12 (a)液-液法制备双(三联吡啶)金属(Ⅱ)络合物纳米片的制备;(b)含双(三联吡啶)铁(Ⅱ)络合物纳米片和双(三联吡啶)钴(Ⅱ)络合物纳米片的电致变色器件;(c)含双(三联吡啶)铁(Ⅱ)络合物纳米片的器件操作;(d)含双(三联吡啶)钴(Ⅱ)络合物纳米片的器件操作;(e)由纳米片双(三联吡啶)铁(Ⅱ)/钴(Ⅱ)络合物纳米片组成的双层电致变色器件;(f)双层电致变色器件操作[53]

9.4.3 光功能纳米片材料及其应用

Nishihara 课题组和香港浸会大学黄维扬课题组[54]以双联吡咯啉为有机配体前驱体,分别采用气-液或液-液界面合成法,得到了相应的单层或多层二维双(双联吡咯啉)锌(Ⅱ)络合物纳米片(图 9-13)。通过液-液界面合成法可制备得到成膜性能良好的层状多层纳米片,其厚度约为 700 nm。通过气-液界面合成法制备的双(双联吡咯啉)锌(Ⅱ)络合物纳米片的原子力显微镜表面形貌图[图 9-13(a)、(b)]显示,能够形成平整光滑的膜且成膜面积超过了 10 μm²;对采用 $8.6×10^2$ nN 的原子力刮拭[图 9-13(c)、(d)]后的纳米片进行横断面分析,结果显示纳米片的厚度仅为 1.2 nm[图 9-13(e)],表明成功合成得到了单层二维金属络合物纳米片。双联吡咯啉作为配体前驱体具有 π 共轭结构,与金属锌络合以后,可以引起双吡咯啉配体的 ^{1}π-π* 吸收带的红移,且其吸收强度与纳米片的层数呈线性关系[图 9-14(a)、(b)],这也证明可以将 LB 膜沉积法运用于二维纳米片的自组装。将二维金属络合物纳米片制成光电极,在 500 nm 的光照条件下可以产生光电流,且具有良好的光响应性能,如图 9-14(c)、(d)所示。其单层纳米片的光电流转换效率为 0.86%,且随着沉积层数的增加光电流转换效率会降低。这是首例与自下而上纳米片光功能性质应用有关的报道。两个课题组在此基础上,以卟啉杂化吡咯啉配体代替双联吡咯啉配体,采用液-液界面合成法,通过控制有机配体的浓度得到了相应单层和多层二维卟啉杂化双(双联吡咯啉)锌(Ⅱ)络合物纳米片[图 9-15(a)~(c)][55]。制备的光电极在 440 nm 的光照射条件下可以产生光电流,光响应性能比

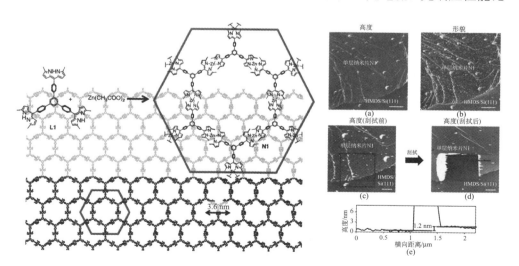

图 9-13　双(双联吡咯啉)锌(Ⅱ)络合物纳米片结构示意图
(a、b)单层纳米片 AFM 高度和形貌图;(c、d)被原子力刮拭前后的高度图;(e)被刮区域的横截面图[54]

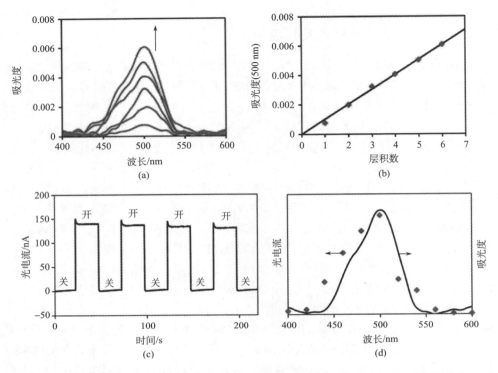

图 9-14　双(双联吡咯啉)锌(Ⅱ)络合物单层纳米片：(a)吸收强度随层积数的增加而增加的光谱图；(b)在 500 nm 的光照条件下，吸收与层积数的线性关系图；(c)在 500 nm 的光照条件下，沉积 36 层双(双联吡咯啉)锌(Ⅱ)络合纳米片电极的光电反应图；(d)光电流-波长的即时谱图(黑色点)与双(双联吡咯啉)锌(Ⅱ)络合物纳米片的吸收光谱图(黑色实线)[54]

双(双联吡咯啉)锌(Ⅱ)络合物纳米片光电极更加灵敏[图 9-15(d)]，其单层纳米片的光电流转换效率为 2.02%，比双(双联吡咯啉)锌(Ⅱ)络合物纳米片的 0.86%要高。二者均可应用于光检测设备领域。

9.4.4　导电纳米片材料及其应用

朱道本课题组[66]制备的二维金属有机纳米片$[Cu_3(C_6S_6)]_n$(Cu-BHT)具有良好的导电性能。在室温条件下，经四点探针测量结果显示，该纳米片的电率导最高可达到 1580 S·cm^{-1}，这也是报道的配位聚合物具有的最大电导率。同时，超薄的 Cu-BHT 纳米片呈半透明状，图 9-16(a)所示是厚度 60 nm 的纳米片在紫外-可见光下的照片，显示此纳米片在可见光区和较小的纳米片电阻条件下无明显吸收，平均透过率高达 78.6%[图 9-16(b)]，表现出了良好的透过率，证明其具有作为透明电极的潜力。如图 9-16(c)~(h)所示，是基于纳米片 Cu-BHT 的场效应晶体管的器件制备图和性能测试图。在场效应下，该纳米片显示了双电极电荷传输行为和极高的电子及空穴迁移率,分别为 116 cm^2·V^{-1}·s^{-1} 和 99 cm^2·V^{-1}·s^{-1}。

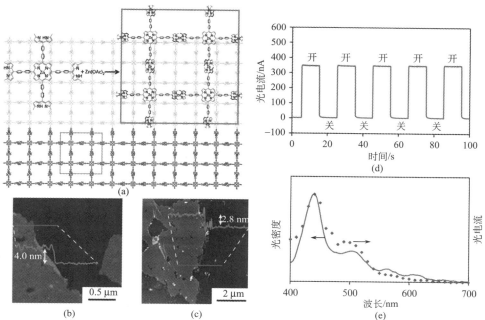

图 9-15 (a) 二维卟啉杂化双(双联吡咯啉)锌(Ⅱ)络合物纳米片结构示意图;(b) 三层和(c) 双层纳米片沉积在 Si(100)基片上的原子力显微镜图;(d) 440 nm 的光照条件下,卟啉杂化双(双联吡咯啉)锌(Ⅱ)络合物纳米片电极的光电反应图;(e) 光电流-波长的即时谱图(黑色点)与卟啉杂化双(双联吡咯啉)锌(Ⅱ)络合物纳米片的吸收光谱图(黑色实线)[55]

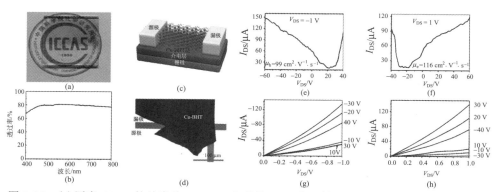

图 9-16 (a) 厚度 60 nm 的纳米片 Cu-BHT 在紫外-可见光照射下的照片;(b) 纳米片 Cu-BHT 的透过率图(平均高达 78.6%);(c) 基于纳米片 Cu-BHT 的场效应晶体管的结构示意图;(d) 基于纳米片 Cu-BHT 底部接触的场效应晶体管的底栅图;基于纳米片 Cu-BHT 的场效应晶体管的输出(e、f)和传输(g、h)特性[66]

9.5 小结

本章主要讨论的是二维金属有机纳米片材料的兴起和发展现状，重点介绍了"自下而上"合成法制备二维金属有机纳米片材料的优势和应用前景。相比于"自上而下"合成法制备的无机或有机二维纳米片，"自下而上"法制备的二维金属有机配合物纳米片的最大优点就是可以通过配体的设计和金属离子的选择进行有目的的性能调控，从而合成制备多功能的二维纳米材料。尽管目前关于此类纳米片的研究大多是描述二维纳米片结构的形成，仅有少部分报道了其独特的物理性质，如电致变色、高的电导率和光电转换效率等，但这些新的优良性质的发现都将为二维金属有机纳米片的基础科学、工程以及实际应用的快速进步铺平道路，使其成为非常有前景的下一代二维纳米材料。

参 考 文 献

[1] Novoselov K S, Geim A K, Morozov S V, et al. Electric field effect in atomically thin carbon films. Science, 2004, 306: 666-669.

[2] Maeda H, Sakamoto R, Nishihara H. Coordination programming of two-dimensional metal complex frameworks. Langmuir, 2016, 32: 2527-2538.

[3] Feynman R P, Gilbert D. There's plenty of room at the bottom. Engineering and Science Magazine, 1960, 23: 22-36.

[4] O'Hare A, Kusmartsev F V, Kugel K I. A stable "flat" form of two-dimensional crystals: Could graphene, silicene, germanene be minigap semiconductors? Nano Lett, 2012, 12: 1045-1052.

[5] Kara A, Enriquez H, Seitsonen A P, et al. A review on silicene-new candidate for electronics. Surf Sci Rep, 2012, 67: 1-18.

[6] Deepthi J, Ayan D. Structures and chemical properties of silicene: Unlike graphene. Acc Chem Res, 2014, 47: 593-602.

[7] Roome N J, Carey J D. Beyond graphene: Stable elemental monolayers of silicene and germanene. ACS Appl Mater Inter, 2014, 6: 7743-7750.

[8] Li L, Lu S, Pan J, et al. Buckled germanene formation on Pt(111). Adv Mater, 2014, 26: 4820-4824.

[9] Nigam S, Gupta S, Banyai D, et al. Evidence of a graphene-like Sn-sheet on a Au(111) substrate: Electronic structure and transport properties from first principles calculations. Phys Chem Chem Phys, 2015, 17: 6705-6712.

[10] Favron A, Gaufres E, Fossard F, et al. Electron-hole asymmetry in the electron-phonon coupling in top-gated phosphorene transistor. Nat Mater, 2015, 14: 826-832.

[11] Cai Y, Zhang G, Zhang Y, et al. Electronic Properties of phosphorene/graphene and phosphorene/hexagonal boron nitride heterostructures. J Phys Chem C, 2015, 119: 13929-13936.

[12] Splendiani A, Sun L, Zhang Y, et al. Emerging photoluminescence in monolayer MoS_2. Nano Lett, 2010, 10: 1271-1275.

[13] Coleman J N, Lotya M, O'Neill A, et al. Two-dimensional nanosheets produced by liquid exfoliation of layered materials. Science, 2011, 331: 568-571.

[14] Lee H S, Min S W, Park M K, et al. MoS_2 nanosheets for top-gate nonvolatile memory transistor channel. Small, 2012, 8: 3111-3115.

[15] Zeng Z, Yin Z, Huang X, et al. Single-layer semiconducting nanosheets: High-yield preparation and device fabrication. Angew Chem Int Ed, 2011, 50: 11093-11097.

[16] Sasaki T, Watanabe M, Hashizume H, et al. Macromolecule-like aspects for a colloidal suspension of an exfoliated titanate. Pairwise association of nanosheets and dynamic reassembling process initiated from it. J Am Chem Soc, 1996, 118: 8329-8335.

[17] Sakai N, Ebina Y, Takada K, et al. Electronic band structure of titania semiconductor nanosheets revealed by electrochemical and photoelectrochemical studies. J Am Chem Soc, 2004, 126: 5851-5858.

[18] Muramatsu M, Akatsuka K, Ebina Y, et al. Fabrication of densely packed titania nanosheet films on solid surface by use of Langmuir-Blodgett deposition method without amphiphilic additives. Langmuir, 2005, 21: 6590-6595.

[19] Li B W, Osada M, Ozawa T C. Engineered interfaces of artificial perovskite oxide superlattices via nanosheet deposition process. ACS Nano, 2010, 4: 6673-6680.

[20] Ma R, Liu Z, Takada K, et al. Synthesis and exfoliation of Co^{2+}-Fe^{3+} layered double hydroxides: An innovative topochemical approach. J Am Chem Soc, 2007, 129: 5257-5263.

[21] Ida S, Shiga D, Koinuma M, et al. Experimental and modeling studies on the conversion of inulin to 5-hydroxymethylfurfural using metal salts in water. J Am Chem Soc, 2008, 130: 14038-14039.

[22] Gibb A L, Alem N, Chen J, et al. Atomic resolution imaging of grain boundary defects in monolayer chemical vapor deposition-grown hexagonal boron nitride. J Am Chem Soc, 2013, 135: 6758-6761.

[23] Sainsbury T, Satti A, May P. Oxygen radical functionalization of boron nitride nanosheets. J Am Chem Soc, 2012, 134: 18758-18771.

[24] Uosaki K, Elumalai G, Noguchi H. Boron nitride nanosheet on gold as an electrocatalyst for oxygen reduction reaction: Theoretical suggestion and experimental proof. J Am Chem Soc, 2014, 136: 6542-6545.

[25] Takagi K, Shichi T. Clay minerals as photochemical reaction fields. J Photochem Photobio C, 2000, 1: 113-130.

[26] Takagi S, Shimada T, Ishida Y, et al. Size-matching effect on inorganic nanosheets: Control of distance, alignment, and orientation of molecular adsorption as a bottom-up methodology for nanomaterials. Langmuir, 2013, 29: 2108-2119.

[27] Wang Q H，Kalantar-Zadeh K, Kis A, et al. Electronics and optoelectronics of two-dimensional transition metal dichalcogenides. Nat Nanotechnol, 2012, 7: 699-712.

[28] Cheng R, Jiang S, Chen Y, et al. Few-layer molybdenum disulfide transistors and circuits for

high-speed flexible electronics. Nat Commun, 2014, 5: 5143.

[29] Lemme M C, Echtermeyer T J, Baus M, et al. A graphene field-effect device. IEEE Electr Device L, 2007, 28: 282-284.

[30] Schedin F, Geim A K, Morzov S V, et al. Detection of individual gas molecules adsorbed on graphene. Nat Mater, 2007, 6: 652-655.

[31] Yan J, Kim M H, Elie J A, et al. Dual-gated bilayer graphene hot-electron bolometer. Nat Nanotechnol, 2012, 7: 472-478.

[32] Kim Y D, Kim H, Cho Y, et al. Bright visible light emission from graphene. Nat Nanotechnol, 2015, 10: 676-681.

[33] Zhang Y J, Oka T, Suzuki R, et al. Electrically switchable chiral light-emitting transistor. Science, 2014, 344: 725-728.

[34] Mouri S, Miyauchi Y, Matsuda K. Tunable photoluminescence of monolayer MoS_2 via chemical doping. Nano Lett, 2013, 13: 5944-5948.

[35] Liang Q, Yao X, Wang W, et al. A three-dimensional vertically aligned functionalized multilayer graphene architecture: An approach for graphene-based thermal interfacial materials. ACS Nano, 2011, 5: 2392-2401.

[36] Shahil K M F, Balandin A A. Graphene-multilayer graphene nanocomposites as highly efficient thermal interface materials. Nano Lett, 2012, 12: 861-867.

[37] Ong M T, Reed E J. Engineered piezoelectricity in graphene. ACS Nano, 2012, 6: 1387-1394.

[38] Wu W, Wang L, Li Y, et al. Piezoelectricity of single-atomic-layer MoS_2 for energy conversion and piezotronics. Nature, 2014, 514: 470-474.

[39] Han X G, Kuang Q, Jin M S, et al. Synthesis of titania nanosheets with a high percentage of exposed (001) facets and related photocatalytic properties. J Am Chem Soc, 2009, 131: 3152-3153.

[40] Tao X Y, Yuan P, Zhang X, et al. Microsphere assembly of TiO_2 mesoporous nanosheets with highly exposed (101) facets and application in light-trapping quasi-solid-state dye-sensitized solar cell. Nanoscale, 2015, 7: 3539-3547.

[41] Nie W X, Bao S S, Zeng D. Exfoliated layered copper phosphonate showing enhanced adsorption capability towards Pb ions. Chem Commun, 2014, 50: 10622-10625.

[42] Radisavljevic B, Radenovic A, Brivio J. Single-layer MoS_2 transistors. Nat Nanotechnol, 2011, 6: 147-150.

[43] Kirillov A M. Hexamethylenetetramine: An old new building block for design of coordination polymers. Coord Chem Rev, 2011, 255: 1603-1622.

[44] Jiang H L, Makal T A, Zhou H C. Interpenetration control in metal-organic frameworks for functional applications. Coord Chem Rev, 2013, 257: 2232-2249.

[45] Yamada T, Otsubo K, Makiura R, et al. Designer coordination polymers: Dimensional crossover architectures and proton conduction. Chem Soc Rev, 2013, 42: 6655-6669.

[46] Ding S Y, Wang W. Covalent organic frameworks (COFs): From design to applications. Chem Soc Rev, 2013, 42: 548-568.

[47] Feng X, Ding X, Jiang D. Covalent organic frameworks. Chem Soc Rev, 2012, 41: 6010-6022.

[48] Bertrand G H V, Michaelis V K, Ong T C, et al. Thiophene-based covalent organic framworks. Proc Natl Acad Sci USA, 2013, 110: 4923-4928.

[49] Makiura R, Motoyama S, Umemura Y, et al. Surface nano-architecture of a metal-organic framework. Nat Mater, 2010, 9: 565-571.

[50] Bauer T, Zheng Z, Renn A, et al. Synthesis of free-standing monolayered organometallic sheets at the air/water interface. Angew Chem Int Ed, 2011, 50: 7879-7884.

[51] Makiura R, Konovalov O. Interfacial growth of larger-area single-layer metal-organic framework nanosheets. Sci Rep, 2013, 3: 2506-2513.

[52] Kambe T, Sakamoto R, Hoshiko K, et al. π-Conjugated nickel bis(dithiolene) complex nanosheet. J Am Chem Soc, 2013, 135: 2462-2465.

[53] Takada K, Sakamoto R, Yi S T, et al. An electrochromic bis(terpyridine) metal complex nanosheet. J Am Chem Soc, 2015, 137: 4681-4689.

[54] Sakamoto R, Hoshiko K, Liu Q, et al. A photofunctional bottom-up bis(dipyrrinato) zinc(II) complex nanosheet. Nat Commun, 2015, 6: 6713.

[55] Sakamoto R, Yagi T, Hoshiko K, et al. Photofunctionality in porphyrin-hybridized bis(dipyrrinato)zinc(II) complex micro- and nanosheet. Angew Chem Int Ed, 2017, 129: 3580-3584.

[56] Furukawa H, Mueller U, Yaghi O M. "Heterogeneity within order" in metal-organic frameworks. Angew Chem Int Ed, 2015, 54: 3417-3430.

[57] Zhou H C, Kitagawa S. Metal-organic frameworks (MOFs). Chem Soc Rev, 2014, 43: 5415-5418.

[58] Dmitriev A, Spillmann H, Lin N, et al. Modular assembly of two-dimensional metal-organic coordination networks at a metal surface. Angew Chem Int Ed, 2003, 42: 2670-2673.

[59] Seitsonen A P, Lingenfelder M, Spillmann H, et al. Density functional theory analysis of carboxylatebridged diiron units in two-dimensional metal-organic grids. J Am Chem Soc, 2006, 128: 5634-5635.

[60] Stepanow S, Lin N, Payer D. Surface-assisted assembly of 2D metal-organic networks that exhibit unusual threefold coordination symmetry. Angew Chem Int Ed, 2007, 46: 710-713.

[61] Walch H, Dienstmaier J, Eder G. Extended two-dimensional metal-organic frameworks based on thiolate-copper coordination bonds. J Am Chem Soc, 2011, 133: 7909-7915.

[62] Li Y, Xiao J, Shubina T E, et al. Coordination and metalation bifunctionality of Cu with 5,10,15,20-tetra(4-pyridyl)porphyrin: Toward a mixed-valence two-dimensional coordination network. J Am Chem Soc, 2012, 134: 6401-6408.

[63] Makiura R, Usui R, Sakai Y, et al. Towards rational modulation of in-plane molecular arrangements in metal-organic framework nanosheets. ChemPlusChem, 2014, 79: 1352-1360.

[64] Motoyama S, Makiura R, Sakata O, et al. Highly crystalline nanofilm by layering of porphyrin metal-organic framework sheets. J Am Chem Soc, 2011, 133: 5640-5643.

[65] Makiura R, Kitagawa H. Porous porphyrin nanoarchitectures on surfaces. Eur J Inorg Chem, 2010, 24: 3715-3724.

[66] Huang X, Sheng P, Tu Z, et al. A two-dimensional π-d conjugated coordination polymer with

extremely high electrical conductivity and ambipolar transport behavior. Nat Commun, 2015, 6: 7408.

[67] Li S, Huang X, Zhang H. Preparation and applications of two-dimensional crystals based on organic or metal-organic materials. Acta Chim Sinica, 2015, 73: 913-923.

[68] Junggeburth S C, Diehl L, Werner S, et al. Ultrathin 2D coordination polymer nanosheets by surfactant-mediated synthesis. J Am Chem Soc, 2013, 135: 6157-6164.

[69] Kambe T, Sakamoto R, Kusamoto T, et al. Redox control and high conductivity of nickel bis(dithiolene) complex π-nanosheet: A potential organic two-dimensional topological insulator. J Am Chem Soc, 2014, 136: 14357-14360.

[70] Kanatzidis M G, Huang S P. Synthesis of polymeric tetraphenylphosphonium (tetraselenido) argentite(1-)[(Ph$_4$P)AgSe$_4$]$_n$. A novel one-dimensional inorganic polymer. J Am Chem Soc, 2010, 132: 6728-6734.

[71] MacLachlan M J, Coombs N, Ozin G A. Non-aqueous supramolecular assembly of mesostructured metal germanium sulphides from (Ge$_4$S$_{10}$)$_4$-cluster. Nature, 1999, 397: 681-684.

[72] Wang Z F, Liu Z, Liu F. Organic topological insulators in organometallic lattices. Nat Commun, 2013, 4: 1471.

[73] Wang Z F, Su N, Liu F. Prediction of a two-dimensional organic topological insulator. Nano Lett, 2013, 13: 2842-2845.

(刘 倩 黄维扬)

第10章

金属有机纳米合金磁性材料与应用

10.1 引言

在过去二十年中，金属有机聚合物通过改变其金属中心、侧链基团和连接单元，实现对其分子结构和性质的灵活调控，从而作为功能材料得到广泛应用，如发光材料、光伏响应材料、光限幅材料、大分子催化剂、人工合成酶和应激响应等[1-17]。最近，利用金属有机聚合物的溶液可加工性，以及其金属中心种类和比例在分子水平可调控等优势，金属有机聚合物作为前驱体被用于合成具有特殊形貌和化学组成的磁性金属或合金纳米粒子，该研究方向引起了科研人员的极大关注[2,18-27]。通过该方法合成出来的纳米粒子通常粒径分布较窄且组分比和面密度精确可控[18-21]。此外，由于金属有机聚合物良好的成膜性能，通过该方法还可以在不同衬底上实现大面积图案化纳米粒子的制备，这对基于金属微纳结构的应用领域来说非常重要[20,21]。例如，图案化的铁磁相(或 $L1_0$ 相)FePt 合金纳米粒子直接快速制备在信息存储体系中非常关键[28]。通过将铁铂芳炔聚合物的溶液可处理性和纳米压印光刻(nanoimprint lithography，NIL)技术的优势相结合，纳米图案化的铁铂芳炔聚合物可以一步大面积生成。随后，图案化的金属聚合物经高温可控退火处理直接原位形成基于 $L1_0$-FePt 纳米粒子图案化定义的纳米点阵列，使得该方法成为一种制备比特图案化介质(bit patterned media，BPM)和下一代纳米级超高密度磁存储器件的新平台[20]。由于 NIL 技术可以大面积实现 5 nm 以下的光刻分辨率，因此含 FePt 聚合物与 NIL 结合起来可以生产出存储密度几倍于当前硬盘技术的比特图案化介质，而不需要借助于一些尖端复杂的设备和技术。

为了克服大多数异核双金属聚合物在溶解度、合成难度等方面的一些局限性问题，可将含 Fe 和含 Pt 单金属聚合物进行物理混合，以所形成的混合体为前驱体，经高温可控分解同样可以一步实现 $L1_0$-FePt 合金纳米粒子的制备[22]。而绝大多数的单金属聚合物在常规有机溶剂中具有良好的溶解度，且合成简便，从而使得该方法在大批量制备特定相图案化金属或合金纳米粒子方面更加现实可行。

另外，大多数金属有机聚合物可直接作为负性光刻胶，通过电子束光刻和紫外光刻制备纳米图案化的磁性金属纳米粒子。同时金属有机嵌段共聚物依次经过自组装和高温可控分解可以大面积低成本地在原位实现几纳米周期的阵列结构制作，在半导体器件、光刻、数据记录、膜等领域具有广阔的应用前景。

10.2 异核双金属聚合物前驱体

10.2.1 含 FePt 异核双金属聚合物

铁磁相铁铂($L1_0$-FePt)合金纳米粒子由于其特殊的磁性质引起了广泛的研究兴趣[28]，笔者课题组经研究发现，$L1_0$-FePt 合金纳米粒子可以通过含 FePt 异核双金属聚合物高温分解一步制得[20,21,29]。最初，一些含膦配体的聚铁铂炔类化合物(**P1**，图 10-1)被用来作前驱体制备 $L1_0$-FePt 合金纳米粒子，但往往伴生一些如 Fe_2P 和 PtP_2 等副产物[20]。为避免此问题，笔者课题组利用 4,4′-二壬基-2,2′-联吡啶取代膦配体，设计并合成一系列聚铁铂炔类化合物(如 **P2**～**P5**)。以这些氮配位的异核双金属聚合物为前驱体，经高温分解后可直接得到晶相很纯的 $L1_0$-FePt 纳米粒子，而且不需要任何后退火处理。这些金属芳炔类聚合物一般都是通过一个二乙炔基配体与二胺基配位的顺式 $PtCl_2$ 化合物在 CuI 催化下发生去卤化氢反应合成得到[21]。所得到的金属芳炔类聚合物的化学结构可以通过核磁共振谱、红外光谱、高分辨质谱等进行表征，其相对分子质量和热学性质分别通过凝胶渗透色谱和热重分析进行测试。

10.2.2 含 FeCo 异核双金属聚合物

含 FeCo 异核双金属聚合物作为前驱体可以制备 FeCo 合金纳米粒子[19,30,31]。图 10-1 中含 FeCo 聚合物 **P6** 是通过先合成炔基取代的聚二茂铁硅烷(polyferrocenyl silane, PFS)中间体，然后再与八羰基二钴[$Co_2(CO)_8$]进行反应后生成 **P6**，且产率较高[30]。聚合物 **P7** 实际上是聚二茂铁硅烷和聚二茂钴乙烷的嵌段共聚物，先是 sila[1]ferrocenophane 和 dicarba[2]cobaltocenophane 经过光催化开环聚合反应形成共聚物，然后共聚物骨架上 19 电子结构的二茂钴单元经氧化后便生成 **P7**[31]。最近，Manners 等还分别通过二嵌段或三嵌段共聚物在固态或溶液里的自组装实现功能性金属或合金纳米粒子的纳米图案化结构简便快速制作[32-37]。香港科技大学唐本忠课题组利用二炔化合物的多环三聚反应合成了超支化的共轭聚二茂铁基苯乙烯(hb-PFP)(**P8**)[38]，这些聚合物溶解度良好、热学性质稳定且具有氧化还原特性。hb-PFP 和[$Co_2(CO)_8$]进一步络合后生成含 FeCo 异核双金属聚合物。

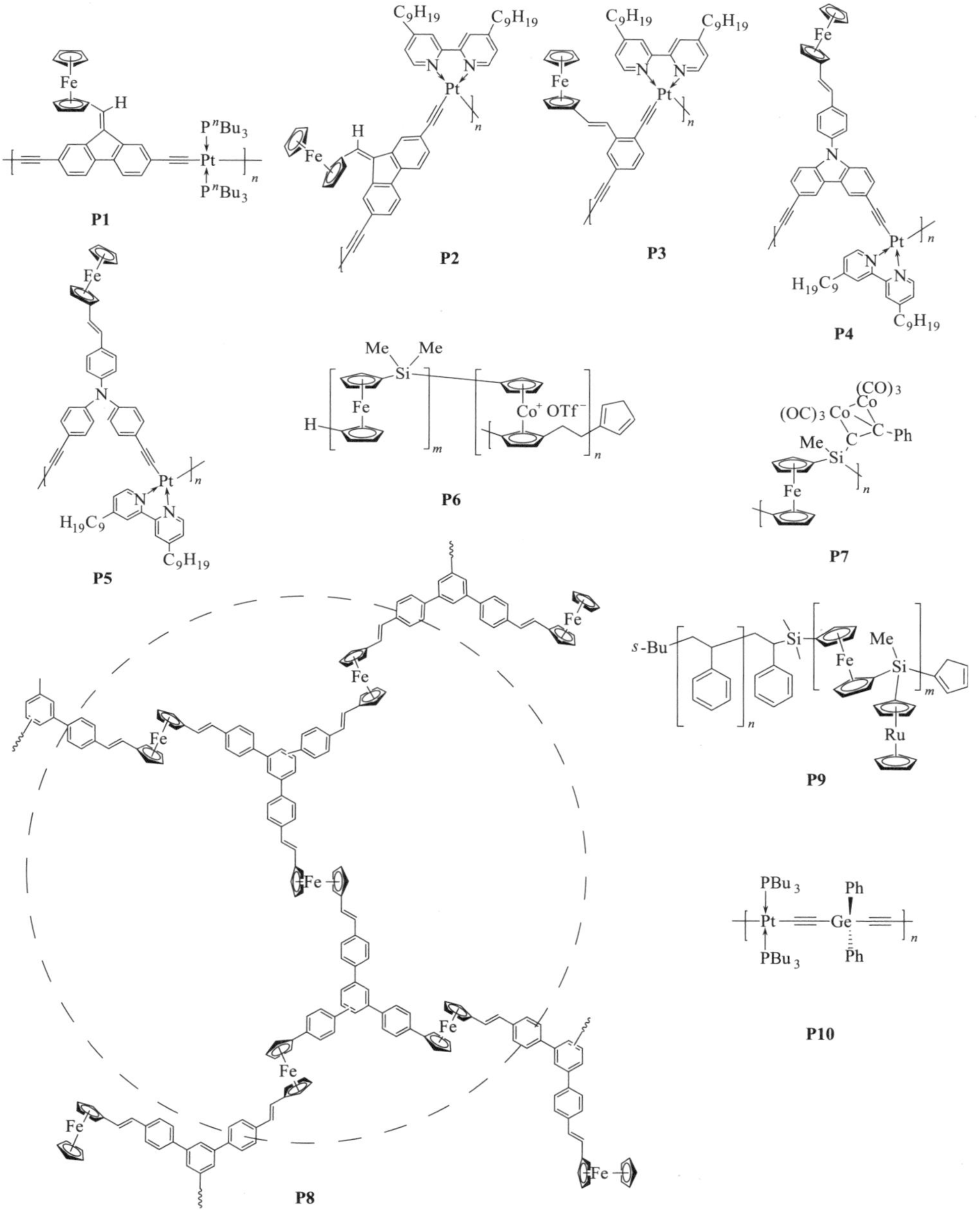

图 10-1　异核双金属聚合物(或前驱体)的结构式

P8 为异核双金属聚合物的前驱体材料的结构式

10.2.3 其他类型异核双金属聚合物

硅[1]二茂铁吩是一类具有环张力的金属有机小分子化合物，它们经开环聚合反应后可生成聚二茂铁硅烷。该反应是一类光裂解开环聚合反应，大部分基团在光解条件下非常稳定，只有硅原子上的烷基比较活泼，可发生化学反应。因此，如果在硅原子上引入一炔基官能团，在光照条件下碳碳三键和均核过渡金属二聚体发生加成反应后便生成异核金属聚合物，如 FeMo、FeNi 聚合物等[39]。此外，利用金属茂合物将其他非 Fe 金属原子引入聚二茂铁硅烷中，是制备异核金属聚合物的一种有效途径。例如，聚合物 **P9** 是利用二茂铁硅烷和二茂钌通过共聚反应生成的 FeRu 异核双金属聚合物，其中金属元素比可通过两个单体的化学计量比进行精确控制[40]。最近，黄维扬课题组又利用 $Ph_2Ge(C≡CH)_2$ 和 trans-$[Pt(PBu_3)_2Cl_2]$ 配体设计合成了第一个热稳定性良好的芳炔铂锗聚合物 **P10**[41]。

10.3 单核金属聚合物前驱体

10.3.1 含 Pt 金属芳炔类聚合物和含 Fe 金属芳炔类聚合物

2014 年，笔者课题组报道了含 Pt 金属聚合物(**P11**)和含 Fe 金属聚合物(**P12**)[23](图 10-2)。**P11** 是利用 2,7-二乙炔基-9,9′-二十六烷基芴配体和顺式二胺基二氯化铂，在 CuI 催化下通过去卤化氢反应合成得到。**P12** 则是利用 2,7-二碘-9,9′-二十六烷基芴配体和二茂铁侧悬的二乙炔基配体通过 Sonogashira 偶联反应制得。通常来讲，将二茂铁单元设计引入到聚合物骨架后便可直接获得含 Fe 金属聚合物。这些单核金属聚合物一般在空气中比较稳定且具有良好的溶解性，适用于溶液加工处理进行图案化制作。

10.3.2 聚二茂铁硅烷及同类聚合物

高张力茂金属蕃类化合物及其衍生物通常包含 4~7 个 π 共轭亚甲基桥联基团，它们经过开环聚合后可形成主链含金属的高相对分子质量聚合物。其中的张力结构是开环聚合反应热动力学上的驱动力，而驱动力大小与分子结构和倾斜角紧密相关[42,43]。聚二茂铁硅烷是通过硅桥二茂铁蕃化合物开环聚合而成，它作为氧化还原薄膜、凝胶或胶囊，纳米磁性薄膜前驱体，纳米光刻抗蚀剂以及图案化碳纳米管生产用催化剂来源，受到了研究人员的广泛关注[44]。聚合物 **P13**、**P14** 和 **P15** 是典型的溶液可加工型高分子聚二茂铁硅烷及其衍生物。与此类似，其他金

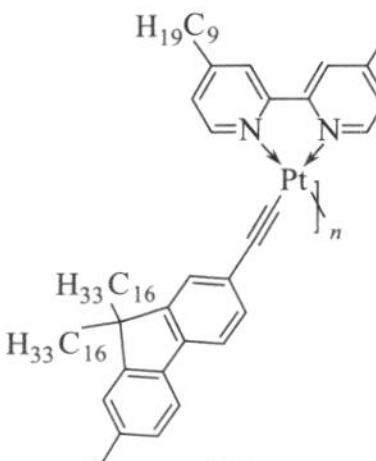

P11

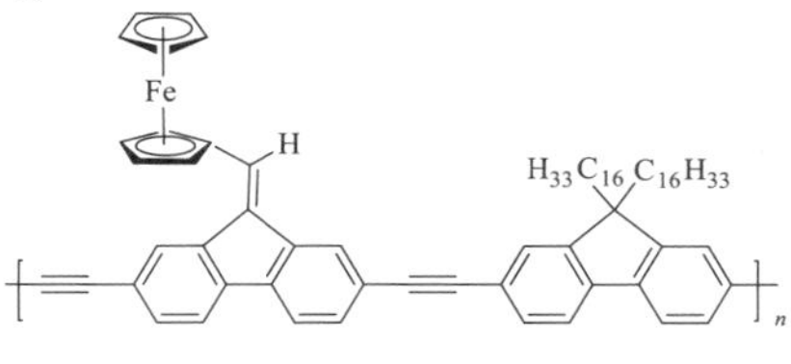

P12

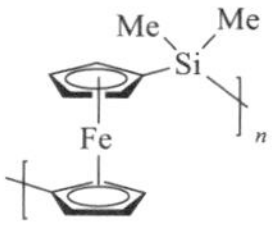

P13

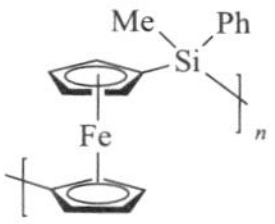

P14

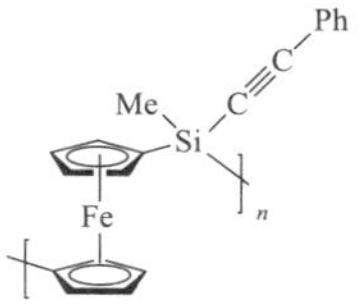

P15

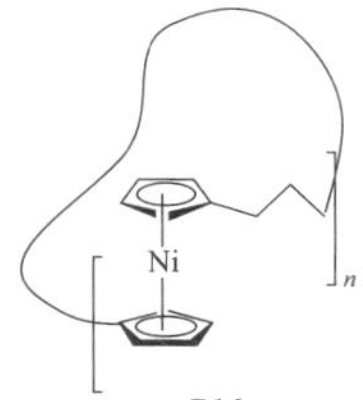

P16

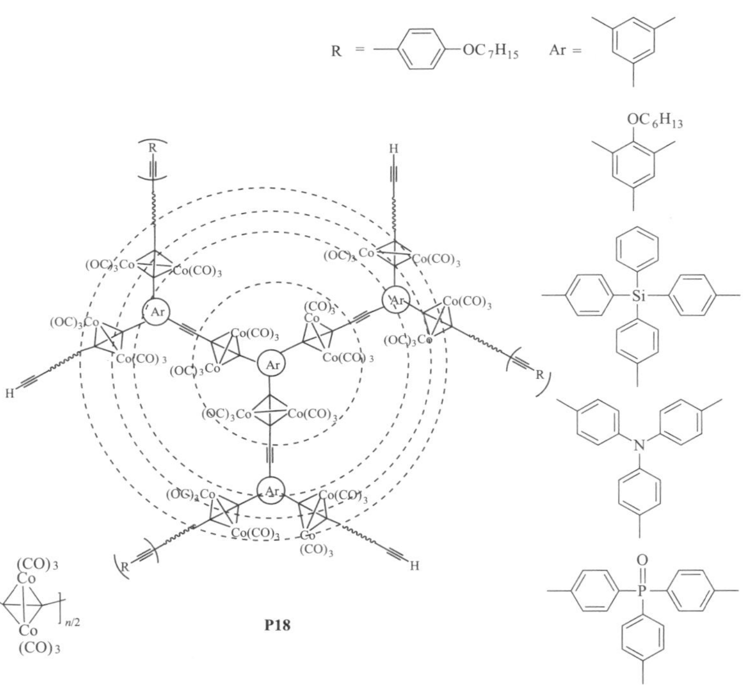

P18

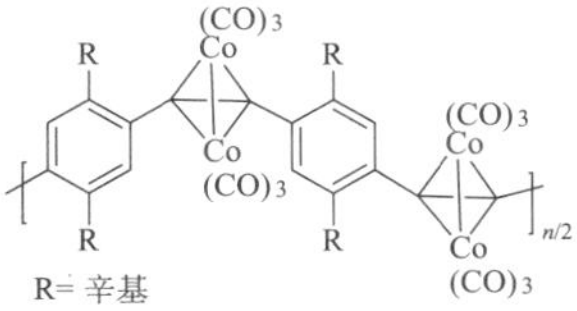

P17

图 10-2 单核金属聚合物的结构式

属如 Co、Ni、Ti、V、Cr 也可以通过相应的高张力前驱体发生开环聚合反应制得[45-48]。例如，绿色可溶的聚二茂镍化合物 **P16** 就是三碳[3]二茂镍番化合物在吡啶中经过室温开环聚合反应形成的[46]。

10.3.3 含 Co 金属聚合物

Bunz 等利用聚苯乙烯和八羰基合钴[$Co_2(CO)_8$]进行金属化反应合成了一系列主链含 Co 金属聚合物。然而，这些聚合物大部分溶解度较差，除了聚合物 **P17**，这是由于 **P17** 的苯环上具有长的辛基链，从而提高了溶解性[49]。

唐本忠院士团队及其合作者通过三炔类化合物的环加成反应制备了一些含碳量高的超支化聚炔类化合物(hb-PY)，这些聚合物易修复，热稳定且在高温条件下可以发生碳化。hb-PY 类聚合物上的三键和 $Co_2(CO)_8$ 发生加成反应后可直接生成含 Co 聚炔类化合物 **P18**[50]。最近，Grubbs 与其合作者发现含 Co 原子簇嵌段聚合物在温和的热处理条件下可以生成纳米级金属有机类的 Co 纳米粒子[51,52]。

10.4　以金属聚合物为前驱体制备磁性金属或合金纳米粒子

近年来，研究人员尝试利用金属聚合物为模板，通过高温分解或者光解合成金属或合金纳米粒子。人们发现该方法所制得的纳米粒子尺寸分布较窄，组分和面密度精确可控。此外，由于金属聚合物良好的溶液可加工性以及成膜性能，从而实现在不同衬底上制备大面积金属或合金纳米粒子图案化阵列。

10.4.1　铁磁相铁铂($L1_0$-FePt)合金纳米粒子

近十年来，FePt 合金纳米粒子由于其独特的晶体结构和磁性质引起了科研人员的广泛关注。通常来讲，FePt 合金纳米粒子具有两种晶相：一是化学高度有序的具有铁磁性质的面心四方体(fct 或 $L1_0$)晶相；二是化学低有序的具有顺磁性质的面心立方(fcc 或 A_1)晶相(图 10-3)。通常 A_1 相经过热处理后可以转变成 $L1_0$ 相[26]。$L1_0$ 铁磁相 FePt 合金纳米粒子因其高化学稳定性和超高单轴磁晶各向异性值 K_u(高达 7×10^7 erg·cm^{-3})逐渐成为制备超高密度信息磁存储介质的理想候选材料之一[20]。$L1_0$ 相 FePt 合金纳米粒子最常见的合成方法是通过将含 Fe 化合物和含 Pt 化合物在高沸点有机溶剂中回流后首先生成 A_1 相(或者 fcc 相)FePt 纳米粒子，然后再将生成的 A_1 相 FePt 纳米粒子通过后退火热处理转变成 $L1_0$ 相。然而在后退火处理当中，一些不可避免的缺陷如烧结、团聚、尺寸分布过宽等往往会伴随而生。产生这些问题的主要原因可归结于 Fe 元素和 Pt 元素位于不同的化合物中，而这些化合物具有不同的起始分解温度。此外，图案化 $L1_0$ 相 FePt 合金纳米粒子的直接快速制备是实现超高密度信息磁存储体系的关键性技术之一[28]，而现有光刻技术难以将合金纳米粒子直接图案化。2012 年，我们课题组报道了以异核双金属聚合物 **P3** 为前驱体一步法直接合成 $L1_0$-FePt 合金纳米粒子[21]，同时该聚合物具有溶液可加工性，从而可以利用纳米压印光刻技术直接进行大面积图案化制作。鉴于绝大部分异核双金属聚合物存在合成难度高、溶解性差等缺点，为了克服这个瓶颈问题，我们课题组随后将含 Fe 聚合物(**P12**)和含 Pt 聚合物(**P11**)按照金属原子摩尔比 1:1 的比例进行物理混合，再将混合体进行高温可控分解后同样一步生成 $L1_0$-FePt 合金纳米粒子，其平均粒径为 4.9 nm，且粒径分布较窄[23]。该方法中虽然 Fe 元素和 Pt 元素位于不同的聚合物中，但由于高温分解过程中产生的有机小片段作为负自由基可以将金属离子还原从而形成零价态金属，同时这些有机片段在加热裂解后转变成陶瓷化碳基质可以支撑 $L1_0$-FePt 合金种子的形成，从而实现一步生成 $L1_0$ 铁磁相 FePt 合金纳米粒子。一般来说，均核金属聚合物比异核双金属聚合物容易合成且在有机溶剂中普遍具有良好的溶解性。图 10-4(a) 是利用金属聚合物混合体所制备的 $L1_0$-FePt 合金纳米粒子的透射电子显微镜(TEM)图，图 10-4(b) 和 (c) 是高分辨 TEM 图，其中 (001) 和 (111) 晶面间距分别为 0.373 nm 和 0.221 nm，这与文献中所报道的 $L1_0$-FePt 合金纳米粒子 (001) 和 (111) 晶面间距数值相吻合[28]。

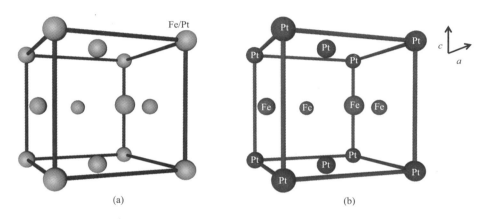

图 10-3　fcc 或 A_1 相(a) 和 fct 或 $L1_0$ 相(b) FePt 合金纳米粒子晶胞结构示意图

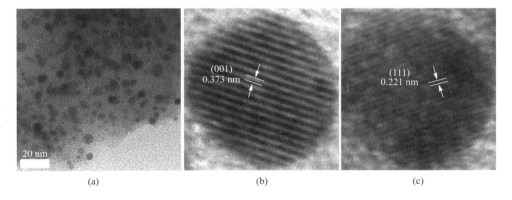

图 10-4　利用金属聚合物混合体所合成的 $L1_0$-FePt 纳米粒子 TEM 图(a) 和 HRTEM 图(b、c)

在此之后，我们又对以金属聚合物为前驱体制备 $L1_0$-FePt 合金纳米粒子的方法中分解温度参数的设置，及其对所形成金属纳米粒子尺寸和磁性质的影响进行了详细深入的研究[29]。研究结果表明，分解温度越高，所形成的纳米粒子平均粒径越小，矫顽力越大。这可能是由于分解温度越高，纳米粒子的结晶性越好所导致的。

10.4.2 铁钴(FeCo)合金纳米粒子

Manners 课题组长期致力于设计合成茂金属䂵类化合物[如 PFS，钴原子簇修饰的 PFS(Co-PFS)]和以这些茂金属䂵类化合物为前驱体制备磁性金属或金属合金陶瓷薄膜方面的研究。例如，他们以聚合物 **P6** 为前驱体，经高温分解后直接生成 FeCo 合金纳米粒子含量高的陶瓷材料[30]。同时，通过改变分解参数可灵活调控所生成的 FeCo 纳米粒子的磁性质，即在 600℃分解温度下所生成的陶瓷材料为超顺磁性，而在 900℃分解温度下所合成的材料为铁磁性且阻挡温度大于 355 K，如图 10-5 所示。

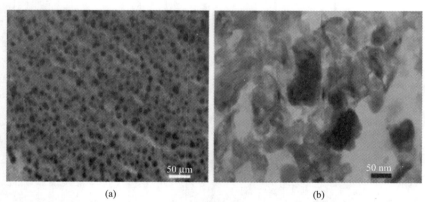

图 10-5 600℃(a)和 900℃(b)条件下分别合成的含 FeCo 纳米粒子的磁性陶瓷材料 TEM 图

Manners 课题组发现利用高度金属化的聚合物作为前驱体，在还原性气氛下（含 N_2 92%，H_2 8%）高温可控分解可生成含 FeCo 纳米粒子的磁性陶瓷薄膜[19]。同时，他们还发现分解温度越高，产生的纳米粒子平均粒径越大且粒径分布较宽，而当分解温度高于 600℃时，FeCo 纳米粒子的磁性由超顺磁性变为铁磁性。

10.4.3 铁或钴纳米粒子

PFS 经高温分解后可生成含 α-Fe 纳米粒子的磁性陶瓷且产率很高。如果先对 PFS 前驱体进行纳米图案化，再进行高温可控分解，便可以复制前驱体的纳米图案结构原位直接生成纳米图案化的磁性陶瓷体[32,38]。Manners 课题组利用一系列聚二茂铁硅烷及其衍生物[Fe(η^5-C_5H_4)$_2$(SiRR′)]$_n$ (R, R′= Me, Ph, H)为前驱体，经高温可控分解合成了含 α-Fe 纳米粒子的磁性陶瓷材料,同时这些纳米粒子都是软铁磁性质[18]。其中在 600℃分解温度下合成的 α-Fe 纳米粒子为无定形,而在 1000℃分解温度下生成的 α-Fe 纳米粒子却具有高度结晶性。

2004 年,唐本忠院士等通过将 hb-PY-Co 聚合物高温分解得到了 Co 纳米粒子,这些 Co 纳米粒子具有很强的磁感应性[饱和磁矩 M_s 达 118 emu·g^{-1}(1 emu·g^{-1}= 1 A·m^2·kg^{-1})]以及低磁滞损耗(矫顽力 H_c 低至 0.045 kOe)[50]。此外,利用 hb-PFP-Co 聚合物为前驱体,在 1000℃下高温分解后可生成同时含 Fe 纳米粒子和 Co 纳米粒子的磁性陶瓷体。同时,他们还发现引入 Co 纳米粒子到陶瓷中可使陶瓷体的磁化率大幅提高,而矫顽力却从 0.35 kOe 降到 0.07 kOe[38]。

10.4.4 其他金属纳米粒子

2011 年,Thomas 与其合作者通过将乙酰丙酮钯或 Pd 纳米粒子掺杂到聚二茂铁乙基甲基硅烷[poly(ferrocenylethylmethylsilane),PFEMS]后,在氩气氛围和 1000℃条件下高温分解后合成了铁磁性 FePd 合金纳米粒子[53]。随着 FePd 合金纳米粒子的形成,该方法所产生的陶瓷体其矫顽力、剩磁强度以及饱和磁化强度均得到提高。2016 年,笔者课题组利用聚合物 P10 为前驱体,经一步高温分解后合成了非磁性 PtGe 合金纳米粒子[41]。XRD 测试结果表明,该 PtGe 合金纳米粒子为 Pbnm 正交晶型,其晶格参数分别为 a = 6.095 Å,b = 5.698 Å,c = 3.626 Å,平均粒径为 6.4 nm。

10.5 磁性纳米图案化阵列制作

10.5.1 电子束光刻法和紫外光刻法

电子束光刻法(electron-beam lithography,EBL)是通过将聚焦电子束曝光在涂有光刻胶的衬底上直接进行图案制作的一种方法,一般包括曝光、刻蚀、显影等步骤。利用电子束光刻法在金属聚合物光刻胶上直接刻蚀制作金属纳米结构是一种非常具有吸引力的方法[39,54]。2005 年,Manners 等分别以金属 Mo 原子簇化的聚二茂铁硅烷衍生物(Mo-PFS)和 Ni 原子簇化的聚二茂铁硅烷衍生物(Ni-PFS)为电子束负片光刻胶,通过电子束光刻技术制备了金属纳米阵列(图 10-6)[39]。其中,聚合物首先滴涂到硅衬底上,然后在电子束下进行曝光生成纳米阵列图案。经多次实验发现,Mo-PFS 和 Ni-PFS 在最优电子束剂量分别为 25 mC·cm^{-2} 和 20 mC·cm^{-2} 作用下,通过在 THF 溶剂中显影后可以得到能充分黏附在衬底上的均一化图案。

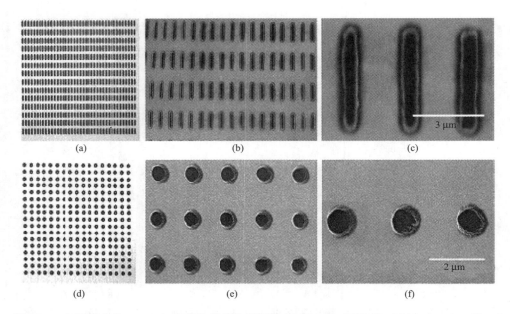

图 10-6 金属聚合物 Mo-PFS 微条阵列的光学图像(a)和 SEM 图像(b、c)[(0.5×4.0)μm²],金属聚合物 Ni-PFS 微点阵列的光学图像(d)和 SEM 图像(e、f)(面积为 1.0 μm²,在 33°倾斜角下测得)

紫外光刻法(UV lithography,UVL)是微电子工业中大面积平行图案化制作的一种常规方法[39,55],它是利用紫外光对涂有光刻胶的衬底进行曝光、显影加工处理后制作图案的方法。Mo-PFS、Ni-PFS 和 Co-PFS 等聚合物都可通过紫外光刻技术进行图案化制作[39]。与 EBL 相似,这些金属聚合物首先被旋涂到硅衬底上,然后在有预定义图案的铬掩模板遮挡下进行紫外曝光(波长为 350~400 nm),再放入 THF 中进行显影得到预期的图案。

2008 年,我们课题组以金属聚合物 **P2** 作为负片光刻胶,利用 EBL 和 UVL 两种光刻技术通过类似的实验流程进行了纳米图案化制作[图 10-7(a)、(b)][20]。图案化的 **P2** 薄膜在氮气保护下进一步经高温分解后直接生成基于铁磁相 FePt 合金纳米粒子的图案化陶瓷阵列,该阵列和聚合物相比,图案形状保持良好,磁力显微镜测试结果证明该陶瓷阵列为图案化磁性陶瓷阵列[图 10-7(c)~(f)]。

10.5.2 纳米压印光刻法

纳米压印光刻(NIL)技术是一种大面积快速制备高分辨率图案的低成本技术。它可以用来压印各种各样的聚合物,因此广泛应用于电子学、光子学、信息存储和生物技术当中[56,57]。NIL 是一种正在兴起的"自上而下"的光刻技术,它基于机械压花原理,超越传统光刻技术中由光衍射或者散射造成的分辨率限制,

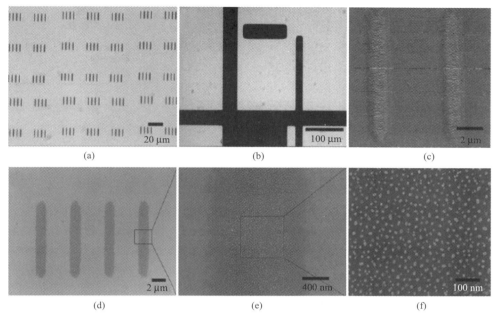

图 10-7 金属聚合物 **P2** 的光学图像:(a)EBL 方法制作的微条阵列;(b)UVL 方法制作的图案。**P2** 微条阵列在 500℃、N_2 保护下高温分解后得到的 MFM 图像(c)和 SEM 图像[(d)~(f)]

可实现 5 nm 以下分辨率的大面积图案快速制作。我们利用金属聚合物作为光刻胶,实现了合金纳米粒子阵列大面积可控制作,该方法可用于制作纳米级线阵列和点阵列等各种图案,且生产出来的纳米图案具有很高的形状保真性。这为大面积低成本快速生产含金属合金纳米粒子的图案化磁性陶瓷薄膜提供了一条有效途径。图 10-8 阐述了以含 FePt 金属聚合物为前驱体,用 NIL 制作大面积纳米结构的流程示意图。通过将金属聚合物 **P3** 的溶液可加工性以及纳米压印软光刻技术的优势相结合,可以实现含 FePt 金属聚合物纳米线阵列和纳米点阵列的一步法大面积制作[21]。该过程主要包括六个步骤:一是硅衬底的清理(利用丙酮和去离子水进行超声波处理);二是将含 FePt 金属聚合物的饱和溶液滴涂到硅衬底上;三是利用压印模板(如 PDMS、AAO 等)通过匀力压印涂有聚合物薄膜的硅衬底;四是将上述装置整体进行紫外曝光 5 min(曝光剂量为 25 mW·cm^{-2}, 391 nm);五是提离压印模板;六是利用干法刻蚀去除沟道中的残余聚合物。图 10-9 是通过纳米压印法制备的 **P3** 聚合物线阵列和点阵列 SEM 图,通过测试发现该线阵列的周期和特征尺寸与压印模具高度一致。最后,我们将 **P3** 聚合物线阵列和点阵列高温退火后直接生成了基于 $L1_0$-FePt 合金纳米粒子的纳米线阵列和纳米点阵列[图 10-9(d)、(e)],而且这些阵列的图案在退火前后显示出高保真性。此外,通过将聚合物 **P11** 和 **P12** 的混合体进行纳米压印光刻后,也可以一步生成纳米点阵图案。

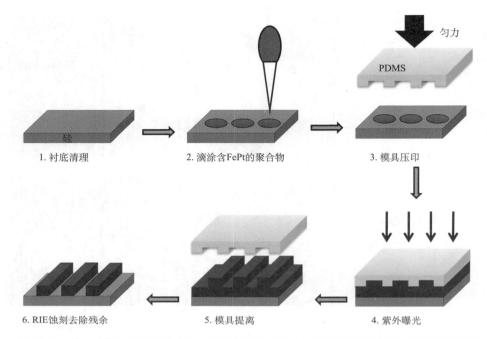

图 10-8　利用纳米压印光刻技术制作 FePt 金属聚合物大面积图案化纳米结构流程示意图

其中，PDMS 为聚二甲基硅氧烷；RIE 为反应离子刻蚀法

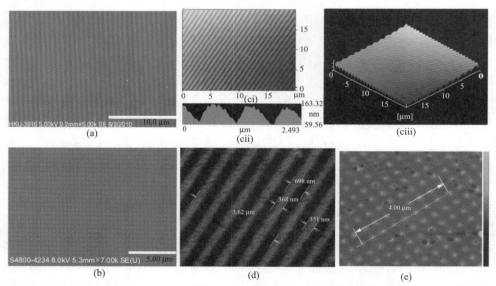

图 10-9　聚合物 P3 的纳米压印线阵列(a)和点阵列(b)SEM 图；(c)为聚合物 P3 纳米压印线阵列 AFM 形貌图(ci)、横截面图(cii)以及 3D AFM 图(ciii)；纳米压印聚合物 P3 退火后生成的 FePt 纳米粒子线阵列 SEM 图(d)和点阵列 AFM 图(e)

2009 年，Manners 和其合作者报道了一种大面积制备高度有序磁性陶瓷纳米棒阵列的简便方法，即通过使用阳极氧化铝(AAO)模板纳米压印高相对分子质量聚二茂铁硅烷得到了 PFS 纳米棒阵列，该阵列具有精确可控的尺寸和纵横比[58]。在该方法中，高度有序的 PFS 纳米棒阵列的形成主要是依靠毛细作用驱动，在 150℃加热作用下(PFS 的玻璃化转变温度为 89℃)使得 PFS 溶液顺利进入 AAO 的纳米孔隙中，冷却，最后通过 1 mol·L^{-1} NaOH 水溶液刻蚀掉 AAO 模板，从而生成大面积高度有序的 PFS 纳米棒阵列。图 10-10 是所制作的 PFS 纳米棒阵列的 SEM 图及其在 700℃下高温分解 5 h 后生成的陶瓷化纳米棒阵列的 SEM 图。

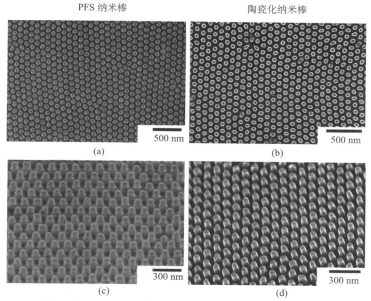

图 10-10　大面积高度有序 PFS 纳米棒阵列及其在 700℃下高温分解 5 h 后生成的陶瓷化纳米棒阵列的 SEM 图

(a)、(b)俯视图；(c)、(d)倾斜角视图

10.5.3　自组装法

众所周知，嵌段共聚物可以发生自组装形成有序纳米图案，并能制作分辨率为几纳米的周期性结构，从而广泛应用于半导体器件、光刻、数据存储体系、分离膜等领域[1,31-36]。含金属嵌段共聚物在自组装后，再进行可控高温分解可原位生成周期在几纳米到几十纳米的大面积阵列图案化金属或合金纳米粒子[32]。嵌段共聚物在光刻领域的成功应用有一个先决条件，即其中一个或多个嵌段具有良好的刻蚀选择性，这样一个或多个嵌段可以被刻蚀掉，而剩下嵌段的形貌不发生破坏保留下来。

对于含 PFS 的嵌段共聚物来说，由于 PFS 嵌段对氧气反应离子刻蚀(O_2-RIE，RIE 为 reactive ion etching 的缩写)具有抗蚀性质，从而在纳米光刻领域具有很高的应用价值[59-61]。Manners 课题组报道了一系列含 PFS 多嵌段共聚物，如 PFS-*b*-PDMS(PDMS=polydimethylsiloxane)、PFS-*b*-P2VP[P2VP=poly(2-vinylpyridine)]、PFS-*b*-PMMA[PMMA=poly(methyl methacrylate)]、PS-*b*-PFS-*b*-P2VP(PS=polystyrene)等，这些嵌段共聚物均可以发生自组装并成功应用于纳米光刻技术中[62]。例如，在三嵌段共聚物 PS-*b*-PFS-*b*-P2VP 中，PS 和 P2VP 嵌段可以通过 O_2-RIE 方法刻蚀掉，留下部分氧化的金属有机 PFS 图案化阵列[60]。该图案化阵列可以作为掩模板将纳米图案转移至一些功能材料的表面。图 10-11 为硅衬底上 PS-*b*-PFS-*b*-P2VP 薄膜在氯仿和氯仿/丙酮溶剂中室温下处理 4 h 后的 SEM 图，以及通过 O_2-RIE 方法刻蚀掉 PS 和 P2VP 后的 SEM 图。异核双金属嵌段共聚物如 PFS_m-*b*-$([PCE][OTf])_n$，利用 PFS_{34}-*b*-$P2VP_{272}$ 为种子胶束，也可以发生自组装生成 3D 圆柱状胶束[31]。

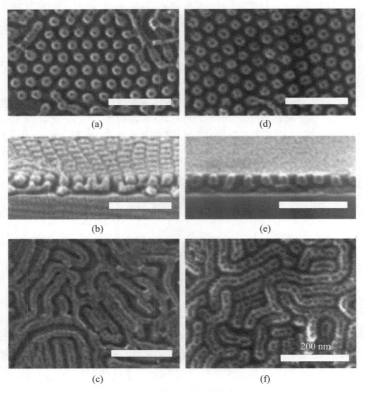

图 10-11　硅衬底上 PS-*b*-PFS-*b*-P2VP 薄膜在氯仿和氯仿/丙酮溶剂中室温下处理 4 h，再通过氧气 RIE 刻蚀掉 PS 和 P2VP 后的 SEM 图

(a)~(c)氯仿；(d)~(f)氯仿+丙酮。比例尺为 200 nm。(a)、(d)平面图；(b)、(e)侧视图；(c)、(f)底视图

10.6 由金属聚合物前驱体所制备的磁性纳米合金材料的应用

10.6.1 信息磁存储

高度有序化磁性纳米结构由于其在生物传感、自旋电子学、磁性随机存储和图案化记录介质等技术领域的广泛应用,引起了学术界和工业界的极大关注[24,27]。比特图案化的 $L1_0$-FePt 纳米结构直接快速制备对开发 $L1_0$-FePt 纳米粒子在超高密度信息磁存储体系是一个关键性挑战[63]。如前所述,以聚合物 **P3** 为前驱体通过纳米压印光刻技术可以制作基于 $L1_0$-FePt 磁性合金纳米粒子的图案化纳米阵列,该阵列在室温下的矫顽力高达 1.4 T(即 14 kOe,1 T=10000 Oe),可与当前商业应用的磁记录介质相媲美[21]。通过磁力显微镜(magnetic force microscope,MFM)对所制作的 $L1_0$-FePt 纳米点阵列进行研究发现,这些阵列化的 $L1_0$-FePt 纳米粒子磁化方向可以通过外加磁场操控进行上下调节(图 10-12),即在外加磁场方向从 $-Z$ 转变为 $+Z$ 时,该 $L1_0$-FePt 纳米点阵列的磁化方向也随之翻转。这个概念性证据和 $L1_0$-FePt 纳米点阵列本身便可以作为一个比特图案化介质的新平台,应用于下一代纳米级高密度信息磁存储体系。表 10-1 反映了比特图案化介质周期(节距)、特征尺寸(位数)和存储面密度之间的关系,从中可以看出,当比特图案化介质周期为 25 nm 时,记录面密度可达 1 $Tbit·in^{-2}$(太字节/平方英寸①)。由于纳米压印光刻可实现分辨率在 5 nm 以下的大面积图案化制作,因此将上述含 FePt 金属聚合物同 NIL 技术结合起来,便可为实现存储密度几倍于当前硬盘容量的比特图案化介质制备提供一条可行性途径,而无须诉诸一些尖端复杂的高成本设备和生产技术。

表 10-1　BPM 周期、特征尺寸和存储密度对应关系

节距/nm	比特尺寸(半节距)/nm	面密度/($Tbit·in^{-2}$)
35	17.5	0.5
30	15.0	0.72
25	12.5	1
21	10.5	1.5
18	9.0	2.0
8	4.0	10

① 1 英寸 =2.54 cm。

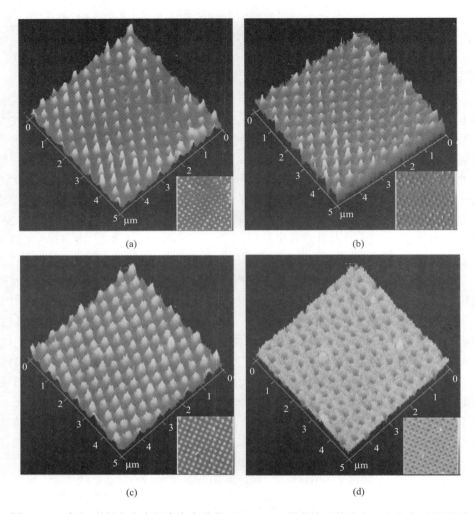

图 10-12　在$-Z$磁场方向中退火产生的基于$L1_0$-FePt 纳米粒子的纳米压印点阵列(周期为 500 nm,点宽为 250 nm)[(a) AFM 图,(b) MFM 图];在$+Z$磁场方向中退火产生的基于$L1_0$-FePt 纳米粒子的纳米压印点阵列(周期为 500 nm,点宽为 250 nm)[(c) AFM 图,(d) MFM 图]

10.6.2　功能陶瓷薄膜

以金属聚合物为光刻胶,利用反应离子刻蚀(RIE)方法可以生成各种各样的含金属陶瓷材料,这些材料往往具有许多新颖有趣的物理性质。研究人员经实验发现,利用软光刻技术和 RIE 在二次磁场中对高度金属化聚合物进行图案化加工可生成铁磁性陶瓷化有序阵列,并有望应用于自旋电子学和逻辑电路中。例如,Manners 课题组以 Co-PFS 聚合物为前驱体,在二次磁场中通过 O_2-RIE 刻蚀法制备了高金属含量的纳米虫网络状铁磁性薄膜(图 10-13)[51]。此外，他们还通过高温分解分布在介孔硅(MCM-41)有序通道中的聚合物 **P13**，获得了尺寸可控的含 Fe 纳米粒子的超顺磁陶瓷薄膜[64]。

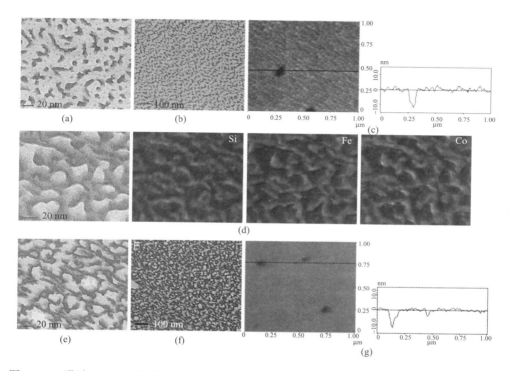

图 10-13　通过 O_2-RIE 刻蚀得到的(a、b)磁性薄膜 TEM 图，(c)轻敲模式 AFM 图(左)及横截面分析(右)；通过电子能量损失能谱学(EELS)分析得到的(d)Si、Fe 和 Co 元素分布图；通过 O_2-RIE 刻蚀得到的(e、f)磁性薄膜 TEM 图、(g)轻敲模式 AFM 图(左)及横截面分析(右)

10.7　小结

综上所述，以金属聚合物为前驱体通过高温可控分解可以制备磁性功能金属/合金纳米粒子或其他纳米结构。本章系统总结了功能金属聚合物的种类、合成及其图案化制作方法，以及利用该图案化金属聚合物为前驱体制备高密度存储介质的方法。然而，本研究领域仍然存在很多的问题需要解决，如基于阵列化磁性纳米粒子的超高密度数据存储和自旋电子器件的制备，聚合物骨架上金属中心环境的不同对所形成的纳米粒子的粒径、组分、形貌和性质的影响，以及金属纳米粒子的成核机制等都尚未完全探明。尽管如此，这种以金属聚合物为前驱体制备功能性含金属纳米材料的方法仍然非常有吸引力，这主要是由于金属聚合物具有溶液可加工性、成膜性质以及所生成纳米粒子的尺寸和组分精确可控等优势。例如，最近研究人员通过将纳米粒子种子分散在导电金属聚合物中合成了导电聚合物/半导体纳米粒子复合材料[65,66]。另外，以金属卟啉为模板设计合成多种多样的合金纳米粒子也值得深入关注[67,68]。

因此，可以看到以金属聚合物为前驱体制备功能性金属基纳米材料的应用潜力还未完全开发，而这将激励学术界和工业界的科学家在该领域继续进行深入探索，并取得更多更重要的突破性成果。

参 考 文 献

[1] Whittell G R, Hager M D, Schubert U S, et al. Functional soft materials from metallopolymers and metallosupramolecular polymers. Nat Mater, 2011, 10: 176-188.

[2] Whittell G R, Manners I. Metallopolymers: New multifunctional materials. Adv Mater, 2007, 19: 3439-3468.

[3] Collot J, Gradinaru J, Humbert N, et al. Artificial metalloenzymes for enantioselective catalysis based on biothin-avidin. J Am Chem Soc, 2003, 125: 9030-9031.

[4] Rakitin A, Aich P, Papadopoulos C, et al. Metallic conduction through engineered DNA: DNA nanoelectronic building blocks. Phys Rev Lett, 2001, 86: 3670-3673.

[5] Choi T L, Lee K H, Joo W J, et al. Synthesis and nonvolatile memory behaviour of redox-active conjugated polymer-containing ferrocene. J Am Chem Soc, 2007, 129: 9842-9843.

[6] Korczagin I, Lammertink R G H, Hempenius M A, et al. Surface nano- and microstructuring with organometallic polymers. Adv Polym Sci, 2006, 200: 91-117.

[7] Robinson K L, Lawrence N S. Redox-sensitive copolymer: A single-component pH sensor. Anal Chem, 2006, 78: 2450-2455.

[8] Payne S J, Fiore G L, Fraser C L, et al. Luminescence oxygen sensor based on a ruthenium(Ⅱ) star polymer complex. Anal Chem, 2010, 82: 917-921.

[9] Suzuki D, Sakai T, Yoshida R. Self-flocculating/self-dispersing oscillation of microgels. Angew Chem Int Ed, 2008, 47: 917-920.

[10] Furuta P T, Deng L, Garon S, et al. Platinum-functionalized random copolymers for use in solution-processible efficient near-white organic light-emitting diodes. J Am Chem Soc, 2004, 126: 15388-15389.

[11] Wu F I, Yang X H, Neher D, et al. Efficient white-electrophosphorescent devices based on a single polyfluorene copolymer. Adv Funct Mater, 2007, 17: 1085-1092.

[12] Wong W Y, Ho C L. Organometallic photovoltaics: A new and versatile approach for harvesting solar energy using conjugated polymetallaynes. Acc Chem Res, 2010, 43: 1246-1256.

[13] Nanjo M, Cyr P W, Liu K, et al. Donor-acceptor C_{60}-containing polyferrocenyl-silanes: Synthesis, characterization and applications in photodiode devices. Adv Funct Mater, 2008, 18: 470-477.

[14] Zhou G J, Wong W Y. Organometallic acetylides of Pt^{II}, Au^{I}, and Hg^{II} as new generation optical power limiting materials. Chem Soc Rev, 2011, 40: 2541-2566.
[15] Pordea A, Ward T R. Artificial metalloenzymes: Combining the best features of homogeneous and enzymatic catalysis. Synlett, 2009, 20: 3225-3236.
[16] Lu Y, Yeung N, Sieracki N, et al. Design of functional metalloproteins. Nature, 2009, 460: 855-862.
[17] Shinohara S I, Seki T, Sakai T, et al. Photoregulated wormlike motion of a gel. Angew Chem Int Ed, 2008, 47: 9039-9043.
[18] Petersen R, Foucher D A, Tang B Z, et al. Pyrolysis of poly (ferrocenylsilanes): Synthesis and characterization of ferromagnetic transition metal-containing ceramics and molecular depolymerization products. Chem Mater, 1995, 7: 2045-2053.
[19] Liu K, Clendenning S B, Friebe L, et al. Pyrolysis of highly metallized polymers: Ceramic thin films containing magnetic CoFe alloy nanoparticles from a polyferrocenylsilane with pendant cobalt clusters. Chem Mater, 2006, 18: 2591-2601.
[20] Liu K, Ho C L, Aouba S, et al. Synthesis and lithographic patterning of FePt nanoparticles using a bimetallic metallopolyyne precursor. Angew Chem Int Ed, 2008, 47: 1255-1259.
[21] Dong Q, Li G, Ho C L, et al. A polyferroplatinyne precursor for the rapid fabrication of $L1_0$-FePt-type bit patterned media by nanoimprint lithography. Adv Mater, 2012, 24: 1034-1040.
[22] Dong Q, Li G, Ho C L, et al. Facile generation of $L1_0$-FePt nanodot arrays from a nanopatterned metallopolymer blend of iron and platinum homopolymers. Adv Funct Mater, 2014, 24: 857-862.
[23] Frey N A, Peng S, Cheng K, et al. Magnetic nanoparticles: Synthesis, functionalization and applications in bioimaging and magnetic energy storage. Chem Soc Rev, 2009, 38: 2532-2542.
[24] Lu A H, Salabas E L, Schth F. Magnetic nanoparticles: Synthesis, protection functionalization and application. Angew Chem Int Ed, 2007, 46: 1222-1244.
[25] Hao R, Xing R, Xu Z, et al. Synthesis, functionalization and biomedical applications of multifunctional magnetic nanoparticles. Adv Mater, 2010, 22: 2729-2742.
[26] Sun S, Murray C B, Weller D, et al. A monodisperse FePt nanoparticles and ferromagnetic FePt nanocrystal superlattices. Science, 2000, 287: 1989-1992.
[27] Sun S. Recent advances in chemical synthesis, self-assembly and applications of FePt nanoparticles. Adv Mater, 2006, 18: 393-403.
[28] Wang J P. FePt magnetic nanoparticles and their assembly for future magnetic media. Proceedings of the IEEE, 2008, 96: 1847-1863.
[29] Dong Q, Li G, Wang H, et al. Investigation of pyrolysis temperature in the one-step synthesis of $L1_0$ FePt nanoparticles from a FePt-containing metallopolymer. J Mater Chem C, 2015, 3: 734-741.
[30] Berenbaum A, Ginzburg-Margau M, Coombs N, et al. Ceramics containing magnetic Co-Fe alloy nanoparticles from the pyrolysis of a highly metallized organometallic polymer precursor. Adv Mater, 2003, 15: 51-55.
[31] Gilroy J B, Patra S K, Mitchels J M, et al. Main-chain heterobimetallic block copolymers:

Synthesis and self-assembly of polyferrocenylsilane-*b*-poly(cobaltoceniumethylene). Angew Chem Int Ed, 2011, 50: 5851-5855.

[32] Ren L, Zhang J, Hardy C G, et al. Cobaltocenium-containing block copolymers: Ring-opening metathesis polymerization self-assembly and precursors for template synthesis of inorganic nanoparticles. Macromol Rapid Commun, 2012, 33: 510-516.

[33] Nunns A, Gwyther J, Manners I. Inorganic block copolymer lithography. Polymer, 2013, 54: 1269-1284.

[34] Zhou J, Whittell G R, Manners I. Metalloblock copolymers: New functional nanomaterials. Macromolecules, 2014, 47: 3529-3543.

[35] Deng L, Furuta P T, Garon S, et al. Living radical polymerization of bipolar transport materials for highly efficient light emitting diodes. Chem Mater, 2006, 18: 386-395.

[36] Schacher F H, Rupar P A, Manners I. Functional block copolymers: Nanostructured materials with emerging applications. Angew Chem Int Ed, 2012, 51: 7898-7921.

[37] Tangbunsuk S, Whittell G R, Ryadnov M G, et al. Metallopolymer-peptide hybrid materials: Synthesis and self-assembly of functional polyferrocenylsilane-tetrapeptide conjugates. Chem Eur J, 2012, 18: 2524-2535.

[38] Shi J, Tong B, Li Z, et al. Hyperbranched poly(ferrocenylphenylenes): Synthesis, characterization, redox activity, metal complexation, pyrolytic ceramization and soft ferromagnetism. Macromolecules, 2007, 40: 8195-8204.

[39] Chan W Y, Clendenning S B, Berenbaum A, et al. Highly metallized polymers: Synthesis, characterization and lithographic patterning of polyferrocenylsilanes with pendant cobalt molybdenum and nickel cluster substituents. J Am Chem Soc, 2005, 127: 1765-1772.

[40] Erhard M, Lam K, Haddow M, et al. Polyferrocenylsilane homopolymers and diblock copolymers with pendant ruthenocenyl groups by photocontrolled ring-opening polymerization. Polym Chem, 2014, 5: 1264-1274.

[41] Ho C L, Poon S Y, Liu K, et al. Synthesis, photophysics and pyrolytic ceramization of a platinum(II)-containing poly(germylacetylene) polymer. J Organomet Chem, 2013, 744: 165-171.

[42] Bellas V, Rehahn M. Polyferrocenylsilane-based polymer systems. Angew Chem Int Ed, 2007, 46: 5082-5104.

[43] Ginzburg M, MacLachlan M J, Yang S M, et al. Genesis of nanostructured magnetically tunable ceramics from the pyrolysis of cross-linked polyferrocenylsilane networks and formation of shaped macroscopic objects and micron scale patterns by micromolding inside silicon wafers. J Am Chem Soc, 2002, 124: 2625-2639.

[44] Kulbaba K, Manners I. Polyferrocenylsilanes: Metal-containing polymers for materials science, self-assembly and nanostructure applications. Macromol Rapid Commun, 2001, 22: 711-724.

[45] Antipin M Y, Boese R, Augart N, et al. Redetermination of the cobaltocene crystal structure at 100 K and 297 K: Comparison with ferrocene and nickelocene. Struct Chem, 1993, 4: 91-101.

[46] Baljak S, Russell A D, Binding S C, et al. Ring-opening polymerization of a strained [3]nickelocenophane: A route to polynickelocenes a class of $S=1$ metallopolymers. J Am Chem

Soc, 2014, 136: 5864-5867.
[47] Tamm M. Synthesis and reactivity of functionalized cycloheptatrienyl-cyclopentadienyl sandwich complexes. Chem Commun, 2008, 27: 3089-3100.
[48] Berenbaum A, Manners I. Transition metal-catalyzed ring-opening polymerization (ROP) of strained silicon-bridged bis (benzene) chromium complexes. Dalton Trans, 2004, 14: 2057-2058.
[49] Scholz S, Leech P J, Englert B C, et al. Cobalt-carbon spheres: Pyrolysis of dicobalthexacarbonyl-functionalized poly (p-phenyleneethynylene) s. Adv Mater, 2005, 17: 1052-1055.
[50] Häussler M, Zheng R, Lam J W Y, et al. Hyperbranched polyynes: Synthesis, photoluminescence, light refraction, thermal curing, metal complexation, pyrolytic ceramization and soft magnetization. J Phys Chem B, 2004, 108: 10645-10650.
[51] Jiang B, Nykypanchuk D, Endoh M K, et al. Phase behavior of alkyne-functionalized styrenic block copolymer/cobalt carbonyl adducts and *in situ* formation of magnetic nanoparticles by thermolysis. Macromolecules, 2016, 49: 853-865.
[52] Jiang B, Hom W L, Chen X, et al. Magnetic hydrogels from alkyne/cobalt carbonyl-functionalized ABA triblock copolymers. J Am Chem Soc, 2016, 138: 4616-4625.
[53] Thomas K R, Sivaniah E. Magnetic properties of ceramics from the pyrolysis of metallocene-based polymers doped with palladium. J Appl Phys, 2011, 109: 073904-1-8.
[54] Clendenning S B, Han S, Coombs N, et al. Magnetic ceramic films from a metallopolymer resist using reactive ion etching in a secondary magnetic field. Adv Mater, 2004, 16: 291-296.
[55] Cheng A Y, Clendenning S B, Yang G, et al. UV photopatterning of a highly metallized cluster-containing poly (ferrocenylsilane). Chem Commun, 2004, 7: 780-781.
[56] Guo L J. Nanoimprint lithography: Methods and material requirements. Adv Mater, 2007, 19: 495-513.
[57] Austin M D, Ge H, Wu W, et al. Fabrication of 5 nm linewidth and 14 nm pitch features by nanoimprint lithography. Appl Phys Lett, 2004, 84: 5299-5301.
[58] Liu K, Fournier-Bidoz S, Ozin G A, et al. Highly ordered magnetic ceramic nanorod arrays from a polyferrocenylsilane by nanoimprint lithography with anodic aluminum oxide templates. Chem Mater, 2009, 21: 1781-1783.
[59] Eloi J, Rider D A, Cambridge G, et al. Stimulus-responsive self-assembly: Reversible redox-controlled micellization of polyferrocenylsilane diblock copolymers. J Am Chem Soc, 2011, 133: 8903-8913.
[60] Chuang V P, Ross C A, Gwyther J, et al. Self-assembled nanoscale ring arrays from a polystyrene-*b*-polyferrocenylsilane-*b*-poly (2-vinylpyridine) triblock terpolymer thin film. Adv Mater, 2009, 21: 3789-3793.
[61] Soto A P, Manners I. Poly (ferrocenylsilane-*b*-polyphosphazene) (PFS-*b*-PP): A new class of organometallic-inorganic block copolymers. Macromolecules, 2009, 42: 40-42.
[62] McGrath N, Schacher F H, Qiu H, et al. Synthesis and crystallization-driven solution self-assembly of polyferrocenylsilane diblock copolymers with polymethacrylate corona-forming blocks. Polym Chem, 2014, 5: 1923-1929.

[63] Bublat T, Goll D. Large-area hard magnetic $L1_0$-FePt nanopatterns by nanoimprint lithography. Nanotechnology, 2011, 22: 315301-315306.

[64] MacLachlan M J, Ginzburg M, Coombs N, et al. Superparamagnetic ceramic nanocomposites: Synthesis and pyrolysis of ring-opened poly(ferrocenylsilanes) in side periodic mesoporous silica. J Am Chem Soc, 2000, 122: 3878-3891.

[65] Edelman K R, Stevenson K J, Holliday B J. Conducting metallopolymers as precursors to fabricate palladium nanoparticle/polymer hybrids for oxygen reduction. Macromol Rapid Commun, 2012, 33: 610-615.

[66] Mejía M L, Agapiou K, Yang X, et al. Seeded growth of CdS nanoparticles within a conducting metallopolymer matrix. J Am Chem Soc, 2009, 131: 18196-18197.

[67] Dong Q, Qu W, Liang W, et al. Porphyrin-based metallopolymers: Synthesis, characterization and pyrolytic study for the generation of carbon-coated magnetic monometallic or metal alloynanopaticles. J Mater Chem C, 2016, 4: 5010-5018.

[68] Dong Q, Qu W, Liang W, et al. Metallopolymer precursors to ferromagnetic $L1_0$-CoPt nanoparticles: Synthesis, characterization, nanopatterning study and potential application in data storage system. Nanoscale, 2016, 8: 7068-7074.

（董清晨　黄维扬）

第 11 章

总结与展望

　　本书介绍了金属有机功能材料领域的最新研究进展,重点介绍了它们的结构、性质以及它们在光电、传感和磁性方面的新兴及潜在应用(图 11-1)。光电子学涉及对具有电-光或光-电转换功能的电子器件的应用研究。发光二极管和太阳电池是光电应用器件方面的代表[1]。然而,诸如硅或镓等无机半导体材料已经在该研究领域中占据了多年的主导地位。有机和聚合物材料与无机同类物相比,具有包括易于制备、低加工温度和几乎无限的合成变化性等优点。随着化学合成技术日新月异的发展,金属有机功能材料已经形成了以应用为导向的"材料库",其中包括了各种光物理及材料性质。优于纯有机材料,配体设计和合成的多样性和多功能性以及金属配位模式的多样性,为过渡金属配合物提供了多种具有可调控的吸收、发射、激发态氧化还原及非线性光学等性质。迄今,材料学家已经制备并研究了许多具有可溶、半导体、光伏和发光性质的共轭金属配合物,并已成功将它们应用于各种高科技的光电器件,如有机发光二极管、有机太阳电池、有机场效应晶体管和有机存储器件。它们的激发态性质对于理解这些分子光电器件的工作机理和优化其性能也具有重要意义[2-10]。为了使这些光电应用具有实用性,调控材料的轨道能级同样至关重要。

　　过渡金属中心的作用主要集中在扩展有机配体的吸收范围、诱导电子/能量转移以及作为可图案化聚合物前驱体用于纳米材料合成等方面。通过选择合适的金属中心以及辅助配体可实现对配合物的光物理和功能性质的合理调控。此外,还可以利用它们功能特性的内在差异实现不同的应用。考虑到上述金属有机材料在不同应用方面的优异性能以及它们易于结构修饰以适应特定功能的特点,金属有机分子无疑在材料科学领域的发展前景非常广阔。尤其是,金属有机半导体在科学界引起了广泛的关注,近年来它们在能源领域的研究引发了众多关注。光转化为电,电转化为光,是两个互补且重要的主题,与解决全球能源问题密切相关。

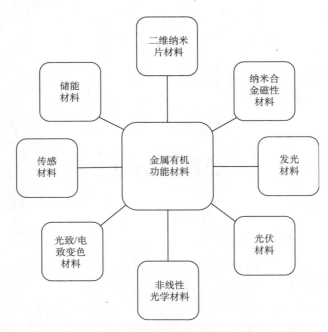

图 11-1　金属有机材料的各种新兴及潜在应用

无机化学对该发展尤为重要。配位化合物和金属有机配合物在这些节能应用中得到了广泛的研究。这些能量转换材料在这两种能源形式的安全高效生产、转化和利用中发挥着关键作用。

  这些金属有机化合物具有多功能性，可实现更多的新兴应用。这些化合物的化学和物理性质可以通过对其金属和配体进行化学修饰来进行调控，从而开发出适合特定应用的功能材料。事实上，从合成的角度来看，可以很容易地开发出无限数量的具有不同化学结构和拓扑结构的金属有机化合物，从而实现其多功能特性。这一点已被金属铂炔聚合物确切地证实，它们是用于光电子学和纳米科学的潜在材料[4,7,9,10]。我们可以乐观地预见基于这类金属有机材料高质量的研究成果和先进应用。随着材料合成方法越来越精细，以及超分子化学、物理学和生物学等关键学科的发展，该领域将持续扩大。通过创新的化学合成对材料性能进行分子调控和合理设计必将为推动该领域在未来几十年内的发展。通过合理的分子设计赋予这类金属有机分子的多功能特性，必将这类金属有机材料在学术和工业研究中推进到更高的水平。

参 考 文 献

[1] Wong W Y. Challenges in organometallic research: Great opportunity for solar cells and OLEDs. J Organomet Chem, 2009, 694: 2644-2647.
[2] Whittell G R, Hager M D, Schubert U S, et al. Functional soft materials from metallopolymers and metallosupramolecular polymers. Nat Mater, 2011, 10: 176-188.
[3] Winter A, Schubert U S. Synthesis and characterization of metallo-supramolecular polymers. Chem Soc Rev, 2016, 45: 5311-5357.
[4] Haque A, Al-Balushi R A, Al-Busaidi I J, et al. Rise of conjugated poly-ynes and poly(metalla-ynes): From design through synthesis to structure-property relationships and applications. Chem Rev, 2018, 118: 8474-8597.
[5] Xiang J, Ho C L, Wong W Y. Metallopolymers for energy production, storage and conservation. Polym Chem, 2015, 6: 6905-6930.
[6] Ho C L, Wong W Y. Metal-containing polymers: Facile tuning of photophysical traits and emerging applications in organic electronics and photonics. Coord Chem Rev, 2011, 255: 2469-2502.
[7] Ho C L, Wong W Y. Charge and energy transfers in functional metallophosphors and metallopolyynes. Coord Chem Rev, 2013, 257: 1614-1649.
[8] Wong W Y, Harvey P D. Recent progress on the photonic properties of conjugated organometallic polymers built upon the *trans*-bis(*para*-ethynylbenzene)bis(phosphine)platinum(Ⅱ) chromophore and related derivatives. Macromol Rapid Commun, 2010, 31: 671-713.
[9] Ho C L, Yu Z Q, Wong W Y. Multifunctional polymetallaynes: Properties, functions and applications. Chem Soc Rev, 2016, 45: 5264-5295.
[10] Zhang J, Xu L L, Wong W Y. Energy materials based on metal Schiff base complexes. Coord Chem Rev, 2018, 355: 180-198.

（许林利　马　云　黄维扬）

索 引

B

本体异质结　59

C

场效应晶体管　72
超高密度磁存储　211

D

带隙　8
单线态　16
电容材料　183
电致变色　131
电致发光效率　44
电子束光刻法　219
电子跃迁　116
短路电流密度　58

E

二茂铁　117, 176

F

发射光谱　22
反饱和吸收　78
芳炔过渡金属配合物　77
非线性光学　79

G

共轭材料　8
光电转换　59
光活性　9

光限幅　77
光致变色　115

H

化学传感器　152
环金属配体　19

J

激光防护　77
激基缔合物　23
接受单元　153
界面反应法　197
金属合金纳米粒子　211
金属聚合物　95
金属配合物　1
金属-配体相互作用　10
金属有机框架　182
金属有机纳米片　191

K

开路电压　58

L

锂离子电池　179
磷光　17　156

N

纳米压印　220
能量转换效率　58

R

染料敏化电池　59

S

三线态　16

色纯度　18

T

太阳电池　58

填充因子　58

透明性　77

图案化纳米粒子　211

X

吸收光谱　64

系间窜越　17, 79

锌卟啉　67

信号单元　153

循环充放电　182

Y

氧化还原性　187

荧光探针　153

有机发光二极管　16

Z

自上而下　192

自下而上　193

自组装　194

最低未占分子轨道　8, 18

最高占据分子轨道　8, 18

其他

Ir(Ⅲ)配合物　18

Pt(Ⅱ)配合物　18

彩 图

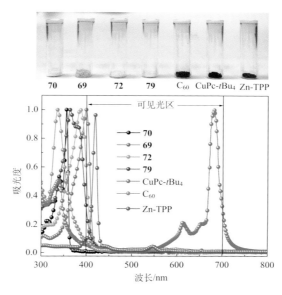

图 5-31　芴基金属聚炔配合物与传统光限幅材料颜色和紫外-可见吸收光谱的对比

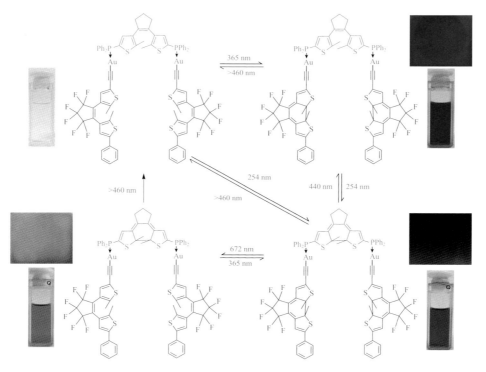

图 6-10　含三个二噻吩基乙烯的双核金配合物 **18** 的多重、分步光致变色性能[61]

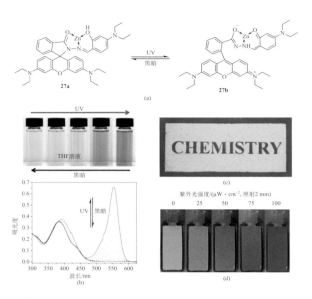

图 6-13 罗丹明 B-水杨醛腙金属锌配合物：(a)光致开闭环过程；(b)在 THF 溶液中的光致显色及吸收光谱变化过程；(c)在紫外光(UV)照射下，配合物-泊洛沙姆 407 混合薄膜可以实现文字影印；(d)配合物-泊洛沙姆 407 混合薄膜对不同强度紫外光的不同显色效果[73]

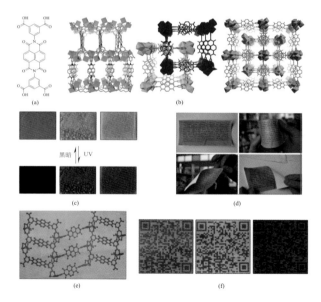

图 6-15 基于萘二酰亚胺类配体的光致变色金属有机配位框架化合物：(a)萘二酰亚胺二(苯二羧酸)配体结构图；(b)金属有机框架化合物的晶体结构图，从左到右分别为金属镁、钙和锶的对应化合物；(c)金属有机框架化合物的光致变色现象，从左到右分别为金属镁、钙和锶的对应化合物；(d)金属镁框架化合物涂抹的纸张的机械变形测试；(e)金属镁框架化合物涂抹的滤纸上显示其球棍模型结构示意图，纸张大小为(14.9×8.1) cm²；(f)利用涂抹金属有机框架化合物的纸张影印二维码，从左到右分别为金属镁、钙和锶的对应化合物[76,77]

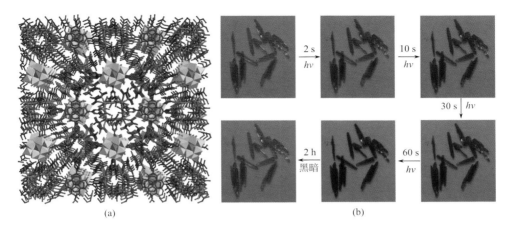

图 6-16 以硅钨酸作为模板剂合成的无机-有机杂化光致变色材料:(a)晶体结构,其中多面体代表了硅钨酸;(b)各条件下光致变色性能[85]

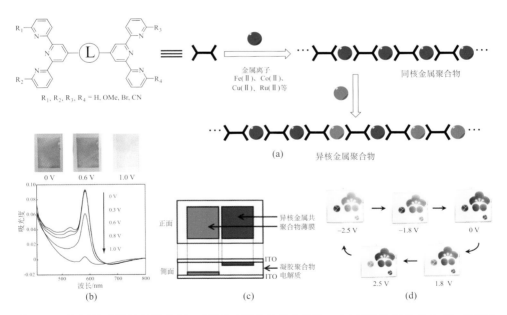

图 6-25 (a)同核或异核过渡金属-三联吡啶聚合物的自组装;(b)旋涂法制备的 Fe/Co 共聚合物薄膜在不同电位下的薄膜颜色和吸收光谱图;(c)双层薄膜固态电致变色器件结构图;(d)Fe/Co 共聚合物制备的双层薄膜固态器件的五种电致变色显色效果[131,132]

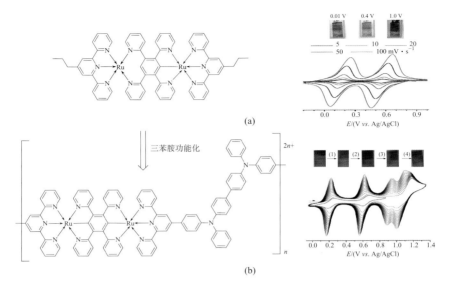

图 6-27 基于乙烯取代基电聚合的金属钌电致变色聚合物材料(a)，通过引入具有氧化还原活性的三苯胺官能团，实现多重响应氧化还原过程及电致变色性能(b)[151,152]

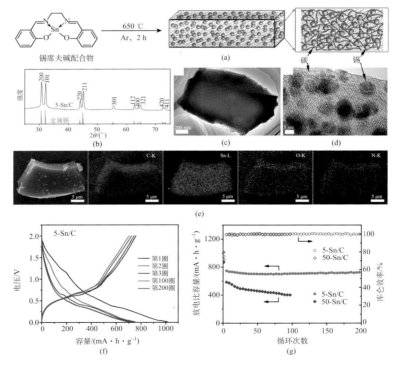

图 8-6 (a)锡/碳复合材料的制备示意图；(b)锡/碳的粉末 XRD 图；(c)透射电子显微镜(TEM)图；(d)高分辨 TEM 图；(e)能量色散 X 射线分布图；(f)0.2 A·g^{-1} 电流密度下的恒流充放电曲线；(g)0.2 A·g^{-1} 电流下锡/碳电极的循环使用性能[21]